航空心理学研究进展

ADVANCES IN AVIATION PSYCHOLOGY

第一卷
VOLUME 1

[美] 迈克尔·A.维杜利奇（Michael A. Vidulich）

[美] 帕梅拉·S.曾（Pamela S. Tsang）

[美] 约翰·M.弗拉克（John M. Flach） 主编

刘娟　郭小朝　周玉彬　主译

U0214323

清华大学出版社

北京

北京市版权局著作权合同登记号　图字：01-2023-4460

Advances in aviation psychology(Volume 1)/ by Michael A. Vidulich ,Pamela S. Tsang and John M. Flach/
ISNB:978-1-4724-3840-9
Copyright@ Michael A. Vidulich, Pamela S. Tsang and John M. Flach 2014

Authorized translation from English language edition published Ashgate Publishing Company, a member of the Taylor & Francis Group.; All rights reserved. 本书原版由Taylor & Francis出版集团旗下，Ashgate Publishing Company出版公司出版，并经其授权翻译出版，版权所有，侵权必究。

Tsinghua University Press is authorized to publish and distribute exclusively the Chinese (Simplified Characters) language edition. This edition is authorized for sale in the People's Republic of China only, excluding Hong Kong, Macao SAR and Taiwan. No part of the publication may be reproduced or distributed by any means, or stored in a database or retrieval system, without the prior written permission of the publisher. 本书中文简体翻译版授权由清华大学出版社独家出版。此版本仅限在中华人民共和国境内（不包括中国香港、澳门特别行政区和台湾地区）销售。未经出版者书面许可，不得以任何方式复制或发行本书的任何部分。

Copies of this book sold without a Taylor & Francis sticker on the cover are unauthorized and illegal.
本书封面贴有Taylor & Francis公司防伪标签，无标签者不得销售。

本书封面贴有清华大学出版社防伪标签，无标签者不得销售。

版权所有，侵权必究。举报：010-62782989，beiqinquan@tup.tsinghua.edu.cn。

图书在版编目（CIP）数据

航空心理学研究进展 . 第一卷 /（美）迈克尔·A. 维杜利奇（Michael A. Vidulich），（美）帕梅拉·S. 曾（Pamela S. Tsang），（美）约翰·M. 弗拉克（John M. Flach）主编 ; 刘娟，郭小朝，周玉彬主译 .
北京 : 清华大学出版社 , 2024. 10. -- ISBN 978-7-302-67495-5

Ⅰ . V321.3
中国国家版本馆 CIP 数据核字第 20242GF464 号

责任编辑：孙　宇
封面设计：钟　达
责任校对：李建庄
责任印制：沈　露

出版发行：清华大学出版社
　　　　网　　　址：https://www.tup.com.cn，https://www.wqxuetang.com
　　　　地　　　址：北京清华大学学研大厦 A 座　邮　　　编：100084
　　　　社 总 机：010-83470000　　　　　邮　　　购：010-62786544
　　　　投稿与读者服务：010-62776969，c-service@tup.tsinghua.edu.cn
　　　　质量反馈：010-62772015，zhiliang@tup.tsinghua.edu.cn
印 装 者：河北盛世彩捷印刷有限公司
经　　销：全国新华书店
开　　本：165mm×235mm　　　印　张：16.5　　　字　数：279 千字
版　　次：2024 年 10 月第 1 版　　　　　印　次：2024 年 10 月第 1 次印刷
定　　价：99.00 元

产品编号：103589-01

审译者名单

主　审　　罗正学

主　译　　刘　娟　　郭小朝　　周玉彬

副主译　　晋　亮　　白利峰　　李晓燕

译　者　　白　霜　　钟阿婷　　吕　扬

　　　　　杨胜敏　　陈曦蒙　　孙丽霞

　　　　　戈含笑　　杜　健　　林　榕

　　　　　刘　珺　　刘庆峰　　胡译文

译 者 序

　　航空心理学（aviation psychology）是研究航空活动中人的心理规律和行为机制以增进飞行安全和效率的一门应用性学科。由于航空活动的主体是飞行人员、乘务人员、乘客或空中战勤人员，同时涉及空中交通管制员、塔台指挥员甚至地面勤务保障人员等，因此，也可以讲，航空心理学是根据心理学和生理学研究人在大气飞行环境中以及处于训练和飞行单位的社会系统中，如何发挥飞行人员掌握飞行技能和进行飞行活动达到最佳效能的学科。

　　西方航空心理学起源于第一次世界大战，经历了几次发展演变。最先关注的是飞行员选拔（personnel selection）。1914 年美国 Earle L. Ovington 发表《飞行中的心理因素》，描述自己临空 4000 米高度飞行中的视觉现象和心理感受；同年意大利 Carlo Maurizio Belli 发表《空中和海上飞行驾驶员体格与心理要求》；1915 年德国建立第一个心理检测中心用于选拔军事飞行员；1916 年法国 J. Boyer 发表《飞行员选拔：法国航空勤务队候选者心理动机检查》；1917 年美国 R.M. Yerkes 组织编制陆军甲种测验用于辅助选拔军事飞行员；1918 年一战结束以后军事飞行员数量迅速减少，航空心理学研究规模也很快收缩；1939 年德国心理学家在 Paul Mentz 指导下专门为空军研制了一套心理选拔程序，美国开始在国家科学研究会心理委员会指导下广泛推动航空心理研究；1941~1945 年，美国 John C. Flanagan 牵头负责陆军航空心理学项目，形成 19 卷系列报告，其中推出了包含 150 题的心理资格考试、20 组的飞行人员分类测试和标准九分制综合计分法，其影响一直持续到今天。第一次演变是开始关注飞行员人机界面（pilot interface）。第二次世界大战期间，由于飞行员误读仪表等人的失误（human error）导致飞行事故增多，英美国家开始研究设备设计中的心理学问题。1940年英国剑桥大学建造模拟座舱开展应用实验心理学研究；1943 年 F.C. Bartlett 完成皇家空军《仪表控制与显示——高效人力操作》研究报告；1946 年美国 Paul M. Fitts 发表《航空设备设计中的心理学要求》，1947年主编形成陆军航空心理学项目中的《设备设计心理学研究》报告。美国空军后来明确提出飞机人员子系统概念，极大地推动了工程心理领域发展。第二次演变是开始关注飞行员效能（human performance）。1977年美国 George L. Engel 提出生物 - 心理 - 社会医学模式。1984 年英国 F. H. Hawkins 提出航空人因（human factors）"积木模型"理论，指出人的失误源于硬件与人（hardware-liveware）、软件与人（software-liveware）、环境与人（environment-liveware）、人 - 人之间（liveware-liveware）的失匹配。航空心理学在多学科交叉、多领域并重、人与系统融合的大趋势下进一步蓬勃发展和壮大。目前正在孕育第三次演变。

回顾历史，1940 年英国剑桥大学建造"超级座舱"，由 F.C. Bartlett 牵头的开展模拟飞行应用实验心理学研究则是一个大事件，其孕育了新的学科发展趋势；随后欧洲率先形成学术共同体，称这门新兴学科为人机工效学（ergonomics）。1950 年后，美国以 Paul M. Fitts 为代表开展的飞行员视觉扫视、仪表认读、操作定位等系列实验也是一个大事件，之后其催生的新学科被称为人的因素（human factors）。尽管国际人类工效学学会（International Ergonomics Association，IEA）在 2000 年对 ergonomics 和 human factors 做了等同定义，但是 human factors 在美国仍然是一个主流名称。中国民用航空规章如《运输类飞机适航标准》等曾将 human factors 翻译成"人为因素"，目前国内多称为"人因"。

中国航空心理学的奠基人是陈祖荣教授。1954 年空军航空医学研究所成立，下设航空心理研究组；1958 年起在陈祖荣教授总体指导下先后针对飞行学员心理选拔、飞行错觉调查和预防、歼击机仪表设计与判读问题进行研究；1978 年心理选拔首次用于实践；1984 年起结合军机研制开展《歼击机座舱仪表的工程心理学分析》，研究《电 / 光显示汉字的瞬时视觉量与排列格式》等，工程心理学开始受到重视；1987年后心理素质测量、智能效率测验、心理会谈、个性特点问卷等反映了

"筛选－控制"选拔体系新变化；2002 年 GJB 4424《歼击机飞行员心理品质检查方法》发布实施；近二十年来，结合新机人机工效的科研实践也更加深厚有效，空军航空医学研究所已经成为航空心理学、人机工效学的学科高地。2018 年 9 月，原空军航空医学研究所、空军总医院、空军疾控中心合并重组为空军特色医学中心。本书就是空军特色医学中心科研团队为读者奉献的一份"西餐佳肴"。在此非常感谢清华大学出版社在版权获取、美术设计、版面编排、文本编辑、出版发行等方面的倾力付出！

　　这本来自美国的《航空心理学研究进展（第一卷）》在封面注明同属"飞行操作中的人因研究"，一方面契合了在多学科交叉、跨专业融合新发展趋势下航空心理学的深刻演变，另一方面也孕育着飞机设计新技术、航空实践新经验在飞机研制初始适航、飞行运营持续适航全行业各方面、全周期各环节的科技变革。我相信对人员选拔、装备设计、组织管理、绩效评估和人－装（备）结合新质生产力、新质战斗力感兴趣的读者，和有志于航空心理学、人机工效学、组织管理学、工业工程学、航空医学、航空技术、生物工程等学习研究的专业人士，以及热爱飞行、向往空天的从业人员和"发烧友"都可以从阅读中受益。中文翻译的不足之处还望大家不吝指正。

原空军航空医学研究所航空心理工效研究室主任

钱学森人－机－环境系统工程研究卓越贡献奖得主

2024 年 9 月于北京航天桥

目　录

第一部分　航空心理学总论

第二部分　未来空域和下一代空中交通管制

第三部分　训练与选拔

第一部分
航空心理学总论

第一章

航空心理学：人机系统性能优化

迈克尔·A. 维杜利奇，美国空军研究实验室

帕梅拉·S. 曾，约翰·M. 弗拉克，美国莱特州立大学

航空心理学发展历史和现状分析

本章将简要地回顾航空心理学作为一门学科出现和发展的历程。航空心理学不仅在航空应用中发挥着重要作用，在科学技术和应用心理学等领域也扮演着关键角色。对航空心理学的关注必将激发广大学者对其所面临的挑战进行探讨和思考，包括持久存在的挑战以及未来可能出现的新挑战，这在后续章节中将进行具体介绍。

航空心理学绝不是应用心理学的唯一分支，但可以被合理地誉为"人的因素或应用心理学发展的摇篮"。这并不奇怪，因为航空科技是发展最迅速、对人类生产生活影响最大的科技领域之一，这种显著的影响反映了一个事实，即飞行事业将一个看似不可能的梦想变成了现实，促使人类在想象、创新和科技方面实现了突破。

飞机诞生之前，关于人类飞行的假设存在很大的可变性。李林塔尔（Lilienthal，德国工程师、滑翔机先驱）基本把自己的生命押在了解决人类运动能力的控制问题上，但最终的结果是灾难性的。相比之下，兰利（Langley，美国天文学家、航空先驱）则非常专注于航空平台（即机翼和发动机）的工程设计，但由于他忽视了对飞行员进行适当训练以提高飞行能力的重要性，导致研制的载人飞机"空中旅行者"在 1903 年的两次试飞中接连失败，这使人们对能否实现飞行梦想呈极度悲观的态度。

可以说，同年晚些时候，莱特兄弟的成功归功于其有条不紊地应对一系列比飞行本身更重要的挑战。他们明白，有效的人机界面（即控制系统）和适当的训练（即飞行员操作滑翔机的丰富经验）是对发动机和机翼开发创新

的重要补充。此后，随着技术的不断进步和空中作战概念的发展，关于人类在航空系统中的作用和地位的研究一直持续到今天。

怎样让飞机在低能见度条件下（例如在云层或夜间）保持安全稳定是商业航空早期面临的挑战（Previc，Ercoline，2004）。奥克和科罗娜（Ocker，Crane，1932）进行的开创性研究首次让航空界认识到人类在方向感知能力方面存在局限性。此外，成功的飞行需要工程技术的辅助，包括传感器与显示器的结合（例如人工地平仪）以及心理训练（即让飞行员学会信任仪器）。斯佩里人工地平仪是人与技术联合发挥作用的充分体现。吉米·杜利特尔（Jimmy Doolittle）和阿尔伯特·赫根伯格（Albert Hegenberger）分别在 1927 年和 1932 年的开创性飞行证明了这种联合能力。然而，这只是朝着开发训练仪器迈出了第一步。

在随后的几年里，商业和军用航空面临的持续挑战不断激发着航空系统、信息系统以及整个社会在理解人类能力方面的创新发展。许多人认为，英国剑桥研究实验室（由 Kenneth Craik、Frederic Bartlett 领导）和美国航空医学研究实验室（由 Paul Fitts 领导，见 Fitts，1947）的工作奠定了现代工程心理学和航空心理学的基础，其开展工作的一个重要主题是对人类信息处理能力的极限进行建模，通过建模可以为相关技术系统的工程决策提供信息，特别是人机接口方面。

航空领域的挑战不仅仅是"飞行驾驶"，人们越来越清楚地认识到，航空系统包括一套由空中和地面组件组成的分布式网络。英国皇家空军作战室（British Royal Air Force Operations Rooms）保存着不列颠战役时期最早设计的态势显示器——它曾被用于支持团队协作和态势感知。雷达的发展被普遍认为是一项突破性技术，它使防空效能得以飞跃。英国基于其在第一次世界大战中的经验，在第二次世界大战前一直致力于建立协同防空系统（Rawlinson，1924）。使用该系统时，操作员聚集在一间"操作室"内，使用双筒望远镜进行观察，并将观察到的敌情以电话通信方式加以报告；系统基于这些报告，将敌方的一举一动显示在一台大型桌面式显示器上，与电子地图同步。指挥官通过显示器观察到对手情况后，再使用另一组电话线向高射炮连（包括一些移动式部队）和战斗机基地发出命令，指挥部队保卫或摧毁指定区域和路线。英国皇家空军利用这些早期经验，在整个防空系统中增加了雷达和电话系统网络，更新了带有可移动物理图标的大型桌面地图，以响应雷达显示器的输入。空中管制员通过从塔台观察到的雷达信息和指挥中心态势显示器的显示状态，使有限的战斗机得到准确部署，以实施有效对抗（Hough，Richards，1989）。换句话讲，防空成功的关键是创建一种能向决策者提供关键信息，并将这些信息准确传达到相应部队的显示器。

战争结束后，指挥官们发现空中和地面作战力量亟须整合，空中交通管制（air traffic controller，ATC）起到了空地战斗力整合的枢纽作用。随着这一枢纽作用得以持续发挥，越来越多的飞机能够在更广阔的空间以更快的速度完成各种使命任务。从最早的空中交通管制员通过挥舞旗帜指挥飞行员起飞、降落，夜间通过在地面点燃篝火进行夜航导航，到旋转灯塔和雷达的出现，再到当今的卫星通信技术，ATC 已经发展成一个复杂的社会技术系统，需要广大人员的协作和相关技术的整合。

航空心理学作为航空领域的一个分支学科，其研究成果也被用于支持航天活动。早期的航天活动中，关于"宇航员在航天器控制方面的作用"这一问题，时常存在激烈的争论（Mindell，2008）。许多工程师认为，对于太空飞行器控制中的未知因素只有依靠自动化系统进行处理才是可靠的，而飞行员（包括宇航员）则认为人的因素在人机系统中发挥更重要的作用。例如，美国国家航空航天局水星项目副主任查尔斯·唐兰（Charles Donlan）和项目经理杰克·赫柏林（Jack Heberling）对宇航员在水星计划中作用的重要性是这样评论的："宇航员在太空中的表现对未来载人航天工作具有极其重要的现实意义。宇航员的心理运动能力可通过手动姿态控制的准确性进行测试，警惕性和感知准确性可通过对太空舱轨道系统的监测进行测试，推理能力以及对太空舱外地球地形特征与天体的视觉辨别能力可通过导航任务进行测试"（Donlan，Heberlig，1961）。在美国首次轨道飞行中，水星号宇宙飞船的推进器失灵了，宇航员约翰·格伦（John Glenn）及时使用手动控制进行补救，以实例充分证明了宇航员在航天器故障排除中的重要性（Mindell，2008）。

迄今为止，关于人与机器之间功能分配的辩论仍未平息（Barnes，Jentsch，2010；Billings，1991；Parasuraman，Byrne，2003；Tsang，Vidulich，1989）。随着无人机（UAVs）控制计划和美国联邦航空管理局（FAA）下一代空中交通管理系统（NextGen）计划带来的新挑战，人机功能分配已经成为航空心理学的前沿问题。

正如 Cosenzo、Parasuraman 和 de Visser（2010）所述，"无人机领域期望最大程度地实现自动化，即自动化系统（空中、地面或海上）能够在很少需要或根本不需要人工干预的情况下自主发挥作用"。但到目前为止，这些期望还没有实现。为了最大限度地给人类操作员提供支持，自动化系统有时必须在人类不直接参与控制的情况下自主采取行动，但这必须谨慎管理，以免干扰人类的情境意识或增加工作负荷。预计人类仍将继续大量参与无人机的控制和监测，这不仅是因为技术挑战，还与武器系统部署的法律和道德问题有关（Bowden，2013）。

美国针对下一代空中交通管理系统（NextGen）制订了研究计划，以期通过广泛的变革，在 2025 年前为不断增长的航空旅行需求做好准备。相关研究中，谢里登（Sheridan，2009）概述了飞行员和空中交通管制员在设备操控、角色和职责方面的重大变化，包括采用广播式自动相关监视技术（ADS-B）提供比雷达更精确的经纬度监视；航空公司运行人员、飞行员、交通管制员和机场管理人员在每次飞行之前需要协商四维航迹；数字数据链路是空地通信的主要手段；飞行员主要承担自我管理责任，而交通管制员需要更多地承担空中交通流量管理与控制的责任等。研究者提出，正如任何大规模的系统一样，航空系统同样需要预测人为差错和系统故障，而且系统正常运行和非正常运行对这种预测的需求程度是相同的（Wickens，2009；Wickens，Hooey，Gore，Sebok，Koenicke，2009）。

下一节将介绍一些与航空相关的心理学发展，这些发展要么对航空业有重大影响，要么是航空业亟须解决的问题。

航空与心理学共生

如上所述，莱特兄弟的成功不仅归功于他们在空气动力学和机械工程方面的独创性，还归功于他们掌握了人机界面控制需求方面的知识。因此，发展或训练飞行技能是莱特兄弟研究计划的重要组成部分，他们将其比作学习骑马或骑自行车。弟弟奥维尔·莱特（Orville Wright）于1910年开始训练学员，很快建立了几个培训点，并开始尝试运送航空邮件。1934 年，有几家航空公司与美国邮政署勾结，发生了航空邮件丑闻，导致航空邮件业务被美国陆军航空队接管。但开轰炸机去投炸弹与开飞机去送信完全不同，飞行员在冬季飞行、夜间飞行和仪表飞行方面的经验不足，再加上大多数飞机的设备也很差，陆军航空队频出事故，在 78 天的运行中发生了 66 起事故，造成 12 名飞行员殉职。缺乏训练的后果非常严重，航空邮件服务在短短几个月内又重归航空公司。仅靠训练还不够，前期对飞行员的选拔也不可或缺。在第一次世界大战期间，美国飞行员未经选拔直接开展训练，也带来了灾难性后果，由此揭示了飞行员不仅需要接受身体素质选拔，还需要个性、情绪稳定性和认知能力选拔（Armstrong，1939；Carretta，Ree，2003）。

　　第二次世界大战期间暴露的航空挑战进一步推动了航空和心理学的交叉融合。当时盛行的行为主义观点和方法不足以为军事问题提供切实可行的解决方案，这一认识促使心理学迎来了新的研究方向和方法。

　　例如，在美国陆军航空兵航空心理学项目工作的詹姆斯·吉布森（James Gibson）开发了飞行员选拔视觉能力测试。他在 20 世纪 40 年代还探讨了通过观看影片提高训练效果的可能性（Gibson，1947）。吉布森的部分灵感来自朗格维舍（Langewiesche，1944）对"飞行员如何利用光流场中的结构判断进近和着陆"的描述。与此同时，他还拒绝采用经典的空间感知方法考虑"直接感知"控制运动的可能性。吉布森于 1950 年和 1979 年先后出版了《视觉世界的感知》和《视觉感知的生态学方法》，上述大部分想法在这两本书中首次获得心理学解释。吉布森排除了哲学家和心理学家在视觉感知中一直采用的基本假设，他假设世界万物的特性都能被直接感知，不是从感觉中推断出来，也不受认知过程的影响。

　　布罗德本特（Broadbent，1958）也认识到对事物的感知需要更基本的信息处理知识，并提出了一种非同寻常的方法。其在将通信科学和信息理论工具作为量化人类能力的框架方面发挥了重要作用，人类能力可以与用于表征自动化系统性能的指标（例如比特／秒、宽带）相兼容。基于计算机和通信系统的隐喻，人类的认知能力可以用一个信息处理系统进行建模。

　　最广为人知的心理学实例之一是神奇数字 7，其含义是一个人在短时记忆中存储的信息量是有限的。一般人短时记忆的容量是 7 个信息组块，这是美国心理学家乔治·米勒（George Miller）在 1956 年提出的。自此半个多世纪以来，关于人的短时记忆仅限于 7 个组块的硬性限制，几乎没有人可以反驳。但 Baddeley 在 1994 年提出，有必要充分关注组块概念的重要性：尽管短时记忆的容量极限很难改变，但组块大小是可变的，从而实现短时记忆容量的可变性。组块大小主要受人们的经验知识以及形成有意义信息单元的策略影响。该观点与环境因素在行为塑造中占主导地位的行为主义观点大相径庭，并引发了一种思考，即信息加工不一定必须依赖环境。目前，研究者在信号检测领域开展了大量研究和建模工作，主要有信息加工（Sperandio，1978）、视觉搜索（Bellenkes，Wickens，Kramer，1977；van de Merwe，van Dijk，Zon，2012）、决策（Schriver，Morrow，Wickens，Talleur，2008）、资源分配（Iani，Wickens，2007）、心理负荷管理（Adams，Tenny，Pew，1995）和专长获得（Adams，Ericsson，1992）等。

　　人类控制机器的能力具有战略性和适应性，很难通过人机（飞行员－飞机）系统建模工作得到准确的反映。在 20 世纪 50 年代，美国空军发起了一个重要项目（Sheridan，2010），旨在研究飞参误差与飞行操纵之间的传递函数，以便更好地预测人机系统的整体性能。飞参误差主要指俯仰、滚转、偏航等参数相对于姿态指示器给定的参考值之间的偏离。麦克鲁尔和杰克斯（McRuer，Jex，1967）发现，无论受控元件动力学如何，人类操作员都能适应和调整自己的传递函数，以实现系统整体的低误差和高稳定性。飞行员能够很好地适应空气动力学所产生的巨大影响，该适应能力在有关自适应手动控制的研究中得到了很好的阐述（Kelley，1968；Wickens，2003；Young，1969）。

除最大幅度地利用人的适应性外，还需开发最优控制模型，旨在更加明确地揭示整个系统的约束条件和某些人类的局限性（例如感知 / 运动误差及处理延迟），同时允许操作员战略性地满足相关标准和要求（例如最大化燃料效率与优化到达时间）。开发最优控制模型不仅为了模拟飞行控制，还为了模拟各种任务，包括团队绩效和飞行管理。自从驾驶舱自动化系统蓬勃发展以来，这些任务发挥了越来越重要的作用。这里，介绍一下 PROCRU（procedure-oriented crew，面向程序的机组人员）模型，该模型为机组中各类人员（飞行员、空中乘务员、副机长等）提供了单独的个性化参数模型，并涵盖任务监测、连续和离散控制、态势评估、决策和沟通等一系列活动（Baron，Muralidharan，Lancraft，Zacharias，1980）。

巴邦（Barbon，1988）对此问题有另一种观点，他认为人类的终极能力是以开环方式进行预测并采取行动。现代工程技术确实解决了许多与手动控制相关的问题，先进的技术为增强人类感官能力提供了支持，例如夜视镜和平视显示器（HUDs），飞行员借助其能够同时获得精确的飞机位置信息和机舱外信息。1913 年的莱特飞行器（图 1.1）与现在的波音 787 梦想客机（图 1.2）形成了鲜明对比，早期的飞行器采用传统机械控制，性能非常"简单"。如何对人类执行功能（例如期待和预测）建模，以及模型的精确度一直面临着严峻挑战，以至于自动化只能取代除此之外的操作。事实上，能力的增强往往会导致任务复杂性的增加，而且发生意外情况的可能性也会增加。为应对各种意想不到的变化，可能需要创造性地解决问题，这超出了"基于规则"的自动化系统的能力。尽管人类大脑与计算机处理相比速度较慢，但人类仍然是创造性地适应意外情况的宝贵资源。

在认识到人类具备处理"意外情况"的独特能力后，研究者越来越关注人机界面的设计，以此作为实现创造性解决问题能力的"抓手"。比如研究者提出的"直接操纵"（Shneiderman，1992；Hutchins，Hollan，Norman，1986）和"生态界面设计"（Bennett，Flach，2011）等概念，反映出其对人机界面作用的关注。研究者围绕系统设计的"深层结构"对"人机界面设计"这一难题进行了富有成效的思考。随着飞机驾驶舱的日益复杂化，飞行员对舱内人机界面的设计需求也将增加。

图 1.1　奥维尔·莱特与莱特飞行器水中合影（1913 年）

资料来源：莱特州立大学特别收藏和档案馆提供

图 1.2　波音 787 梦想客机驾驶舱

资料来源：Dan Winters 拍摄

　　赫伯特·西蒙（Herbert Simon）是认知科学的先驱。他在 1979 年提出使用计算机模拟技术研究人类的认知过程，包括神经活动、基本信息加工（视觉搜索、记忆提取）和高级心理过程（决策和问题解决）三个层面。西蒙和纽厄尔首次提出了人类认知结构的计算理论（Newell，Shaw，Simon，1958），参见《当前研究体系结构的综述》（Gluck，2010）。

　　尽管西蒙（Simon）专注于比神经活动更高级的心理过程，但有关神经活动的研究在航空心理学领域并未被忽视。例如，1978 年，麦克唐奈 – 道格拉斯宇航公司在美国国防高级研究计划局（Defense Advanced Research Projects Agency，DARPA）的资助下组织了一次学术会议，主题为"军事系统的生物控制应用"（Gomer，1980），会议讨论了眼动追踪、瞳孔测量、静态脑电图（electroenc ephalogram，EEG）、事件诱发相关电位和皮肤电反应等多种生理心理测量方法对军事环境（特别是军事航空环境）的潜在适用性。令人振奋的是，这些生理心理测量方法能够实时提供相关人员的身心状况信息，可用于以某种方式增强系统的整体性能。会议的一个目标是要突破传统"人机循环处于关闭状态"的人机界面设计方式，通过显示器向操作员呈现环境信息（包括机器内部信息以及与机器相关的信息）和相关控制信息（有助于人操作机器）。传统的人机界面设计方式忽视了对人机循环的开发，这导致机器无法提供人员状态信息。研究者希望通过人的生理指标将人的状态及时告知机器，从而动态地实现人和机器之间的功能分配。

大约在 DARPA 学术会议 30 年后，高科技技术为人类在神经活动水平方面研究认知过程提供了许多更先进的方法。例如，科罗马、帕拉休拉曼（Kramer，Parasuraman，2007；Parasuraman，2011）等探讨了多种神经生理学和大脑成像技术，目前已被用于理解和评估大脑功能。了解操作员的身心状态对于提高系统整体性能具有重要价值，这点已在许多领域得到了证明，例如驾驶舱的自适应自动化（Parasuraman，Byrne，2003）、空中交通管制（Wilson，Russell，2003）和无人机控制（Christensen，Estepp，2013；Parasuraman，Cozenzo，De Visser，2009；Wilson，Russell，2007）等领域。在自适应自动化的情况下，根据预先建立的算法，使用某些行为或生理指标可以触发或调用不同级别的自动化。例如，当飞行员的工作负荷（由生理心理状态反映）达到饱和状态或作业绩效处于不可接受的水平，飞机将提供额外的自动化辅助，以确保系统的整体性能处于最佳；然后，随着飞行员的工作负荷或作业绩效恢复到可接受的水平，自动化辅助将减少或撤除，从而使飞行员在人机循环中保持活跃，并尽可能全面地了解系统整体的运行情况。

近年来，随着航空心理学日新月异的发展，利用先进技术实现人类能力增强的目的指日可待。帕拉休拉曼和格拉斯特（Parasuraman，Galster，2013）率先提出"感知 – 评估 – 增强"框架，描述了什么时候需要增强以及如何增强人类能力等问题。首先，需要通过行为或神经生理学方法对个人或团队的认知能力进行测评，其次根据系统的性能要求评估人的能力，如果需要，可及时增强人的能力，以优化系统的整体效能。

　　一般情况下，能力增强的步骤是首先使用神经生理学技术（功能性磁共振成像 fMRI 技术、事件相关电位 ERP 技术等）识别出需要增强的认知功能的关键脑区，然后进行针对性提升。例如，在操作员视觉功能减退、看到的数据质量变差时，可通过自上而下的注意力指导提高其对动作的理解能力和对威胁的检测能力，也可采用无创脑刺激技术对主管动作理解、威胁检测、注意力控制等认知功能的大脑皮层区域施加刺激，从而加速学习并提高作业绩效（Falcone，Coffman，Clark，Parasuraman，2012）。

　　经颅磁刺激（TMS）和经颅直流电刺激（tDCS）这两种脑刺激技术已经得到了实证研究的验证，并且在提高人机航空系统整体效能方面显示出了巨大潜力，详见相关综述（Fox，2011；McKinley，Bridges，Walters，Nelson，2012）。

　　本章回顾了从 1903 年（人类历史上第一次动力飞行）到 2014 年（商业飞行一百周年）这一个多世纪里的航空运行概况及其相关的心理学学科发展。毫无疑问，这两个领域都取得了巨大进步，发生了很大的变化，但仍有一些发展原则和建议需要探索，未来要想走得更远，不可能仅仅依靠前人的理论、经验和实践。高坡和科密池（Gopher，Kimchi，1989）的论述很有说服力，他们提出，为了应对当今和未来环境中快速变化的技术发展挑战，最有效的方法不是对每一瞬间的新奇事物做出反应，而是要专注于开发可普遍应用的理论模型和原则。西蒙提醒心理学家要掌握不同学科领域已得到有效性证明的模型（Simon，1990）。

　　心理学与经典力学不太一样，也不应该以经典力学的发展路径作为目标。心理学规律在适用范围和普遍性方面是有限的，而且主要是定性规律。心理学研究的变量，不管是现在还是未来都可用于调节自适应系统中的参数。心理学的成功不能通过其与物理学的相似程度衡量，而应通过其对人类行为的描述和解释衡量。

　　与西蒙的建议一致，对人类绩效进行量化评估具有诸多优势，尤其适用于理论构建、模型建立以及工程解决方案的制订。但量化评估并不是唯一可用的工具；经过充分验证的、对人类行为的定性描述也同样具有显著优势，只是方式不同。毫无疑问，航空心理学未来的进步还将持续使用这两种方法。

原著参考文献

Adams, R.J., & Ericsson, K.A. (1992). *Introduction to cognitive processes of expert pilots* (DOT/FAA/

RD-92/12). Washington, DC: US Department of Transportation, Federal Aviation Administration.

Adams, M.J., Tenny, Y.J., & Pew, R.W. (1995). Situation awareness and the cognitive management of complex systems. *Human Factors*, 37, 85–104. doi: 10.1518/001872095779049462.

Armstrong, H.G. (1939). *Principles and Practice of Aviation Medicine*. Baltimore, MD: Williams & Wilkins.

Baddeley, A. (1994). The magical number seven: Still magic after all these years? *Psychological Review*, 101, 353–356. doi: 10.1037//0033-295X.101.2.353.

Baron, S. (1988). Pilot control. In E.L. Wiener & D. Nagel (Eds), *Human Factors in Aviation* (pp. 347–385). San Diego, CA: Academic Press.

Baron, S., Muralidharan, R., Lancraft, R., & Zacharias, G. (1980). *PROCRU: A model for analyzing crew procedures in approach to landing* (Contractor Report CR-152397). Moffett Field, CA: NASA-Ames Research Center.

Barnes, M., & Jentsch, F. (Eds) (2010). *Human-Robot Interactions in Future Military Operations*. *Farnham*, UK: Ashgate Publishing.

Bellenkes, A.H., Wickens, C.D., & Kramer, A.F. (1997). Visual scanning and pilot expertise: The role of attentional flexibility and mental model development. *Aviation, Space, and Environmental Medicine*, 68, 569–579.

Bennett, K.B. & Flach, J.M. (2011). *Display and Interface Design: Subtle science, exact art*. London: Taylor & Francis.

Billings, C.E. (1991). Toward a human-centered aircraft automation philosophy. *The International Journal of Aviation Psychology*, 1, 261–270.

Bowden, M. (2013). The killing machines: How to think about drones. *The Atlantic*, 312(2), 5870.

Broadbent, D.E. (1958). *Perception and Communication*. London: Pergamon Press.

Carretta, T.R., & Ree, M.J. (2003). Pilot selection methods. In P.S. Tsang & M.A. Vidulich (Eds), *Principles and Practice of Aviation Psychology* (pp. 357–396). Mahwah, NJ: Erlbaum.

Christensen, J.C., & Estepp, J.R. (2013). Coadaptive aiding and automation enhance operator performance. *Human Factors*, 55, 965–975. doi: 10.1177/0018720813476883.

Cosenzo, K., Parasuraman, R., & de Visser, E. (2010). Automation strategies for facilitating human interaction with military unmanned vehicles. In M. Barnes & F. Jentsch (Eds), *Human-Robot Interactions in Future Military Operations* (pp. 103–124). Farnham, UK: Ashgate Publishing.

Donlan, C.J., & Heberlig, J.C. (1961). Project Mercury: The program and its objectives. In B.E. Flaherty (Ed.), *Psychophysiological Aspects of Space Flight* (pp. 19–38). New York: Columbia University Press.

Falcone, B., Coffiman, B.A., Clark, V.P., & Parasuraman, R. (2012). Transcranial direct current stimulation enhances perceptual sensitivity and 24-hour retention in a complex threat detection task. *PLoS ONE, 7,* Article e34993. doi:10.1371/journal.pone.0034993.

Fitts, P.M. (Ed.). (1947). *Army Air Forces Aviation Psychology Program Research Reports: Psychological research on equipment design. Report No. 19*. Washington, DC: US Government Printing Office.

Fox, D. (2011, April 14). Brain buzz. *Nature, 472*, 156–158. doi: 10.1038/472156a.

Gibson, J.J. (Ed.) (1947). *Army Air Forces Aviation Psychology Program Research Reports: motion picture testing and research. Report No. 7.* Washington, DC: US Government Printing Office.

Gibson, J.J. (1950). *The Perception of the Visual World. Boston,* MA: Houghton Mifflin.

Gibson, J.J. (1979). *The Ecological Approach to Visual Perception.* Boston, MA: Houghton Mifflin.

Gluck, K.A. (2010). Cognitive architectures for human factors in aviation. In E. Salas & D. Maurino (Eds), *Human Factors in Aviation* (2nd ed., pp. 375–399). Burlington, MA: Academic Press.

Gomer, F. (Ed.) (1980, May). *Biocybernetic applications for military systems.* (Report No. MDC E2191). St Louis, MO: McDonnell Douglas.

Gopher, D., & Kimchi, R. (1989). Engineering psychology. *Annual Review of Psychology,* 40, 431–455.

Hough, R., & Richards, D. (1989). *The Battle of Britain: The greatest air battle of World War II.* New York: W. W. Norton.

Hutchins, E.L., Hollan, J.D., & Norman, D.A. (1986). Direct manipulation interfaces. In D.A. Norman & S.W. Draper (Eds) *User Centered System Design.* (pp. 87–124). Hillsdale, NJ: Erlbaum.

Iani, C., & Wickens, C. (2007). Factors affecting task management in aviation. *Human Factors,* 49, 16–24. doi: 10.1518/001872007779598118.

Kelley, C. (1968). *Manual and Automatic Control.* New York: Wiley.

Kramer, A.F., & Parasuraman, R. (2007). Neuroergonomics—Application of neuroscience to human factors. In J.T. Cacioppo, L.G. Tassinary, & G.G. Berntson (Eds), *Handbook of Psychophysiology* (2nd ed., pp. 704–722). New York: Cambridge University Press. doi: 10.1017/ CBO978051154696.030.

Langewiesche, W. (1944). *Stick and Rudder. An explanation of the art of flying.* New York: McGraw Hill.

McKinley, R.S., Bridges, N., Walters, C.M., & Nelson, J. (2012). Modulating the brain at work using noninvasive transcranial stimulation. *Neuroimage,* 59, 129–137. doi: 10.1016/ j.neuroimage.2011.07.075.

McRuer, D.T., & Jex, H.R. (1967). A review of quasi-linear pilot models. *IEEE Transactions on Human Factors in Electronics,* 8, 231–250.

Miller, G.A. (1956). The magical number seven, plus or minus two: Some limits on our capacity for processing information. *Psychological Review,* 63, 81–97. doi: 10.1037/h0043158.

Mindell, D.A. (2008). *Digital Apollo: Human and machine in spaceflight.* Cambridge, MA: The MIT Press.

Newell, A., Shaw, J.C., & Simon, H.A. (1958). Elements of a theory of human problem solving. *Psychological Review,* 65, 151–166. doi: 10.1037/h0048495.

Ocker, W.C., & Crane, C.J. (1932). *Blind Flight in Theory and Practice.* San Antonio, TX: Naylor.

Parasuraman, R. (2011). Neuroergonomics: Brain, cognition, and performance at work. *Current Directions in Psychological Science,* 20, 181–186. doi: 10.1177/0963721411409176.

Parasuraman, R., & Byrne, E.A. (2003). Automation and human performance in aviation. In P.S. Tsang, & M.A. Vidulich (Eds), *Principles and Practice of Aviation Psychology* (pp. 311–356). Mahwah, NJ: Lawrence Erlbaum.

Parasuraman, R., Cosenzo, K.A., & De Visser, E. (2009). Adaptive automation for human supervision of multiple uninhabited vehicles: Effects on change detection, situation awareness, and mental workload. *Military Psychology*, 21, 270–297.

Parasuraman, R., & Galster, S. (2013). Sensing, assessing, and augmenting threat detection: Behavioral, neuroimaging, and brain stimulation evidence for the critical role of attention. *Frontiers in Human Neuroscience*, 7, Article 273, 1–10. doi: 10.3389/fnhum.2013.00273.

Previc, F.H., & Ercoline, W.R. (2004). *Spatial Disorientation in Aviation* (Volume 203: Progress in Astronautics and Aeronautics). Reston, VA: American Institute of Aeronautics and Astronautics.

Rawlinson, A. (1924). *The Defence of London 1915–1918* (3rd ed.). London: Andrew Melrose Ltd.

Schriver, A.T., Morrow, D.G., Wickens, C.D., & Talleur, D.A. (2008). Expertise differences in attentional strategies related to pilot decision making. *Human Factors*, 50, 864–878. doi: 10.1518/001872008X374974.

Sheridan, T.B. (2009, July). *Human factors needs for NextGen-airportal safety* (Report No. NASA/CR-2009-215372). Washington, DC: National Aeronautics and Space Administration.

Sheridan, T.B. (2010). The system perspective on human factors in aviation. In E. Salas & D. Maurino (Eds), *Human Factors in Aviation* (2nd ed., pp. 23–63). Burlington, MA: Academic Press.

Shneiderman, B. (1992). *Designing the User Interface*. Reading, MA: Addison-Wesley.

Simon, H.A. (1979). Information processing models of cognition. *Annual Review of Psychology*, 30, 363–396.

Simon, H.A. (1990). Invariants of human behavior. *Annual Review of Psychology*, 41, 1–19.

Sperandio, A. (1978). The regulation of working methods as a function of workload among air traffic controllers. *Ergonomics*, 21, 195–202. doi: 10.1080/00140137808931713.

Tsang, P.S., & Vidulich, M.A. (1989). Cognitive demands of automation in aviation. In R.S. Jensen (Ed.), *Aviation Psychology* (pp. 66–95). Aldershot, UK: Ashgate Publishing.

van de Merwe, K., van Dijk, H., & Zon, R. (2012). Eye movements as an indicator of situation awareness in a flight simulation experiment. *The International Journal of Aviation Psychology*, 22, 78–95. doi: 10.1080/10508414.2012.635129.

Wickens, C.D. (2003). Pilot actions and tasks: Selection, execution, and control. In P.S. Tsang & M.A. Vidulich (Eds), *Principles and Practice of Aviation Psychology* (pp. 239–264). Mahwah, NJ: Erlbaum.

Wickens, C.D. (2009). ISAP Keynote—The psychology of aviation surprise: an 8 year update regarding the noticing of black swans. *Proceedings of the International Symposium of Psychology* (pp. 1–6). Dayton, OH: Wright State University.

Wickens, C.D., Hooey, B., Gore, B.F., Sebok, A., & Koenicke, C.S. (2009). Identifying black swans in NextGen: Predicting human performance in off-nominal conditions. *Human Factors*, 51, 638–651. doi: 10.1177/0018720809349709.

Wilson, G.F., & Russell, C.A. (2003). Operator functional state classification using multiple psychophysiological features in an air traffic control task. *Human Factors*, 45, 381–389. doi: 10.1518/hfes.45.3.381.27252.

Wilson, G.F., & Russell, C.A. (2007). Performance enhancement in an uninhabited air vehicle task using psychophysiologically determined adaptive aiding. *Human Factors*, 49, 1005–1018. doi:

10.1518/001872007X249875.

Young, L.R. (1969). On adaptive manual control. *Ergonomics*, 12, 635–675. doi: 10.1080/00140136908931083.

撰稿人介绍

约翰·M. 弗拉克（John M. Flach）

John 于 1984 年获美国俄亥俄州立大学实验心理学博士学位。毕业后至 1990 年担任伊利诺伊大学助理教授，曾在机械与工业工程系、心理学系和航空研究所联合任职；1990 年至今一直任职于莱特州立大学心理学系，其中 2004—2013 年担任心理学系主任。现在任教授，负责给研究生和本科生教授实验认知心理学和人的因素专业课程。John 对认知协调和认知控制问题很感兴趣，并致力于将研究成果广泛应用于航空、医学、公路安全和辅助技术领域，具体研究方向包括视觉运动控制、人机界面设计和决策等。John 还与 Rich Jagacinski、Kevin Bennett 等学者合著了多本著作，内容包括认知控制理论、人机界面设计和人机系统设计的生态学方法等。

帕梅拉·S. 曾（Pamela S. Tsang）

Pamela 是美国俄亥俄州代顿市莱特州立大学的心理学教授，此前是美国国家航空航天局艾姆斯研究中心国家研究委员会的博士后研究员。她在曼荷莲女子学院获得文学学士学位，在伊利诺伊大学厄巴纳－香槟分校获得博士学位。Pamela 的研究方向是注意力、认知衰退、人的绩效和航空心理学，她致力于将研究成果应用于航空、地面运输、医疗保健等广泛领域，并与 Michael Vidulich 共同主编了《航空心理学原理与实践》一书。

迈克尔·A. 维杜利奇（Michael A. Vidulich）

Michael 获得美国纽约州立大学波茨坦分校的心理学学士学位、俄亥俄州立大学的心理学硕士学位和伊利诺伊大学厄巴纳－香槟分校的工程心理学博士学位。Michael 自 1989 年以来一直以兼职教员身份在莱特州立大学心理学系任教，还曾在美国国家航空航天局艾姆斯研究中心任职，目前是空军研究实验室飞行员效能局应用神经科学部的高级研究员。2006—2013 年他还担任战斗机人机界面部技术顾问，研究方向为人机界面评估和认知适应。他与 Pamela Tsang 共同主编了《航空心理学原理与实践》一书。

第二章

将系统思维应用于航空心理学

南希·G.莱维森，美国麻省理工学院

危险分析可以简单地被描述为"在事故发生前对其可能性进行调查分析"，是系统安全工作的核心，通过专业的分析来确定可能导致危险状态的场景（例如两架飞机违反了最低间隔标准，或者飞机失去足够的升力以维持高度）。这里，将危险非正式地定义为"设计者从不希望系统进入的事故前兆状态"。研究者使用经过分析得出的危险场景（或通往危险的潜在路径）计算危险状态发生的概率，或设计消除场景以降低危险发生的概率；或者在事故发生后，利用危险分析技术生成可能的潜在场景，帮助事故调查人员确定最有可能的事发原因。

目前，大多数广泛使用的危险分析方法都是 50 多年前创建的。当时建造的各种机器系统都比较简单，主要由机电部件组成。操作员多遵循事先设置好的程序，包括一些离散的、简单的任务，如读取仪表或打开阀门。在这种情况下，故障率和故障模式可通过机器使用的历史记录或大量的测试和模拟试验确定。操作员要么被排除在这些计算之外，要么被认为和机电部件一样，会以相同的方式"失效"，"失效"概率随机且可识别。安全工程师与人因学专家的工作内容和思路存在差异，安全工程师专注于系统物理工程部件的危险场景，而人因学专家专注于操作员相关的危险场景，如人与工程系统之间物理接口的培训和设计。

随着飞机系统相关软件的引入，飞机功能和性能（如燃油节约）不断提高，飞行员的角色相应地从直接操控者转变为自动化主管。飞机系统复杂性的增加不断导致各种新的人为差错（Sarter，Woods，2008），这超出了系统设计者和操作员可理解的限度。目前，我们设计的系统有时会令操作员不可避免地发生差错，但在事故分析时仍会将大多数事故归咎于飞行员或操作员。随后，工程师要么对相关的操作员采取措施（解雇或再培训），要么进行程序修改——将更多的控制功能改为自动化实现，进而使一般操作员在系统中进一步边缘化，或者通过创建更多的规则和程序固化操作员的工作。如果系统设计科学并且高效运行，其中的许多规则和程序是不需要消耗太多精力就能自然遵循的（Dekker，2006）。

目前，常用的危险分析方法往往会忽略可能的场景，尤其是当涉及软件或人的场景时。将操作员视为系统中的一个组成部分进行考虑，尚不足以从根本上创新危险分析方法。为了取得成效，心理学、人因学和工程学领域需要共同创造更强大的危险分析方法，从而改进系统设计，使其适合于当前正在构建和运行的新一代系统。本章介绍了一种潜在的方法，其始创于一个名为STAMP（系统理论事故模型和过程）的事故因果关系扩展模型，该模型较好地描述了人和软件在事故中所扮演的角色（Leveson，2012）。

下文将对STAMP（系统理论事故模型和过程）和另一种新的危险分析方法STPA（系统理论过程分析）进行描述，解释由此产生的对工程分析和复杂人因设计带来的影响，并以下一代空中交通管理系统（NextGen）为例，论述航空心理学可做出重要贡献的一些开放性议题。

航空事故是如何造成的

传统的安全工程技术基于一个非常古老的事故因果模型，该模型假设事故是由直接相关的故障事件链引起，故障A导致故障B，故障B导致故障C，故障C导致系统损失。例如，飞机空速管冻结导致计算机自动驾驶仪停止运行（或错误运行），随后飞行员处理不当，飞机发出失速警告，最后飞机坠入大西洋。这一系列事件是危险分析可能产生的事故场景的一个例子。因果关系的基本模型表明，预防事故的方法是预防这些单独故障事件的发生，例如，更好地训练飞行员如何对失速警告做出有效反应，并改进空速管的设计。

事件链模型适用于简单系统，而那些复杂的软件密集型系统正在改变事故因果关系的性质。软件不会随机出错，事实上有人认为其根本不可能出错。软件是一个没有任何物理实现的、纯粹设计的抽象例子，那么抽象的设计在什么情况下会出错呢？软件完全可能在错误的时间做错误的事情，但几乎所有与软件相关的事故都是由不正确的需求导致的，即软件工程师没有明白软件在各种条件下应该做什么，比如空速管因结冰而提供了错误数据时，软件应该做什么。同样，随着系统设计因素的重要性不断增加，人在事故中所占的比例也在变化。例如，出现模式混淆的结果不能完全由人的内部因素解释，需要从人的生理心理因素和系统设计之间的相互作用解释。很多事故并不是由单个部件故障引起，而是由系统组件（包括操作员）之间不安全和意外的相互作用导致的。

STAMP（系统理论事故模型和过程）模型创建了事故因果关系，提出在因果分析中不仅要考虑单个或多个组件的故障，还要处理事故中出现的新因素（Leveson，2012）。在 STAMP 模型中，引起事故的原因是"对系统行为的约束执行不力"，这里所说的系统包括整个技术系统。图 2.1 为航空系统安全风险分级控制结构示例，该结构中的每个部件都在事故预防中发挥作用，因此也是事故原因中的重要因素。左侧的控制确保了系统（例如飞机）部件的安全性，右侧的控制则确保系统运行的安全性，两侧之间通常有相互作用。图 2.1 中每个组件都有一套安全责任约束，必须由该组件强制执行以防止危险。

针对新的 ATC（空中交通管制）程序，图 2.2 呈现了另一种名为 ITP（追踪程序）的分级控制结构示例。为简便起见，该图例省略了上层结构。该程序规定，即使两架飞机在机动过程中暂时违反了最低间隔要求，也允许飞机通过大西洋上空的空域。两架飞机位置的实时信息由 GPS（全球定位系统）和 ADS-B（广播式自动相关监视技术）提供，机载 ITP（追踪程序）设备确定此时是否能够安全通过。如果符合 ITP（追踪程序）的安全通过标准，飞行员可以请求放行以执行机动动作。飞机系统通过危险分析来推演生成 ITP 中可能导致事故的场景，然后工程学专家和人因学专家利用这些信息通过变更系统设计或操作程序防止事故的发生。

受控过程模型是 STAMP（系统理论事故模型和过程）模型的重要组成部分，如图 2.3 所示。安全控制结构由反馈控制回路组成，控制器向受控过程发出指令或控制动作，如飞行员发送飞机上升指令。为了使指令有效地运行，每个控制器都必须有一个子系统状态的专用模型。控制器发出的动作或指令至少是部分基于系统状态模型的结果。如果系统状态模型本身不正确（即与系统的真实状态不一致），那么控制器就可能做出"错误"的事情，因为控制器只负责按照系统状态模型的结果执行指令，无论结果是否为系统的真实状态都会执行。例如，如果飞行员或空中交通管制员对是否符合 ITP（追踪程序）的安全执行标准理解错误的话，其可能会做出"错误"的事情。虽然他们本身并没有"错"，但在系统状态方面被误导。

受控过程模型通常被认为是心理模型的一部分，其通过反馈和实时输入保持状态更新。请注意，该模型中反馈通道在设计和操作方面至关重要。

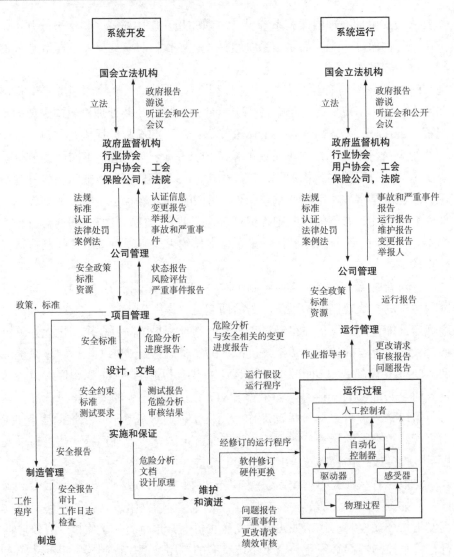

图 2.1　航空系统安全风险分级控制结构示例

虽然受控过程模型对软件设计很有效，而且肯定比随机故障模型更好，但对事故中人因方面的考虑仍有改进空间。下文将介绍实现这一目标的若干想法，首先需要充分阐明受控过程模型的含义，然后使用受控过程模型进行危险分析，并将分析结果与传统的危险分析结果进行比较。以下是可能导致事故的 4 种不安全控制行为。

（1）未发出安全（避免危险）所需的指令：例如两架飞机在碰撞航线上，但空中防撞系统（TCAS）和空中交通管制管制员（ATC）都没有发出改变

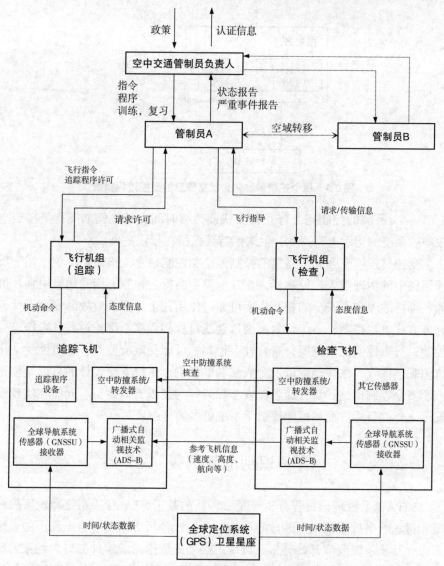

图 2.2　ITP（追踪程序）的分级控制结构示例

航线的通知。

（2）发出导致危险的不安全指令：例如空中交通管制员（ATC）发出导致危险的不安全指令，使两架飞机进入了碰撞航线。

（3）发出可能正确并安全的指令，但时间不对（太早、太迟或顺序不对）：例如空中防撞系统（TCAS）为飞行员提供了一个避免碰撞的解决方案，但时间太晚了。

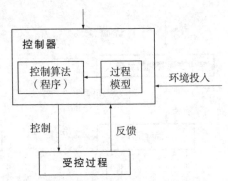

图 2.3   每个控制器都包含状态信息的受控过程模型

（4）所需的控制指令停止得太快或持续时间太长：例如飞行员按照空中防撞系统的指示上升高度，但未能持续保持在指定高度。

受控过程模型强调了经典的控制理论和控制指令，该模型不仅适用于反馈回路中的物理或人工控制器，在其他类型的行为控制方面通用性更强。例如，部件故障和不安全的相互作用可通过使用冗余、互锁或故障安全设计等标准方式进行控制；系统行为可通过制造过程和程序、维护过程和操作进行控制；行为控制比较重要，来自社会控制，可能受政府监管，也可能受文化价值观、保险、法律制度以及个人私利的影响。系统安全设计的目标是创建一套安全控制措施，旨在让各项安全保障行为得以有效运行，同时在实现除安全之外的目标方面尽可能地给予系统更多的自由度。

识别危险场景

STPA（系统理论过程分析）是一种新的基于 STAMP（系统理论事故模型和过程）事故因果模型的危险分析方法。该分析方法属于自上而下的系统工程，其从系统危险开始分析，以确定必须施加给系统组件的行为约束，从而确保安全，并且有助于安全分析师和系统设计师识别可能导致事故的场景。实践发现，STPA 与传统的危险分析技术相比，能够识别出更多的危险场景，例如故障树、事件树、故障模式和影响分析等，特别是涉及软件或人类行为的场景（Balgos，2012；Fleming，Spencer，Thomas，Leveson，Wilkinson，2013；Ishimatsu 等，2014；Pereira，Lee，Howard，2006）。

RTCA（2008）研究了 ITA 示例，介绍 STPA 具体是如何工作的。首先识别可能导致危险的不安全控制措施的类型，然后确定可能导致不安全控制行为的原因或场景。上文介绍过 4 种不安全控制行为类型，表 2.1 列出了这些内容，从第 1 列信息可以看出，机组人员可提供两种类型的控制动作，即执行 ITP（追踪程序）控制和在必要时终止 ITP 控制。表中列出了危险控制措施的类型，例如在空中交通管制员未批准 ITP 时擅自执行 ITP，或在不满足安全通行标准时错误执行 ITP。虽然表格中涉及的具体过程（以及自动化支持）超出了本章范围，但读者应该能够据此了解各个过程是如何实现的。完整的 ITP 分析过程可在相关文献中查阅（Fleming 等，2013）。

表 2.1　机组人员潜在的不安全控制行为

控制器：机组人员	不提供导致危险的原因	提供导致危险的原因	错误的时间 / 顺序造成危险	停止太早 / 应用太久
执行 ITP（追踪程序）		未获批准时执行 ITP	在批准前过早执行 ITP	ITP 飞机在指定高度以上飞行
		不满足标准时执行 ITP	重新评估导致过晚执行 ITP	ITP 飞机指定高度以下飞行
		以不正确的爬升率或目标高度等飞行参数执行 ITP		
ITP 的异常终止	机组人员在危险情况下继续机动动作	机组人员不必要地中止		
		机组人员在中止时不遵守区域应急程序		

不安全的控制措施一旦确定，就可以通过对控制回路中可能发生的故障或错误进行分析以确定其潜在原因，如图 2.4 所示。随后，有关潜在原因的信息可以用于系统设计，以消除或减少故障发生，并创建安全的操作程序、设计安全培训等，例如讨论机组人员在未经批准（或不符合安全标准）时错误执行 ITP（追踪程序）机动的原因。此类原因很多，但大多数都与机组人员的心理模型有关，即其认为已经批准但实际并未得到批准，或者认为符合标准。部分场景涉及机组人员获得的信息不正确，不同来源提供的信息相互冲突以及对收到的信息产生了误解等。这些场景（原因）用于设计针对机组人员不安全行为的防护措施，并为系统设计制订详细要求。

当然，STPA 是否比 NextGen 使用的传统危险分析方法更好，这是一个重要问题。ITP 的官方危险分析采用故障树和事件树相结合的方法（RTCA，2008）。人为差错的概率通过主观过程得出，通过与管制员和飞行员召开研讨会，由本人讨论得出自己可能犯某类错误的概率。

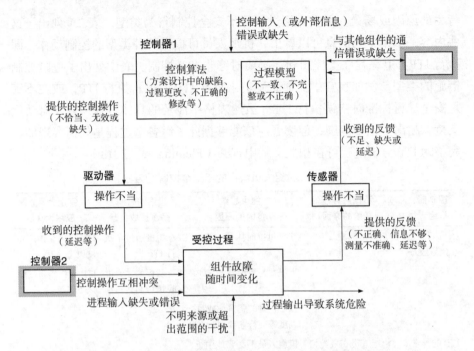

图 2.4　控制回路中可能导致不安全控制的一般性问题

例如，某个场景描述了在不符合标准的情况下执行 ITP 机动导致的故障，故障树分析从指定的目标概率开始，指定概率为故障树顶部每个 ITP 操作故障率的 1.63e-3。发生不安全行为（即在不符合标准时仍然批准 ITP 机动）有三个原因，分别为机组人员不了解 ITP 所允许的最小距离是多少、交通管制员没有收到 ITP 距离信息就提前批准了机动、存在通信错误（传输过程中信息部分损坏）。这三个原因引发事故发生，三个原因组合得出发生事故的最高概率为 1.010e-4，该概率在安全目标范围内。

风险评估的官方目标是确定机动是否在指定的安全目标范围内，而不是改进设计。故障树分析并不能给出如何防止人为错误的相关指导，但可假设这些错误是随机发生的。故障树也假设了独立的行为，但机组人员和交通管制员的交互行为可能是耦合的，双方相互施加影响或共同受到更高级别系统的约束。分析认为，最终的通信错误是由于传输过程中数据损坏造成的，本质是硬件或软件发生错误，当然还有许多其他原因导致的潜在错误。

STPA（系统理论过程分析）结果包括在故障树中识别的基本通信错误、产生通信错误的原因以及如何在系统情境中理解人为错误的有关指导。通信错误可能是由于对多个信息来源（机组人员或交通管制员）的混淆、对传统或新实施的通信协议的混淆，或简单的转录或说话错误。由于多种原因，这些误差源中任何一个的发生概率无法进行准确量化或验证，误差取决于系统情境（包括操作员状态），而系统情境又处于不断的动态变化中。STPA 分析并不认为人类会极少"出错"，而是假设其会犯错误，并规定了相应的安全和设计要求。

人的因素扩展模型

虽然上文定义的 STPA 在许多比较研究中被证明比传统的危险分析技术更好，但仍需要改进。STPA 分析需要提供一个比较成熟的人类行为控制器模型。虽然人不会像机械部件那样失灵，但也不会像计算机那样使用固定的算法和程序。图 2.5 显示了人类操作员在 STAMP 中的作用，这是一个更加现实的模型。

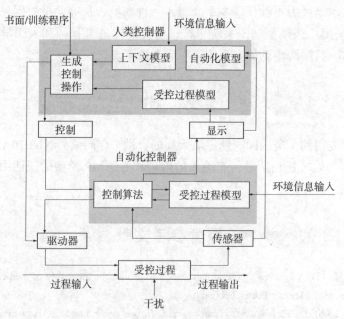

图 2.5 包含人类行为控制的扩展模型

图 2.5 显示了三个控制级别，底部为受控过程和自动化控制器，顶层是对人类行为控制的更复杂模型的首次尝试。人类行为并不总是严格遵循固定的控制算法或程序，而是综合使用控制器过程模型、自动控制器模型、系统情境控制模型以及书面或经过训练的程序来生成控制动作。

　　Leveson（2012）使用该模型已经确定了一些可以减少人类控制器发生错误的基本设计原则，例如在受控过程和自动化过程中建立了支持控制器创建并维护精确心理模型的方法，包括模式混淆等已知问题。虽然这些设计原则在航空心理学中并非未知，但该模型的建立有利于工程师将其直接应用到设计中，这些原则应该受到高度重视。

　　将 STPA 过程扩展到人的因素概念中，由此产生的危险分析可能具有重要的潜在意义，能够为工程师提供设计系统所需的信息，从而大大减少导致事故的人为差错。

结　论

　　人类在复杂系统中的作用过于简单化，工程技术有助于人类能力的超越，这是航空心理学的研究内容。那些创建于 50 年前的危险分析方法和系统设计技术已经力不胜任。本章介绍了一种新的、扩展的事故因果关系，即 STAMP 模型。该模型基于系统思维，有可能促进工程师和人因学专家团队加强合作、共同构建更加安全的新一代人机系统。

致　谢

　　该研究得到了美国国家航空航天局的资助（合同编号 NNL10AA13C），作者在与约翰·托马斯进行有关人的因素和 STAMP 模型的谈话中学习到了很多知识。

原著参考文献

Balgos, V. (2012), A systems theoretic application to design for the safety of medical diagnostic devices, MIT Master's Thesis, February.

Dekker, S. (2006), *The Field Guide to Understanding Human Error*, London: Ashgate Publishing.

Fleming, C.H., Spencer, M., Thomas, J., Leveson, N., & Wilkinson, C. (2013), Safety assurance in NextGen and complex transportation systems, *Safety Science*, 55(June), 173–187.

Ishimatsu, T., Leveson, N.G., Thomas, J.P., Fleming, C.H., Katahira, M., Miyamoto, Y., Ujiie, R., Nakao, H., & Hoshino, N. (2014), Hazard analysis of complex spacecraft using STPA, *AIAA Journal of Spacecraft and Rockets*, 51(2), 509–522.

Leveson, N. (2012), *Engineering a Safer World*, Cambridge, MA: MIT Press.

Pereira, S.J., Lee, G., & Howard, J. (2006), A system-theoretic hazard analysis methodology for a non-advocate safety assessment of the ballistic missile defense system, *Proceedings of the 2006 AIAA Missile Sciences Conference*, Monterey, CA, November.

Sarter, N., & Woods, D.D. (1995), How in the world did I ever get in that mode? Mode error and awareness in supervisory control, *Human Factors*, 37(1), 5–19.

RTCA (2008), Safety, performance and interoperability requirements document for the in-trail procedure in the oceanic airspace (ATSA-ITP) Application, DO-312, Washington DC, June 19.

撰稿人介绍

南希·G. 莱维森（Nancy G. Leveson）

Nancy 是美国麻省理工学院教授，系统安全领域学术带头人，发表论文200 余篇，并为航空航天、交通运输、化工、核电、医疗器械、医院、石油和天然气等多个行业提供广泛的咨询服务。Nancy 在系统安全领域工作 30余年，所开展的研究包括复杂系统设计开发、运营、管理和团队文化，强调将系统思维和系统工程技术应用于复杂系统。她于 1995 年出版著作《安全软件》，2012 年出版著作《工程设计让世界变得更安全》，并在新书中回顾且更新了 20 世纪 50 年代的系统安全概念，首次提出了一种名为 STAMP（系统理论事故模型和过程）的事故因果关系扩展模型和一种更加有效、低价且方便使用的危险分析方法。

Nancy 目前是麻省理工学院航空航天系和工程系统部的教授，此前曾在华盛顿大学和加利福尼亚大学担任计算机科学系教员。她是美国国家工程院（NAE）院士，并因研究成果和产业贡献获得了许多奖项。

第三章

航空航天飞行中的方位错觉

詹姆斯·R. 拉克纳，美国布兰迪斯大学

近年来，我和课题组致力于研究人类在航空航天环境中的运动控制、定向和适应等问题。研究这些问题使我除了能取得科学成就外，还能获得巨大乐趣。多年来，我们的工作一直得到空军科学研究所（AFOSR）的支持。几年前，空军科学研究所的项目主管威拉德·拉金（Willard Larkin）博士审阅了我们课题组围绕人类行为开展的大量研究后，建议我们开发一个模型，为此类行为提供统一的解释依据。因此我们开发了一种新的方位模型，该模型校准了前庭系统，其输出结果被解释为与地球重力 1 G 加速度有关。该模型率先预测了非 1 G 加速度环境中的实验结果以及与加速度环境相关的视觉变化和自我定向错觉变化。本章主要介绍这个新模型及相关理论观点产生的情境实验，这是一次曲折而富有乐趣的科学之旅。

脊椎动物前庭系统的半规管和耳石器官通常被比作惯性导航系统（Mayne，1974），这种系统通常具有集成三轴角加速度计和线性加速度计的功能。惯性导航系统的一个重要特征是校准需要间歇性更新，这是相对于地球进行的，利用地球引力确定平台是否保持水平（Feynman，Gottlieb，Leighton，2013）。在脊椎动物的内耳中，头部两侧三个正交方向的半规管通过角加速度而不是线性加速度激活，它们的输出与角加速度成比例，积分后的输出提供了对角位移的估计。两侧的两个耳石器官（胞囊和球囊），对线性加速度有反应，其输出取决于作用在其身上的重力加速度和惯性加速度的合力，即重力惯性加速度（GIA）。前庭系统的输出也必须定期校准，以确保对身体方向的准确解释。

很多形式的错觉，包括超 G 错觉、眼重力错觉和"巨手现象"飞行错觉等，都与"过度"或异常的耳石刺激有关，而眼旋转错觉、听觉错觉和躯体旋转错觉则与半规管活动有关（Benson，1999；Clark，Graybiel，

1949，a，b；Ercoline，DeVilbiss，Yauch，Brown，2000；Gillingham，1992；Gillingham，Previc，1996；Graybiel，Hupp，1946；Graybiel，1952；Graybiel，Brown，1951；Clark，Graybiel，1966；Miller，Graybiel，1966）。事实上，这些错觉都涉及身体方位表征和感觉刺激定位的联合错误（DiZio，Held，Lackner，Shinn-Cunningham，Durlach，2001；Lackner，DiZio，2010）。例如飞机从航母上弹射起飞，在弹射后飞行员的身体会跟随惯性向前倾斜，这时可能产生视觉错觉。

我们的工作最初并不是为了了解前庭系统如何校准以及该校准与前庭受到异常刺激引起错觉之间的关系。相反，这与一个更普通的问题有关，即为什么在太空飞行的失重条件下宇航员会患太空晕动病（SMS）。为了研究这个问题，我们进行了抛物线飞行试验，其中超重（2 G）和失重（0 G）周期交替，如图 3.1 所示。需要注意的是，在这种情况下，"0 G"意味着处于自由落体状态，试验中受试者和飞机会一起坠落。因此在 0 G 飞行阶段，飞机不会对受试者的身体施加任何力。人们在地球上通常能感受到体重（除了跑步或跳跃、双脚离开地面的瞬间），是因为体重由某种表面支撑，也就是支撑表面对身体施加了反作用力，静止条件下反作用力的大小反映的则是体重。

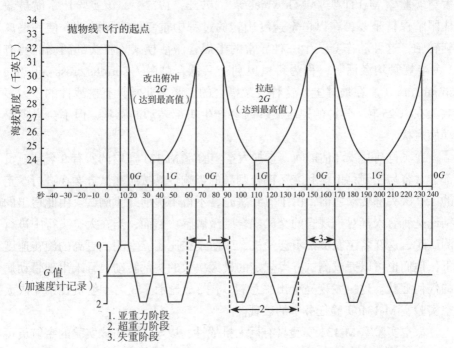

图 3.1 抛物线飞行试验过程中的飞机飞行剖面（超重和失重周期性交替）

达朗贝尔（Alernbert）原理是对牛顿第二定律的重新表述，是理解失重生理效应的最佳方式，其中F_g是重力，F_e是物体上所有外力的总和，m_a是惯性力。

$$F_g + F_e - m_a = 0$$

失重状态相当于$F_e = 0$，因此$F_g = m_a$，当$F_e/F_g > 1$时产生"加速度拉力"，因此$F_g + F_e = m_a$（$a > 1\,G$）。

前庭系统实验

从最早的太空任务开始，人们就知道在失重条件下转动头部是一项具有挑战性的运动（Titov，Caidin，1962）。随着任务持续时间的延长，太空晕动病（SMS）成为一个重大问题，在太空飞行的前几天，近70%的宇航员会受到影响（Graybiel等，1975a；Graybiel，Miller，Homick，1975b，1976；Lackner，DiZio，2006）。在军用航空飞行中，晕机通常是由受加速度作用条件下的头部转动引起。然而，当我们试图确定SMS的病因时，受到了在航空航天条件下转动头部带来的困惑。这一困惑与有史以来在太空飞行中进行的最系统的晕动病实验结果有关，即3次载人航天实验室任务中的太空实验室 M-131 实验（Graybiel等，1975b，1977）。该实验让宇航员蒙住眼睛保持坐姿，在以恒定速度旋转的过程中重复做头部转动，使其偏离旋转轴，这种动作会产生一种异常的半规管激活模式（将头部两侧的所有3个半规管均激活），称为科里奥利交叉耦合刺激（Coriolis cross-coupling stimulation）。在地球上，这种交叉耦合的刺激是非常具有挑战性的。大多数人在以25转/分钟的速度旋转时会产生头部转动的感觉，但不会出现晕动病症状。

在飞行前基线评估期间，参加太空实验室 M-131 实验的所有9名宇航员都非常容易受到科里奥利交叉耦合刺激的影响。其按照测试方案在进行既定的150次头部转动之前，由于感到恶心，不得不提前终止测试。由此得出的结论是所有人都对半规管的交叉耦合刺激敏感。然而，当在太空飞行中进行测试时，这9名宇航员都不会晕机，即使是在比实验室测试更高的旋转速度下，他们也可以完成测试方案规定的最大次数的头部转动，且未出现晕动病的任何症状。这一发现完全出乎意料。图3.2显示了3名宇航员在第4次太空实验室 M-131 实验任务中的表现。

太空实验室 M-131 实验具有巨大挑战性，以至于参与该实验的宇航员可能会在一整天内丧失相关能力。因此，飞行中的测试被推迟到任务第6天或者更加靠后。在执行任务的前几天，宇航员们发现仅仅做简单的头部转动就可能引发晕动病症状，几天后再做头部转动就会无症状。在任务第 6 天及之后的时间进行测试时，其在旋转过程中做头部转动时都不会出现晕动病，这与在地球上做头部转动具有同样的挑战性。

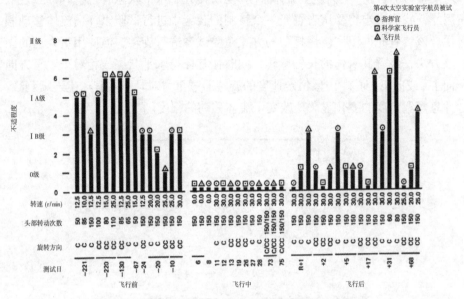

图 3.2　3 名宇航员在第 4 次太空实验室任务中的表现

注：柱形图高度显示了 3 名宇航员在飞行前、飞行中和飞行后暴露于科里奥利交叉耦合刺激时所经历的晕动病的严重程度。旋转方向（C 顺时针旋转、CC 逆时针旋转）

图 3.3 阐明了宇航员在身体旋转过程中做仰头运动时半规管发生的情况，从开始旋转迅速加速到匀速旋转的过程中，水平半规管最初会被激活，然后其神经放电水平会衰减到基线水平。如图，在时间点 B，受试者以恒定的速度旋转时会感到静止；在时间点 C，受试者做一个向后倾斜的头部转动，使水平半规管脱离旋转平面从而失去角动量，并且发出头部长时间侧移的信号；后半规管（对前后翻滚的刺激敏感）被带入旋转平面接收角动量脉冲，并发出头部长时间滚动的信号；只有前半规管能准确发出头部转动的信号。这种复杂的刺激模式特别容易让人感到恶心和迷失方向，宇航员称为"翻滚的陀螺"。重要的是，太空实验室的宇航员均报告，在飞行中，即使头部转动的旋转速度高于地球上测试时的旋转速度，也不会发生"翻滚陀螺"的现象。

　　失重的后果是循环系统中的流体静压消失，这会导致血液和淋巴在体内重新分布，并使宇航员在太空飞行中出现面部浮肿。这种流体变化被认为是太空晕动病（SMS）的潜在原因——通过改变前庭系统的压力造成了类似内耳迷路积水的情况。这种敏感性被认为是失重状态下头部转动在太空实验室任务中极易引发晕动病的部分原因。重要的是，在地球上，只要人们改变相对于重力的方向，就会发生流体移动。当身体处于水平状态时，流体静压最小。因此，我们决定将受试者置于一个特制的装置中进行试验以评估流体移动假说。该装置允许以"烧烤扦"的方式对受试者进行旋转，但使用更人道的固定方法，绕着其身体的长轴旋转，同时让其保持水平状态或相对于水平方向向上（或向下）倾斜 10°。恒定速度的旋转通过重力对耳石器官产生连续刺激，并且倾斜角度的变化显著地改变了流体移动的幅度。

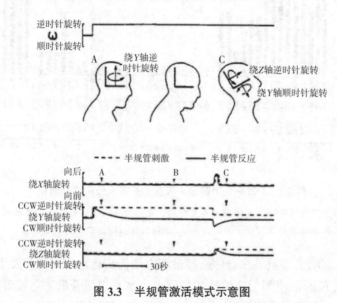

图 3.3　半规管激活模式示意图

注：受试者以恒定速度进行身体旋转，持续一段时间后做仰头运动

触压力实验

以 30 转／分钟的速度旋转受试者，并在直线和水平飞行以及抛物线飞行试验中的失重和超重阶段对其进行蒙眼测试。令人惊讶的是，在 1 G 重力环境下，所有受试者都没有感觉到"烧烤扦"式的旋转，而感觉经历了一种轨道运动，而且面部始终朝着相同的方向（向上或向下）。受试者每次旋转 360° 时，都会感觉穿过了一个轨道（Lackner，Graybiel，1978a）。图 3.4 显

示了身体实际旋转方向和所感知的轨道位置之间的关系，轨道的运动方向总
是与身体实际旋转方向相反。

在轨道运动中，受试者面部朝上与朝下相比，身体位置会发生 180° 的
变化，由此推测实验设备对受试者身体的触压力可能决定了其身体姿势。
因此，通过让受试者以不同的方式自愿按压实验设备改变其身体所受的触压
力，以此证明上述推测。通过这样做，受试者可以彻底改变其面部的朝向。
在受试者头顶上施加压力会让其在"进行"轨道运动时感觉自己是倒立的
（Lackner，Graybiel，1978b）；增加头顶压力会让其觉得轨道直径更大，
并感觉到轨道速度变快。该变化也反映在由身体旋转引起的眼球运动中，每
次眼眶速度增加时，眼球震颤慢相方向的速度增加，尽管耳石器官的刺激保
持不变。

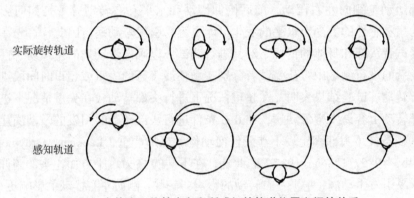

图 3.4　身体实际旋转方向和所感知的轨道位置之间的关系

注：第一行显示的是受试者在蒙眼平卧状态下以 30 转 / 分钟的速度绕 Z 轴顺时针旋转，
第二行显示的是受试者感知到的与实际物理方位相关的逆时针轨道

当飞机从 1 G 重力环境直线飞行到 2 G 重力水平时，受试者感觉其运动
的轨道增加了一倍或更多，且感受的运动轨道可能比正在测试的波音 KC-
135 飞机的机身周长还长。同时轨道速度会大幅增加，因为每转一圈就会"完
成"一次轨道运动。当飞机进入失重飞行阶段时，受试者的感受发生了显著
变化。随着 G 水平的降低，受试者感觉运动轨道缩小，直到 0 G 时，感觉完
全静止，尽管飞机正在以 30 转 / 分钟的速度旋转。此外，尽管受试者能够
有意识地觉察到自己在飞机上的方位和位置，但大多数人都失去了对环境的
"空间定位"感。他们能够有意识地觉察到自己的身体相对于飞机的具体位
置，但没有一种身处特定方位的感觉，即其感觉没有方位感，没有空间位置
感，但没有迷失方向（Lackner，Graybiel，1979）。

　　以上研究表明，触压力对受试者感知到的身体方向有重要影响。在非失重条件下，受试者在平卧位绕 Z 轴旋转，其感知的方向是由实验设备的触压力刺激决定，而不是耳石信号。通常情况下，当一个人在失重状态下自由漂浮并闭上眼睛时，所有相对于设备处于特定方向的空间感都会丧失（Lackner，1992，1993）。然而与实验设备的接触，即使是指尖的轻微触摸，也会获得空间定向感（Lackner，DiZio，1993）。因此，耳石器官在失重条件下没有剪切力，不能传递头部相对于实验设备的方向感，但机械接触可以提供方向感。

　　然而，我们的实验并不支持"在轨道飞行过程中，人体循环系统缺乏静水压会导致太空晕动病（SMS）"的观点（Graybiel，Lackner，1979）。液体位移幅度不影响晕动病的易感性。已经知道头部转动在太空飞行中具有挑战性，接下来我们决定研究在抛物线飞行试验的不同受力阶段，不同类型的头部运动（侧向左右摆动、前后俯仰摆动和水平左右转动等）是如何影响晕动病易感性的。受力水平的变化可能更容易引发晕动病。因此，首先在固定受试者头部和身体的情况下对其进行测试，以确定晕动病的基线易感性。在随后的飞行测试中，让受试者分别在抛物线飞行的失重或超重时间段进行头部转动。试验结果表明，在超重情况下进行头部转动较在失重情况下进行头部转动更容易发生晕动病，在 0 G 条件进行头部转动时引发的晕动病症状较基线条件（头部固定，不涉及任何动作）更加严重（Lackner，Graybiel，1984b，1985，1986a，1987）。此外，在不同的 G 力水平方面，头部俯仰运动最易引发晕动病，水平左右转动的影响弱一些，侧向左右摆动的影响更小。这些发现与太空飞行中的发现一致，即大多数宇航员在飞行最初的几天时间里，做头部转动会引发晕动病症状，后期能慢慢适应。然而，这些发现并没有阐明为什么在太空飞行中，头部侧摆运动对病症的影响很小。

　　为了直接解决这个问题，在抛物线飞行试验中，我们要求受试者在身体等速旋转的过程中，主动做左右摇头动作，以确定 G 力水平的即时变化会产生怎样的影响。实验结果令人震惊，受试者在失重状态、身体等速旋转的条件下进行头部转动并不比其在身体不旋转时进行相同的头部转动更易引发晕动病。在 2 G 力作用下进行头部转动会让受试者感到强烈的刺激，并产生迷失方向的感觉，比在 1 G 力作用下进行直线运动和水平飞行更为明显。当受试者以恒定速度旋转的同时，还要求其在 G 力变化的过程中进行头部转动。实验发现，G 力变化产生的影响非常显著，从 1 G 减小到 0 G 期间的头部转动比从 0 G 增加到 1 G 期间的头部转动影响更小，也不容易导致受试者迷失方向（Lackner，Graybiel，1984b，1986a）。

但是谜团依然存在，半规管的激活本应该与 G 力大小无关，但为什么在身体旋转过程中进行头部转动所产生的影响会随着 G 力大小的变化而变化？我们发现了两个重要信息，其一，在旋转过程中，头部倾斜的路径似乎以扇形的方式相对于身体躯干横向偏离，半规管无法预测这种运动路径产生的刺激（Lackner, DiZio, 1992），这让我们怀疑，当头部偏离旋转轴时，作用在头部的科里奥利力是否会产生明显的影响；其二，在 0 G 力条件下，受试者不会因为转动头部而产生绕多个轴同时运动的感觉。

旋转和手臂伸展（T&R）实验

为进一步解决这些问题，我们首先在慢速旋转实验室（SRR）让受试者坐在旋转台中心进行实验。在这种情况下，旋转过程中的头部转动和手臂运动会产生瞬时的科里奥利力，但只产生极小的离心力（Lackner, DiZio, 1994, 1997, 1998）。科里奥利力（F_c）是运动物体的旋转速度（ω）、质量（m）及其相对于旋转参考系的速度（v）的函数，即 $F_c = -2\,m\,(\omega \times v)$。身体自主运动的速度分布曲线通常是"钟形曲线"的形状，因此，所产生的科里奥利力也将呈现钟形曲线，并沿着与旋转方向相反的方向作用于运动的头部或手臂。

我们很快发现，在旋转实验室中受试者头部转动的路径受到作用在其头部的科里奥利力的影响，同时也受到由半规管刺激所引起的前庭反射的影响。随着头部的反复运动，与科里奥利力有关的位移分量作为惯性质量迅速适应，在完成 40 次头部转动后将不再产生偏差。相比之下，半规管的刺激需要更长的时间才能适应（Lackner, DiZio, 1998）。

为进一步了解科里奥利力在运动控制中的作用，我们测量了受试者在旋转过程中用手抓握指定目标的准确程度，认为手臂也是一个有质量的身体部位，跟头部一样，但不同的是手臂没有前庭系统，这使研究结果的解释变得复杂。我们开发了一个非常简单的实验范式。受试者坐在旋转台中心，在以 10 转 / 分钟的速度等速旋转之前、期间和之后分别按要求完成指定的目标抓握动作（Lackner, DiZio, 1994）。结果如图 3.5 所示，在旋转前，受试者能够直接准确地完成目标抓握动作；在旋转期间，手的初始到达方向与产生的科里奥利力的方向相反，并没有触及目标，但随着目标距离的增加，受试者手的运动路径变得越来越直，越来越准确，当完成 40 次转动时，运动轨迹和精度恢复到了旋转之前的基线水平；在旋转之后，显示出与旋转期间完全相反的情况，表明在旋转期间所获自适应补偿的持续时间较长，然后逐渐衰减，恢复到基线水平。在完全适应后的每次旋转中，受试者不再有意识地感觉到作用在其手臂上的科里奥利力，手部的活动完全正常。旋转之后，当其抓握目标时，感觉好像科里奥利力再次偏离了手臂。然后，受试者感觉的"外力"是他们自己的中枢神经系统（CNS）对大脑预期的科里奥利力的补偿，但实际上这种预期的科里奥利力并不存在。

到达路径俯视图

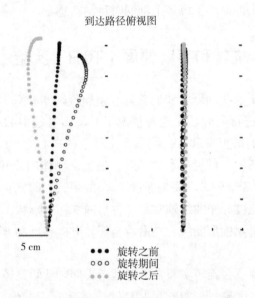

5 cm

●●● 旋转之前
○○○ 旋转期间
•••　旋转之后

图 3.5　受试者用手抓握目标的动作示意图

注：图为到达路径俯视图，在完全封闭的慢速旋转实验室中，受试者以 10 转／分钟的速度逆时针旋转，三条曲线分别为旋转之前、期间和之后。完全适应发生在 40 次之后。此时，产生的科里奥利力在感知上不再明显

这些发现让我们怀疑，在日常活动中，手臂和头部是否产生巨大的科里奥利力。因为，如果这些力是新产生的，为什么人体能够如此迅速地适应？因此，我们观察了受试者在做躯体旋转动作的同时伸手抓握目标的情况。我们很好奇，在这种转身运动和手臂伸展（T&R）运动中，个体是否能够错开躯体旋转和手臂伸展，以最大限度地减少科里奥利力的产生。实验发现情况并非如此（Pigeon，Bortolami，DiZio，Lackner，2003a，b）。转身运动和手臂伸展（T&R）运动在受试者手臂上产生的科里奥利力远大于在慢速旋转实验室（SRR）进行实验时产生的力。尽管如此，即使在非常高的峰值速度情况下，如躯干旋转速度 200 °/s、手臂伸展速度 1600 毫米／秒，T&R 动作

也是笔直而准确的。手臂和躯干在 70 ms 内可以达到峰值速度，从而使到达手臂上的科里奥利力迅速增加。在 T&R 运动过程中，自发产生的科里奥利力从来没有被受试者有意识地感知到。

我们发现，如果受试者体重增加并进行快速的 T&R 运动，其会适当地补偿手臂有效质量，从而增加所产生的科里奥利力，有助于准确地抓握指定目标。所有受试者都能做到这一点，即使之前从未握住过目标。要做到这一点，受试者的中枢神经系统必须预测手臂和躯干即将运动的轨迹，并对运动即将产生的科里奥利力进行补偿。这种补偿在本质上大部分是"前馈"的，预计并对抗即将产生的科里奥利力对手臂运动轨迹的影响（Pigeon 等，2013）。

图 3.6 呈现了一种我们开发的实验装置，用于阐明躯干相对于双脚以及外部空间进行旋转的位移关系（Hudson，DiZio，Lackner，2005）。受试者站在一个圆形平台（安装有强大的电机用于平台控制）上，其身体与速率传感器连接，用于控制平台的旋转速度。实验在黑暗中进行，当平台表面的某些目标被照亮时，受试者只需旋转身体面向被照亮的目标。目标会随着受试者的身体开始旋转而熄灭，然后在完成此次旋转时重新点亮另一个目标。前一个目标熄灭，后一个目标被点亮，受试者旋转身体面向后一个目标，实验按此顺序不断重复。受试者身体连接的速率传感器用于控制平台，并且可以

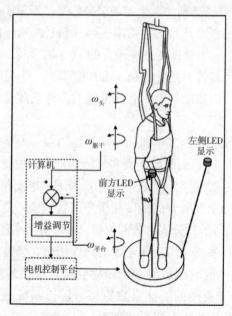

图 3.6　一种新型的实验装置

注：用于阐明躯干相对于双脚以及相对于外部空间进行旋转的位移关系

引入负增益或正增益，该实验仅描述负增益，其是以 0.05 的负增量逐渐引入，同时受试者在每次增益发生改变之前需多次旋转身体以面向目标，直至增益达到 −0.5。在这种情况下，当受试者相对于自己的脚逆时针旋转 60° 以面对平台表面的固定目标时，平台则顺时针旋转了 30°，即受试者的身体相对于自己的脚旋转了 60°，但相对于外部空间其实只旋转了 30°。然而，受试者总感觉平台是静止的（因为增益变化的引入是非常缓慢的，低于受试者的主观检测阈值），而且感觉自己的头部和躯干相对于外部空间发生了 60° 空间位移，尽管水平半规管信号是由头部旋转 30° 引起，而不是 60°。该实验结果意味着受试者的空间位移感取决于脚的相对参考系，而不是产生半规管信号的空间定位参考系。

我们让所有能够适应 −0.5 平台增益的受试者在平台增益归零后立即进行转身和手臂伸展（T&R）运动，以便当受试者开始转动时，平台刚刚停止旋转。我们发现，受试者身体的旋转幅度约为预期幅度的 50%，手臂伸展产生巨大的角度误差，超出了目标位置。这些错误的产生是因为当受试者适应了平台的渐进负增益之后，相对于自己的脚转动身体时所需的扭矩越来越小。平台朝相反的方向逐渐转向，增加了躯干相对于双脚的位移。因此，当平台增益恢复到零时，产生的力远小于将躯干转向目标所需的力，基本仅达到 50%。然而，手臂上预期的科里奥利力发生的前馈补偿是基于躯干的预期速度分布。因此，对预期科里奥利力开始的补偿幅度远远超过其实际值，并驱动手臂超出了目标的角度位置。当受试者适应平台的 −0.5 增益时，使用指针指示（相对于外部空间的 30° 旋转，指针则指示 60° 位移），让受试者自愿选择角度空间进行旋转。这一观察结果意味着脚部相对参考系适合用于解释或校准来自半规管的信号。

这项研究也印证了我们多年前的一项观察结果。人类水平半规管淋巴系统的时间常数为 6 ~ 7 s，而眼球震颤和旋转感是由半规管的阶跃速度变化引起的，其时间常数为 12 ~ 15 s。这种差异归因于"速度存储"，即反映头部速度的半规管信号分别投射到前庭核和桥旁网状结构（负责信号整合）的时间差。半规管速度信号的积分表示头部位移，可对头部旋转的幅度进行编码。

我们早些时候观察到，当阶跃速度变化作用于在黑暗中以恒定速度旋转的被试时，被试产生的眼球震颤和旋转感会很大程度地受到重力的影响。在失重条件下，眼球震颤的时间常数更接近淋巴系统的时间常数，与 1 G 和 2 G 的实验条件相比大大降低（DiZio, Lackner, Evanoff, 1987 a，b；DiZio, Lackner, 1988）。这种模式意味着在失重条件下速度存储大大减少甚至缺失（DiZio，Lackner，1989）。太空飞行的一个特点是，宇航员经常会忘记自己在航天器中的位置，特别是当其在黑暗中醒来或以不寻常的方向进入舱室时，这种不寻常的方向和地面上与"建筑垂直"进入的方向不一致。速度存储的缺失与这种空间误差是一致的（Lackner, DiZio, 2000）。

如果在失重状态下速度储存被抑制或缺失，那么旋转到新位置的受试者就不应该经历空间角位移。为此，我们在抛物线飞行试验中设计了一种装置以测试这一假设，该装置让平卧的受试者以远高于半规管阈值的加速度绕 Z 轴旋转。试验结果表明，在 0 G 力条件下旋转的受试者在蒙眼状态下能够感觉到旋转方向上的初始拉力或拽拉力，但感觉不到空间角位置的变化。相比之下，在 1 G 和 1.8 G 力的条件下，受试者都能准确地指示方位变化（Bryan，Bortolami，Ventura，DiZio，Lackner，2007）。这些观察结果为解释"为什么在失重条件下旋转时，进行头部转动不会引发晕动病"提供了关键信息。由于缺乏速度存储，人体不会经历长时间的头部转动，也不会产生绕多个轴的位移。人体的陀螺仪没有翻滚，因为来自半规管的速度信号没有被积分以提供空间位移信号；再加上飞行测试直到任务第 6 天才开始，到第 6 天时头部转动本身也不再具有挑战性。总之，0 G 力条件下没有速度存储，这解释了太空实验室 M-131 实验的结果。

如本章开头所述，关于前庭系统的功能，一般观点认为其类似于具有三轴角加速度计和线性加速度计的惯性导航系统。然而，与惯性导航系统不同的是，前庭系统只有两种类型的线性加速度计——椭圆囊和球囊，它们相互垂直。耳石器官的反应由重力的大小和方向决定，许多实验表明，受试者在滚转和俯仰运动的倾斜过程中，当重力惯性加速度（GIA）水平增加到 1 G 以上时，其体验到的身体倾斜幅度也会增加（Correia，Hixon，Niven，1968）。这些结果证实了耳石器官是由重力和惯性加速度响应其矢量合成而激活的线性加速器。

然而，为什么陆地生物会进化出一个前庭系统对重力加速度做出反应？大多数人只有在行走、跑步、跳跃、游泳、飞行或潜水时才会暂时体验到非1 G 力的状态。在静态 1 G 重力背景下，或者当风或水流正在促进或阻碍身体移动时，力的变化与自发活动有关。无论人类还是动物，都是先有自主行走的经验，而后很晚才有使用交通工具的经验，这就导致其容易得晕动病，即使那些在船上被置于水箱中的鱼（被动运输）也是如此。

通过以上分析可以推测，耳石器官的活性是否可以根据 1 G 力的背景标准进行解释（Bortolami，Rocca，Daros，DiZio，Lackner，2006；Bortolami，

Pierbon，DiZio，Lackner，2006）。从这个角度出发，我们开发了一种新的前庭功能模型，该模型解释了静态耳石剪切力与背景重力的关系，如图3.7所示。模型计算出头部的倾斜，在1 G力条件下会对实际存在的耳石器官产生剪切力。在俯仰和滚转过程中，该模型预测了重力惯性加速度（GIA）对身体倾斜有明显影响的所有实验结果，这是唯一的研究模型。对于失重环境，该模型不会生成相对于空间的方向指示，而是依赖身体的触觉刺激消除受试者对上下方向判别的不一致。在没有触觉刺激的情况下，受试者不能指定方向，这一结果与我们多年前的实验结果一致。

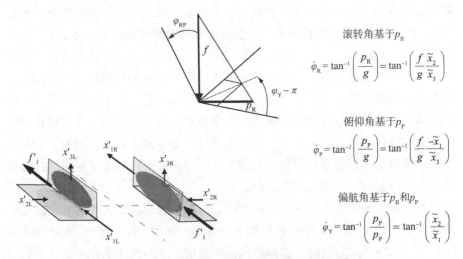

滚转角基于 p_R

$$\hat{\varphi}_\mathrm{R} = \tan^{-1}\left(\frac{p_\mathrm{R}}{g}\right) = \tan^{-1}\left(\frac{f}{g}\frac{\tilde{x}_2}{\tilde{x}_3}\right)$$

俯仰角基于 p_P

$$\hat{\varphi}_\mathrm{P} = \tan^{-1}\left(\frac{p_\mathrm{P}}{g}\right) = \tan^{-1}\left(\frac{f}{g}\frac{-\tilde{x}_1}{\tilde{x}_3}\right)$$

偏航角基于 p_R 和 p_P

$$\hat{\varphi}_\mathrm{Y} = \tan^{-1}\left(\frac{p_\mathrm{P}}{p_\mathrm{R}}\right) = \tan^{-1}\left(\frac{\tilde{x}_2}{\tilde{x}_1}\right)$$

图3.7   用于确定滚转、俯仰和偏航方向的耳石模型

注：该图显示了耳石器官上的剪切力，如左下角所示的椭圆囊和球囊，用于计算地面条件（即1 G力）的头部方向。目标为计算在三个轴向上相对于头部坐标的角位移 φ；该模型存在两个基本假设，假设1为模型基于 F、P_R 和 P_P 三个独立变量进行计算；假设2为模型中的运动是由1 G力产生的（即内部模型）

由于该模型假设耳石信号是根据地球 1 G 重力解释，因此做出了其他模型无法得到的预测，即当受试者平卧并围绕 Z 轴以不同的偏航角旋转时，如果背景 G 力增加，则身体不会出现明显的倾斜度增加。这一独特的预测结果是因为该模型根据耳石膜上俯仰和滚转剪切力之比的反正切函数计算平卧偏航倾斜的角度。剪切力随着重力惯性加速度（GIA）的增加而增加，但计算的偏航角不会增加，因为重力 G 和剪切力 f 的影响相抵消（图3.7）。

我们在抛物线飞行试验中对这一预测进行了测试，结果令人震惊，如图 3.8 所示（Lackner，DiZio，2009）。该模型在计算力值增加方面与其他模型没有差异，但能够解释其他模型无法解释的内容。内耳迷路有缺陷的受试者通常也会出现眼重力错觉，像前庭功能正常的受试者一样，但程度较低（Graybiel，Miller，Newsom，Kennedy，1968）。该模型通过解释与 1 G 标准相关的重力惯性加速度（GIA），并增加触觉输入作为修正方向判别不一致的因素，对试验结果进行了准确预测。

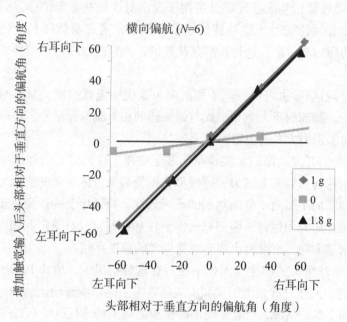

图 3.8　六名受试者进行抛物线飞行试验的结果

注：横向偏航（$N=6$）。受试者身体的倾斜度为 0°（水平）、30° 或 60°，LED（左耳向下），RED（右耳向下）。1 G 和 1.8 G 力的测试结果与上图 3.7 所示模型预测的结果基本相同

结　论

费曼（Feynman）描述了惯性导航系统如何利用地球引力方向完成校准，并指出了利用地球引力校准的重要性，让我们更容易理解花了多年时间才破译的一系列实验发现。回顾过去，我们意识到，这也是前庭线性加速度信号相对于 1 G 背景加速度的解释方式。综上，从我们的试验和模型中得出了以下结论：

（1）在失重条件下，前庭系统对人体的空间定向没有贡献。

（2）在失重条件下，半规管信号的积分不会给身体提供角位移的感觉。

（3）失重条件下速度存储的缺失可用于解释"为什么像太空实验室M-131实验中的科里奥利交叉耦合刺激，在失重条件下不再具有挑战性"问题。

（4）与身体运动动态模式相关的触压力可以覆盖耳石信号，并确定明显的身体运动模式和补偿性眼球运动模式。

（5）半规管信号的速度积分可用于表示身体的视觉角位移，但必须持续校准，以保持准确性。这种持续校准的机制是通过身体的自主转动，并且基于脚的相对参考系。这种校准是快速的，并且在日常生活中持续不断地进行。

（6）耳石信号也可以在基于脚的参考系统中进行校准，身体基本上是双侧对称的，脚部的压力分布模式与两条腿的相对载荷相结合，可以指示身体重心相对于重力方向的位置。

（7）我们开发的前庭功能模型是基于使用 1 G 地球重力加速度作为标准解释作用在耳石器官上的力。该模型依据受试者身体表面的接触力消除对"向上"和"向下"两个方向判别的不一致性，并做出新的预测，新预测已在抛物线飞行研究中通过试验得到证实。在耳石器官没有受到剪切力的情况下，不能指定方向，也没有出现半规管信号的速度存储。

（8）地球重力的加速度无处不在，在这种情况下，地球上的生物进化出前庭系统。人体只有在由于风和水流导致自主运动或被动运动的过程中才会出现偏离 1 G 的情况，只有在使用动物和交通工具进行运输（如马、骆驼、牛、木筏、船、火车、飞机、火箭等）时，才会接触到不寻常的重力背景。被动运输通常与晕动病甚至定向障碍的发作有关，直到发生适应性补偿以恢复稳态控制。

致　谢

我们的工作目前得到了美国空军科学研究所的资助（课题编号 FA9550-12-1-0395），谨以本章的研究成果献给空军项目官员威拉德·拉金博士。

原著参考文献

Benson, A.J. (1999). Spatial disorientation-common illusion. In J. Ernsting & P. King (Eds), *Aviation Medicine* (3rd ed., pp. 419–436). Oxford: Butterworth-Heinemann.

Bortolami, S.B., Pierobon, A., DiZio, P., & Lackner, J. R. (2006). Localization of the subjective vertical during roll, pitch, and recumbent yaw body tilt. *Experimental Brain Research,* 173, 364–373.

Bortolami, S.B., Rocca, S., Daros, S., DiZio, P., & Lackner, J. R. (2006). Mechanisms of human static spatial orientation. *Experimental Brain Research*, 173, 374–388.

Bryan, A.S., Bortolami, S.B., Ventura, J., DiZio, P., & Lackner, J.R. (2007). Influence of gravitoinertial force level on the subjective vertical during recumbent yaw axis body tilt. *Experimental Brain Research*, 183, 389–397.

Clark, B., & Graybiel, A. (1949a). Linear acceleration and deceleration as factors influencing non-visual orientation during flight. *Journal of Aviation Medicine*, 20, 92–101.

Clark, B., & Graybiel, A. (1949b). The effect of angular acceleration on sound localization: The audiogyral illusion. *The Journal of Psychology*, 28(1), 235–244.

Clark, B., & Graybiel, A. (1966). Factors contributing to the delay in the perception of the oculogravic illusion. *American Journal of Psychology,* 79, 377–388.

Correia, M.J., Hixon, W.C., & Niven, J.I. (1968). On predictive equations for subjective judgements of vertical and horizon in a force field. *Acta Otolaryngologica*, 230, 3–20.

DiZio, P., Held, R.M., Lackner, J.R., Shinn-Cunningham, B., & Durlach, N.I. (2001). Gravitoinertial force magnitude and direction influence head- centric auditory localization. *Journal of Neurophysiology*, 85, 2455–2460.

DiZio, P., & Lackner, J.R. (1988). The effects of gravitoinertial force level and head movements on post-rotational nystagmus and illusory after-rotation. *Experimental Brain Research*, 70, 485–495.

DiZio, P., & Lackner, J.R. (1989). Perceived self-motion elicited by post-rotary head tilts in a varying gravitoinertial force background. *Perception and Psychophysics*, 46, 114–118.

DiZio, P., Lackner, J.R., & Evanoff, J.N. (1987a). The influence of gravitoinertial force level on oculomotor and perceptual responses to Coriolis cross-coupling stimulation. *Aviation, Space & Environmental Medicine*, 58, A218–A223.

DiZio, P., Lackner, J.R., & Evanoff, J.N. (1987b). The influence of gravitoinertial force level on oculomotor and perceptual responses to sudden-stop stimulation. *Aviation, Space & Environmental Medicine*, 58, A224–A230.

Ercoline, W.R., DeVilbiss, C.A., Yauch, D.W., & Brown, D.L. (2000). Post-roll effects of attitude perception: The Gilligham illusion. *Aviation, Space & Environmental Medicine*, 71, 489–495.

Feynman, R.P., Gottlieb, M.A., & Leighton, R. (2013). *Feynman's Tips on Physics: Reflections, advice, insights, practice. A problem-solving supplement to the Feynman lectures on physics.* New York: Basic Books.

Gillingham, K.K. (1992). The spatial disorientation problem in the United States Air Force. *Journal of Vestibular Research*, 2, 297–306.

Gillingham, K.K., & Previc, F.H. (1996). Spatial orientation in flight. *Fundamentals of Aerospace Medicine* (2nd ed., pp. 309–397). Baltimore, MD: Williams and Wilkins.

Graybiel, A. (1952). Occulogravic illusion. *Archives of Ophthalmology*, 48, 605–615.

Graybiel, A., & Brown, R. H. (1951). The delay in visual reorientation following exposure to a change in direction of resultant force on a human centrifuge. *The Journal of General Psychology*, 45, 143–150.

Graybiel, A., & Hupp, D.I. (1946). The oculo-gyral illusion. A form of apparent motion which may be observed following stimulation of the semicircular canals. *Journal of Aviation Medicine*, 17, 3–27.

Graybiel, A., & Lackner, J.R. (1979). Rotation at 30 RPM about the Z axis after 6 hours in the 10 head down position. Effect on susceptibility to motion sickness. *Aviation, Space, & Environmental Medicine*, 50, 390–392.

Graybiel A., Miller E.F. II, & Homick J.L. (1975a). Vestibular side effects in the orbital stage of Skylab II and III missions. In: Skylab Science Experiments, Morgenthaler, G.U. and Simonson, G.E. (Eds), *Sci and Tech*, 38, 99–115.

Graybiel, A., Miller II, E.F., & Homick, J.L. (1975b). Individual differences in susceptibility to motion sickness among six Skylab astronauts. *Acta Astronautica*, 2, 155–174.

Graybiel, A., Miller II, E.F., & Homick, J.L. (1976). Motion sickness in Skylab astronauts. *Environmental Biology* (pp. 387–395). New Dehli: Interprint Publications.

Graybiel, A., Miller II, E.F., & Homick, J.L. (1977). Experiment M-131. Human vestibular function. In: Johnston, R.S. and Dietlein, L.F. (Eds) *Biomedical results from Skylab*. NASA SP-377, Section II, pp 74–103, US Government Printing Office.

Graybiel, A., Miller II, E.F., Newsom, B.D., & Kennedy, R.S. (1968). The effect of water immersion on perception of the oculogravic illusion in normal and labyrinthine-defective subjects. *Acta Oto-laryngologica*, 65, 599–610.

Hudson, T.E., Lackner, J.R., & DiZio, P. (2005). Rapid adaptation of torso pointing movements to perturbations of the base of support. *Experimental Brain Research*, 165, 283–293.

Lackner, J.R. (1992). Spatial orientation in weightless environments. *Perception*, 21, 803–812.

Lackner, J.R. (1993). Orientation and movement in unusual force environments. *Psychological Science*, 4, 134–142.

Lackner, J.R., & DiZio, P. (1992). Gravitational, inertial, and Coriolis force influences on nystagmus, motion sickness, and perceived head trajectory. *The Head-Neck Sensory-Motor Symposium* (pp. 216–222). New York: Oxford University Press.

Lackner, J.R., & DiZio, P. (1993). Multisensory, cognitive, and motor influences on human spatial orientation in weightlessness. *Journal of Vestibular Research*, 3(3), 361–372.

Lackner, J.R., & DiZio, P. (1994). Rapid adaptation to Coriolis force perturbations of arm trajectory. *Journal of Neurophysiology*, 72(1), 299–313.

Lackner, J.R., & DiZio, P. (1997). Sensory motor coordination in an artificial gravity environment. *Journal of Gravitational Physiology*, 4(2), 9–12.

Lackner, J.R., & DiZio, P. (1998). Adaptation in a rotating, artificial gravity environment. *Brain Research Reviews*, 28(1–2), 194–202.

Lackner, J.R., & DiZio, P. (2000). Human orientation and movement control in weightless and artificial gravity environments. *Experimental Brain Research*, 130, 2–26.

Lackner, J.R., & DiZio, P. (2006). Space motion sickness. *Experimental Brain Research*, 175, 377–399.

Lackner, J.R., & DiZio, P. (2009). Angular displacement perception modulated by force background. *Experimental Brain Research*, 195, 335–343.

Lackner, J.R., & DiZio, P. (2010). Audiogravic and oculogravic illusions represent a unified spatial remapping. *Experimental Brain Research*, 202, 513–518.

Lackner, J.R., & Graybiel, A. (1978a). Postural illusions experienced during z-axis recumbent rotation and their dependence upon somatosensory stimulation of the body surface. *Aviation, Space, & Environmental Medicine*, 49, 484–488.

Lackner, J.R., & Graybiel, A. (1978b). Some influences of touch and pressure cues on human spatial orientation. *Aviation, Space, & Environmental Medicine*, 49, 798–804.

Lackner, J.R., & Graybiel, A. (1979). Parabolic flight: loss of sense of orientation. *Science*, 206(4422), 1105–1108.

Lackner, J.R. & Graybiel, A. (1984a). Influence of gravitoinertial force level on apparent magnitude of Coriolis cross-coupled angular accelerations and motion sickness, *NATO-AGARD Aerospace Medical Panel Symposium on Motion Sickness: Mechanisms, Prediction, Prevention and Treatment*, AGARDCP-372, 22, 1–7.

Lackner, J.R., & Graybiel, A. (1984b). Elicitation of motion sickness by head movements in the microgravity phase of parabolic flight maneuvers. *Aviation, Space, & Environmental Medicine*, 55, 513–520.

Lackner, J.R., & Graybiel, A. (1985). Head movements elicit motion sickness during exposure to microgravity and macrogravity acceleration levels.*Proceedings of the VII International Symposium: Vestibular and visual control on posture and locomotor equilibrium* (pp. 170–176). Basel: Karger.

Lackner, J.R., & Graybiel, A. (1986a). Head movements made in non-terrestrial force environments elicit symptoms of motion sickness: Implications for the etiology of space motion sickness. *Aviation, Space, & Environmental Medicine*, 57, 443–448.

Lackner, J.R., & Graybiel, A. (1986b). The effective intensity of Coriolis, crosscoupling stimulation is gravitoinertial force dependent: Implications for the etiology of space motion sickness. *Aviation, Space, & Environmental Medicine*, 57, 229–235.

Lackner, J.R., & Graybiel, A. (1987). Head movements in low and high gravitoinertial force environments elicit motion sickness: Implications for space motion sickness. *Aviation, Space & Environmental Medicine*, 58, A212–A217.

Mayne, R. (1974). A systems concept of the vestibular orgabs. *Handbook of Sensory Physiology, Vestibular System. Part 2: Psychophysics applied aspects and general interpretations* (pp. 493–580). Berlin: Springer Verlag.

Miller II, E.F., & Graybiel, A. (1966). Role of the otolith organs in the perception of horizontality. *American Journal of Psychology*, 79, 24–37.

Pigeon, P., Bortolami, S.B., DiZio, P., & Lackner, J.R. (2003a). Coordinated turn and reach movements. I. Anticipatory compensation for self-generated Coriolis and interaction torques. *Journal of Neurophysiology*, 89(1), 276–289.

Pigeon, P., Bortolami, S.B., DiZio, P., & Lackner, J.R. (2003b). Coordinated turnand-reach movements. II. Planning in an external frame of reference. *Journal of Neurophysiology*, 89(1), 290–303.

Pigeon, P., DiZio, P., & Lackner, J.R. (2013). Immediate compensation for variations in self-generated Coriolis torques related to body dynamics and carried objects. *Journal of Neurophysiology*, 110(6), 1370–1384.

Titov, G.S., & Caidin, M. (1962). *I am Eagle* (1st ed.). Indianapolis, IN: Bobbs-Merrill.

撰稿人介绍

詹姆斯·R. 拉克纳（James R. Lackner）

James 在美国麻省理工学院获得本科和博士学位，主要研究方向为动态感觉以及人在力环境下的空间定向和运动控制，包括人造重力、失重、低 / 高重力惯性和虚拟环境等。他是美国布兰迪斯大学空间定向实验室主任和生理学教授。

第二部分

未来空域和下一代空中交通管制

第四章

美国国家航空航天局下一代驾驶舱研究：
相关内容和结果数据库

凯瑟琳·莫西尔，亚历克·芒克，美国旧金山州立大学

NextGen（下一代空中交通管理系统）指的是通过基于卫星的空中交通管理和技术创新来改造当前的国家空域系统，以提高轨道精度、通信和气象精准预报水平。在新一代基础设施中，地面的一些功能和职责将转移到空中。NextGen 的变化对机组人员的影响可能是深远的，尽管很多最新的航空研究尚未涉及这些问题。美国国家航空航天局（NASA）和美国联邦航空管理局（FAA）对 NextGen 的研发做出了重大贡献，特别是在模式识别和人因相关问题的应对方面。相关研究及最新发现必须在这些机构之间共享，以实现工作的无缝整合，达到 NextGen 预期的运行改进。为此，我们创建了一个在 NextGen 中飞机驾驶舱及人的操作相关的研究数据库，由 NASA 和 FAA 赞助。该数据库包括 339 份文件，描述了由 NASA 开展或赞助的与 NextGen 中飞机驾驶舱及人的操作有关的重要研究，这些文件由 NASA 或其资助的研究人员在 2006—2012 年编制完成。

数据库主要包括 NASA 空域安全和飞行安全研究计划的成果，旨在识别和解决 NextGen 中座舱人因和高效运行问题。该领域技术的进步将促进 NextGen 的运行改进，相关研究成果可用于开发 NextGen 程序并控制非正常状态事件的潜在影响。本章对数据库中的一些要点进行总结，包括航空运行存在的问题和变化、赋能技术、人的因素等。文中讨论了从当前运行状况到 NextGen 运行的变化或增强、迄今为止在航空运行概念或技术方面的成功案例以及最新的研究发现、实施计划或研究中发现的漏洞，包括缺失的方法或变量、人因问题、NextGen 驾驶舱解决方案等。由于篇幅限制，本章只包含摘要，NASA 有关的 NextGen 驾驶舱文献数据库电子资料可以从 http://online.sfsu.edu/kmosier/ 下载。

空管运行模式及存在问题

基于航迹的空管运行模式（TBO）

　　NextGen 的运行理念是假设 TBO 使用精确的四维航迹（4D，包括时间分量）。TBO 的地面计算机系统包含附近的飞机信息，有助于飞机调度（FAA，2009），其采用的数据链路通信技术能够上传航向、航道和航迹等信息（Coppenbarger，Mead，Sweet，2009；Mueller，Lozito，2008）。NASA 组织开展的几项研究工作已经证明，借助机组人员和空中交通管制员共同参与的"人在环路（HITL）"仿真模拟有望提高飞行路线规划的合理性，并提高跑道利用率（Johnson 等，2010；Prevot，Callantine，Homola，Lee，Mercer，2007）。此外，通过推算飞机的 4D 航迹及到达指定航路点所需的时间，TBO 可用于解决潜在冲突，并有助于避开恶劣天气条件（Wu，Duoig，Koteskey，Johnson，2011）。TBO 的实施涉及飞机的技术要求，这个问题令人担忧。最近的调研表明，当前的技术和程序可以满足 TBO 的运行，特别是飞行管理系统（FMS）、空中防撞系统（TCAS）和数据链路，但如果没有进一步的技术改进，可能无法完全实现运行效率的提升。诸如 TBO- 自适应信息显示（TBO-AID；Bruni，Jackson，Chang，Carlin，Tesla，2011）和未来空中导航系统（FANS）等多种新技术，已被用于帮助机组人员在不增加工作量的情况下使用 TBO（Coppenbarger 等，2009），但这些技术在目前运行的许多机型中都尚未配备。

出发和抵达

　　为探索提高跑道利用率的方法，NASA 围绕航班驶离和抵达问题开展了许多研究，主要集中在区域导航程序（RNAV）、连续下降进近（CDA）和空中间隔等技术（Johnson 等，2010；Barmore，Bone，Penhallegon，2009）。最近，NASA 比较关注通过飞行管理系统（FMS）优化下降剖面和驾驶舱内自动化设计等问题（Stell，2009，2011；Cabrall，Callantine，Kupfer，Martin，Mercer，2012），以实现燃油的高效利用。

　　研究者提出了协作虚拟队列概念（CVQ），使用虚拟排队模式防止跑道闲置并实现最后一刻的航班交换。该概念建议创建起飞后推卡槽，以实现航班起飞交换并防止滑行道拥堵（Burgain，Feron，Clarke，2009）。CVQ 的实施可以缩短平均起飞滑行时间、减少排放，使航空公司在安排航班时更加灵活，并可提高对机轮刹停时间的预测能力。该领域的一些研究正在开展，目前处于建模阶段，Borchers 和 Day（2010）记录了飞机在执行 RNAV 精确起飞时表现出来的重要特性。模型假设飞机能够在空中交通管制预期时间内准确到达指定路径的指定位置，但仅通过模型进行模拟可能无法准确反映空中交通流量过大和恶劣天气的情况。关于驶离和抵达的研究，当前航空界和政府普遍关注空地通信术语、设备的改进以及抵港和离港图表数据库的通用性，下一步将在此方向继续做出努力（Barhydt，Adams，2006）。

基于飞机驾驶舱的间隔管理（M&S）

NASA 开展了 M&S 相关研究，结果表明设计可分离式飞机能够大大提高机场利用率，使机场远超目前的容量（Barmore 等，2009）。目前，从飞机驾驶舱角度开展的调查大多集中在考察各种实施方式的可行性和优势（Barmore 等，2009；Baxley，Barmore，Abbott，Capron，2006）。 与 NextGen 的运行一样，其重点在于增加飞行员对建模与仿真程序的参与。基于飞机驾驶舱的建模与仿真是机载精确间距运行概念（Barmore，Abbot，Capron，Baxley，2008）的一个子集，旨在辅助飞机在同一跑道上按顺序精准降落。新 M&S 技术的使用在未来的 CDA（连续下降进近）运行中也至关重要。在新的 M&S 程序中，MIT（队列数）对运行人员和空中交通管制员工作量的影响尚未得到充分研究。此外，程序必须对在非正常状态下机组人员（以飞机为中心）的反应所产生的继发影响进行系统考虑（Ho 等，2010）。

跑道、地面和滑行操作

在地面运行的背景下，学者对 TBO（基于航迹的空管运行模式）进行了研究（Foyle，Hooey，Bakowski，Williams，Kunkle，2011）。NASA 提出，精确滑行操作与 TBO 和精确间距有关，通过提高着陆时飞机间距的精度可提高跑道利用率。NextGen 中的一些概念涉及飞行航迹仿真操作（STBO，一种确定飞机飞行路径的方法），该方法在从飞机滑行至起飞的过程中对时间和速度分量实施了协同决策（Foyle、Hooey、Bakowski，Williams，Kunkle，2011），从而在提高跑道利用率的同时，实现了更加高效的燃油利用和更小的机场噪音（Burgain，Pinon，Feron，Clark，Georgia，2009）。为提高精确滑行操作效率，研究者建议对地面自动化原型工具（地面操作态势感知和效率工具）进行改进（GoSAFE；Verma 等，2010），或使用 CVQ 缩短航班出发的平均滑行时间（Burgain，Pinon，Feron，Clark，Georgia，2009）。

研究者对合成视觉系统（SVS）、头戴式显示器（HWD）和平视显示器（HUD）进行了工效学评估，以确定在能见度更好的情况下能否提高飞行员的态势感知能力（Arthur 等，2008；Hooey，Foyle，2008）。这些新型显示器会带来一些问题，如飞行员会感到恶心、延迟、对齐异常、舒适性下降、显示器调色以及视图渲染改变等。

还有一些研究侧重于地面作业技术和安全，比如飞机在滑行过程中可能面临的问题之一是不能确定其他飞机的意图（Hakkeling-Mesland，Beek，Bussink，Mukler，van Paassen，2011）。跑道安全监视器（RSM）可用于检测跑道入侵冲突，并及时向机组人员发出警报以避免碰撞（Jones，Prinzel，2007），其检测算法对于减少所有类型的跑道入侵以及消除最严重的入侵均有效。跑道入侵预防系统（RIPS）旨在增强地面人员态势感知能力，并为驾驶舱提供潜在的跑道冲突警报，防止发生跑道事故（Jones，Prinzel，2006）。然而一些结果表明，在目视气象条件（VMC）下，大多数飞行员在入侵警报启动之前就能够从驾驶舱窗户看到迎面而来的意外入侵状况。该领域下一步的工作应为完善跑道入侵警报系统，并升级相关的飞行驾驶舱显示设备。

近距平行跑道（CSPR）和非常近距离平行跑道（VCSPR）的运行

即使 NextGen 运营商提高了效率，许多机场场地仍然不够大，无法应对预期增长的空中交通量。美国的主要机场都位于城市内，因此无法寄希望于扩建。一种可行的解决方案是在现有跑道附近或之间插入额外的跑道，以创建"非常近距离平行跑道（VCSPR）"。

部分机场（如旧金山国际机场 SFO）目前正在运行 CSPR，但仅在目视气象条件（VMC）下才允许使用，当天气状况恶劣时，VCSPR 几乎就没有优势了。因此，VCSPR 研究的主要课题之一是在仪表气象条件下实现 VMC 性能。多项"人在环路（HITL）"的相关研究表明，随着视觉和跑道入侵检测技术的进步，即使发生飞机入侵等非正常状态事件，VMC 性能也可以在仪表气象条件下实现（Verma 等，2009）。此外，用于计算 CSPR 最终到达、起飞和潜在混合运行能力的分析模型表明，在所有气象条件下该模型均可以提供稳定的、可预测的运行能力（Janic，2008）。

CSPR 和 VCSPR 的运行方法是将一架飞机与另一架飞机在稍微偏移的航迹位置配对，运行过程中的主要问题是飞机的尾流涡流可能产生潜在干扰（McKissick 等，2009；Verma 等，2009）。为模拟尾流涡流的影响并建立无尾流安全区，研究者开展了相关试验（Guerreiro 等，2010），并针对飞行员在尾流入侵和飞机偏离时的行为进行了调查和预测（Verma，Lozito，Kozon，Ballinger，Resnick，2008）。

非正常状态运行

非正常事件对 NextGen 运行构成了重大挑战，特别是在飞机进近和着陆阶段，这已经在一系列的理论和模型开发研究中得到验证（Burian，2008），包括"人在环路（HITL）"仿真、蒙特卡罗仿真和其他仿真等技术（Volovoi，Fraccone，Colon，Hedrick，Kelley，2009），以及有关 HITL 研究的 Meta 分析（Gore 等，2010；Hooey 等，2009）。基于航迹的路线分析和控制（TRAC）等方法已被用于模拟航班非正常状态和复航计划（Callentine，2011），NASA 围绕"飞行员如何使用 EVS（增强视觉系统）和 SVS（合成视觉系统）处理非正常状态事件以及 M&S（基于飞机驾驶舱的间隔管理）和 CSPR（近距平行跑道）运行中的非正常状态事件"开展了研究（Verma 等，2008，2009），并考察了在未来基于航迹的运行中飞行员对非正常状态事件所作反应的继发影响（Ho 等，2010；Hooey 等，2009；Prinzel，Kramer，Bailey，2007；Wickens，Hooey，Gore，Sebok，Koenecke，2009）。特别重要的是，在工作负荷较高和空中交通流量较大的飞行阶段（例如进近和着陆，特别是运行 CSPR 时）发生的事件可能会扰乱 CDA（连续下降进近）甚至扰乱机场的整体运行。

赋能技术

广播式自动相关监视技术（ADS-B）

上文讨论的 NextGen 运行变化很大程度地取决于飞机"视觉"、飞机间距和安全方面的先进技术。ADS-B 是一种基于卫星的监视技术，旨在通过支持目视进近、（V）CSPR 进近以及减少最后进近的间距、减少航空器的间隔标准，并通过在低能见度条件下滑行等方法实现航路的优化设置，从而提高空域容量。该技术能够通过允许管制员以更小的间隔标准引导飞机进出拥挤空域的方法，提高地面人员的态势感知能力和能见距离，减少对环境的影响。数据库中的许多研究将 ADS-B 技术作为不确定因素和次要功能，并非研究重点。研究者通常会将 ADS-B 技术与 CDTI（驾驶舱交通信息显示）

或 TCAS（空中防撞系统）技术结合起来研究，考察其对跑道入侵检测性能的影响（Romli，King，Li，Clarke，2008）。在我们的工作中，ADS-B 技术的引入与当前的跑道入侵检测技术相比有一些小的改进，它将飞机性能作为反应时间的主要预测因素，但不能完全代表外部数据输入的速度或质量。预计未来版本的 ADS-B，即 ADS-x 将成为到 2025 年空中交通容量增加 3 倍所需信息交换技术的关键因素（Harrison，2006）。

预警管理系统（ALARMS）

应用 ALARMS 时需要在驾驶舱安装先进的传感器，用于传输大量复杂的警报信号（Daiker，Schnell，2010）。ALARMS 能够以快速有效的方式优先处理飞机传感器警报，目前基本上可以准确确定其向飞行员传递警报的时间和具体方式。到目前为止，该研究主要集中在新一代 ALARMS 系统的理论含义和一些与系统实施相关的技术难题方面，创建基于马尔可夫过程的人类运动模型以测试不同的警报场景也是研究者面临的挑战（例如 Alexander 等，2010；Carlin，Schurr，Marecki，2010）。

显示器和视觉系统

数据库中有多项研究涉及各种配置的显示器，包括但不限于 CSD（驾驶舱交通信息显示器）、HUD（平显）、HDD（下显）、HWD（头戴式显示器）或 HMD（头盔显示器）、EVS（增强视景系统）、SVS（智能视觉系统）、XVS（飞机外部视觉系统）以及单目显示系统和仿真生物眼显示等。这些新型显示器的参数配置能够实现更多符号和信息的可视化，从而增强飞行员的态势感知能力，减少人为差错，使飞行员在低能见度条件下的操控能力得到提升，进而从总体上提高其在终端操作中的绩效（Arthur 等，2011）。显示器技术的提升启发研究者们进一步探索未来 NextGen 运行中是否存在"比人类视觉更好的信息感知方式"以及"可用于全天候作战且比人类视觉更优秀的视觉技术"，如着陆最低标准和技术（Arthur 等，2011）。研究者使用各种显示技术开展实验，致力于识别飞行员对视图混乱信号的感知特征以及视图混乱信号对飞行员绩效的影响（Alexander，Stelzer，Kim，Kaber，Prinzel，2009；Kaber，Alexander，Stelzer，Kim，Hsiang，2007；Kim 等，2011）。部分结果表明，视图混乱可能存在一个"阈值"，超过该阈值，飞行员的绩效就会下降（Kaber 等，2007）。如果先进的显示技术反而增加了视图混乱，结果就会适得其反，因此研究者提出需要消除显示混乱并提高关键符号和信息的凸显性（Naylor，Kaber，Kim，Gil，Pankok，2012）。建议该领域下一步的工作为研究新的飞机驾驶舱显示技术，包括阳光下可读显示技术（颜色、亮度、对比度）、定向障碍、恶心以及错觉问题（Bailey，Arthur，Prinzel，Kramer，2007）。

冲突检测和消解策略（CD/R）

NextGen 运行过程中，飞行员面对冲突寻求解决方案、做出决策时变得越来越积极。一些研究表明，让飞行员身处决策循环中可以增强其面对冲突时的态势感知能力（Dao 等，2011），尽管可能会以增加工作量为代价（Ligda 等，2010）。随着空中交通量的增加，制订避免二次冲突或级联冲突的解决方案变得越来越紧迫。CD/R 的一个研究重点是改进冲突检测算法，创建更有效的解决方案，从而减少二次冲突（Maddalon，Butler，Munoz，Dowek，2009）。部分研究侧重于将新技术与当前的 CD/R 系统进行集成和比较（Romli 等，2008），也有学者尝试 CD/R 自动验收技术的试点研究（Battisteet 等，2008）。新算法成功地创建更加高效的冲突解决方案，更准确地预测可能的冲突，并从数据库的分离中恢复（Butler，Munoz，2009）。新算法将在更加多样化和动态的环境中进行测试。

触觉控制

触觉控制技术使座舱控制面板或控制系统能够向飞行员提供触觉反馈，这种额外的反馈已被证明可以提高飞行员对飞机状态以及自身表现出态势感知水平（Goodrich，Schutte，Williams，2011）。此外，与传统的飞机系统相比，飞行员似乎更喜欢触觉控制系统。触觉报警所引发的反应也被证明比听觉更快，除非非常复杂和 / 或紧急的情况（Lu，Wickens，Sarter，Sebok，2011）。

人因问题

注意力

运行 NextGen 对飞机驾驶舱人因问题提出了重大挑战，预计未来的驾驶舱在精确控制飞机间距、制订冲突检测和消解策略（CD/R）等方面承担的责任将大幅增加，而飞行员则在监测和处理各类信息方面承担更多的责任。

NextGen 运行中有关注意力的许多研究是关注人在某种情境下的注意和感知能力，相关的研究成果之一是人类注意力模型 N-SEEV，即突显性－预期性－努力－价值注意力模型（Noticing time = signal Salience 注意时间＝信号突显性；Expectancy of the signal，信号预期性；Effort needed to attend to the signal，处理信号所需的努力；Value of the signal，信号的价值）。该模型已被证明能够成功预测不同事件在飞机驾驶舱内吸引飞行员注意力的有效性以及飞行员对非正常状态的反应变化（McCarley 等，2009）。N-SEEV 还被应用于人机一体化设计分析系统（MIDAS）中，相对于先前使用的概率扫描行为，N-SEEV 模型的应用提高了 MIDAS 对视觉注意力进行准确建模的能力（Gore，Hooey，Wicken，Scott-Nash，2009）。

飞行检查单监控和核查是倍受关注的另一个研究领域，特别是对导致飞行员错忘漏原因的探索（Dismukes，2007；Dismukes，Berman，2010；Dodhia，Dismuks，2009）。研究表明，飞机座舱内的信息干扰是造成检查单错误的主要原因之一。Dismukes 和 Berman（2010）发现，尽管这些错误的发生率很低（约 1%），但错忘漏能被发现的概率也很低（18%）。Dodhia 和 Dismukes（2009）揭示了信息干扰导致遗忘的 3 个原因：①信息干扰往往会导致注意力突然转移，继而可能阻碍人们对恢复记忆的意图进行充分编码并形成实施计划；②干扰结束后的新任务需求使人们对恢复记忆进行解读的线索变少；③干扰向正在进行的新任务需求进行转换的过程并不独特，其需要从概念上进行明确界定，而不是通过单一的感知线索。

此外，研究者已经应用大脑成像技术对注意力和飞行员参与度之间的关系进行了研究，大脑成像技术可以提供飞行员对事件的关注程度以及疲劳程度的反馈（Harrivel，Hylton，Tin，2010）。Harrivel 和他的同事利用功能性近红外光谱技术（fNIRS）发明了一种头部装置，可以长时间持续收集注意状态信息，并可以监测飞行员的注意力何时开始减弱。尽管这项技术仍处于原型阶段，但未来有望用于辅助监测飞行员的注意力。

角色和职责

NextGen 的运行需要空中和地面共同合作进行决策，需要对一些角色和职责重新分配。空中交通量正如预期那样大幅增加，那么，空中交通管制员工作量的潜在增幅将成为制约 NextGen 所能处理的飞机最大数量的一个限制因素。解决这个问题的一个可行方案是在飞行路线设置方面赋予机组人员更多的责任，特别是在与其他飞机的间距和间隔控制方面。空中交通流量的增加是不可避免的，据预测，对飞机座舱进行分离式设计是解决这个问题的有效方案，尤其是在飞行路线具有一定灵活性的情况下（Idris，Shen，Wing，2010），分离式设计可以显著降低空中交通管制员的工作量，同时保持机组人员的工作量在可接受的范围内（Johnson 等，2010）。研究者通过"人在环路（HITL）"和计算机模拟实验已经证明，分离式设计能够适应空中交通量 2 ~ 5 倍的增长（Prevot 等，2007；Wing 等，2010），同时证明了通过增加间距精度可提高跑道利用率，并提升 CDA（连续下降进近）能力（Kopardkar 等，2003）。分离式设计能提高航班的运行效率，预计也将能进一步减少噪音和排气污染。实现分离式设计的一个主要障碍是风力预报的准确性不够，而现有研究的一个重大局限则是缺乏真实的风力预报。此外，控制飞机座舱自分离需要加强机组资源管理训练，并在飞机座舱内设置有针对性的控制程序（Wing 等，2010）。

飞机座舱设计的变化可能导致飞行员角色的改变，研究者专注于探索"未来飞机座舱"，也对未来飞行员的角色和职责提出了两种相互冲突的理念（Letsu-Dake，Rogers，Dorneich，DeMers，2011）。第一种理念基于飞机座舱，指导原则是"飞行员即操作员"，与当前的现实情况类似，飞行员负责履行所有操控职能，并利用控制、导航、飞行管理和监视自动化等辅助技术确保飞机安全高效地实现战术和战略目标；第二种理念与前一种形成了鲜明对比，指导原则是"飞行员即管理者"，在此理念框架下，飞行员的主要角色是管理、监控并与自动化系统合作，从而有效地执行飞机座舱内任务。这一理念的基本假设是，座舱内大多数任务由高度可靠的自动化系统处理，飞行员则通过适当的子任务来监测和验证高级别任务目标的达成情况。以上两种关于未来飞行座舱如何运作的不同理念对 NextGen 中飞行员的角色和职责提出了截然不同的看法。作者认为，未来的飞机座舱设计很可能会介于这两种极端理念之间。

为实现空中和地面共同分担决策职责，我们需要对相关信息、目标和优先事项做出妥善协调。研究者论述了 NextGen 航空运输系统对飞行员和空中交通管制员在信息需求和信息共享方面的潜在影响（Ho，Martin，Bellissimo，Berson，2009）。该研究对飞行员和空中交通管制员的目标设置分别进行了调查，结果发现两者共享相同的高层目标，但各自拥有不同的子目标。管制员的子目标是以系统为中心，而飞行员的子目标是以飞机为中心。Ho 等的研究发现，管制员一般很少考虑飞行员的子目标，而飞行员非常希望管制员能够尽量对其重要子目标给予更多考虑。Ho 等还对飞行员在非正常状态和在飞机驾驶舱间隔管理（M&S）情况下的目标设置进行了调查，结果发现飞行员很难预测到天气变化，并且预测结果往往与理论预测不一致（Ho 等，2010），这种不一致可能导致飞行路径变长、飞行员的工作负荷变高，最终给恶劣天气条件下的 CDA（连续下降进近）飞行造成不利影响。飞行员和管制员保持持续的通信和信息交换是发展合作关系并做出有效决策的关键（Ho 等，2009）。

飞行员绩效

关于飞行员绩效的研究内容非常广泛，涵盖人类行为的各个方面，包括工作负荷、态势感知和决策等人的因素变量。常见的研究方法是对飞行员绩效进行建模，特别是构建新技术或非正常状态事件模型。在 NextGen 运行中，诸如 CDA（连续下降进近）、EVS（增强视景系统）、SVS（智能视觉系统）或其他显示技术通常侧重于提高飞行员的态势感知，并将工作负荷维持在合适的范围（Wickens，Sebok，Gore，Hooey，2012）。2008 年，Foyle 和 Hooey 记录了一项为期 6 年的人类绩效建模项目，标志着该领域取得重要进展，该项目涉及 5 个不同的团队，他们将多种认知模型应用于解决一系列航空问题中。

建模工作面临的重要问题是，模型可以多大程度地预测飞行员绩效。围绕这个问题研究人员开展了多项研究，但尚未界定明确的有效性（Cheng 等，2009；Cover，Schnell，2010；Gil 等，2009）。Gore 等（2011）的一项研究探讨了 MIDAS 模型对飞行员绩效预测的有效性，并侧重于通过提高输入参数的精度提高模型的有效性。研究人员强调，建模方法需要不断迭代，输入参数需要不断更新，从而提高模型的准确性。此外，他们还呼吁将输出结果与"人在环路（HITL）"模拟结果进行比较，以此对模型有效性进行最终判定。Kaber 及同事（2008）将其所构建的模型用于验证飞行员绩效及不同自动化水平下飞行员的工作负荷，通过小样本量的实验验证，发现该模型成功地预测了飞行员心率、主观工作负荷和飞行路径的垂直偏差。

在有关飞行员绩效研究的大框架下，研究者开始着手对飞行员信念的探索。Casner（2009）分析了驾驶舱内的导航设备、控制方法、飞行仪表、导航仪器等 4 种先进的设备对飞行员工作负荷与人为差错的感知效果和测量效果。尽管飞行员喜欢使用以上 4 种新技术，但实际上只有 GPS 和自动驾驶技术降低了飞行员的工作负荷和差错率，并且仅限于飞行的某些阶段，这表明飞行员对先进技术提高飞行绩效的看法与其实际影响之间存在差异。研究者还探讨了机组人员用餐对飞行绩效的影响（Barshi，Feldman，2012），发现在许多国内航班中如果取消飞行员用餐会降低人体能量水平，从而导致其在完成较难的认知任务时表现较差。具体而言，低血糖与快速决策能力和风险感知能力的下降有关。研究者还指出，飞行员往往不会主观意识到任何症状，这增加了低血糖的潜在危险。

随着研究人员试图预测飞行员在 NextGen 运行条件下的行为，与飞行员绩效相关的研究将变得越来越重要。Lee 等的一份研究报告（2010）强调了在 NextGen 运行条件下面临的许多与飞行员绩效有关的挑战，确定了间隔保障、空域超密度运行、交通流管理和动态空域配置等 4 个研究领域涵盖了 NextGen 顺利运行所需解决的问题。Lee 等（2010）针对这些问题的解决对策提出了 3 条普遍性建议：①进一步界定概念；②开发工具和操作程序的原型；③通过演练或"人在环路（HITL）"模拟进一步验证概念。

关于 NextGen 的运行变化、各类新技术和人的因素问题的研究仍在进行中，实施计划也在不断完善。本章通过对 NASA 记载的 NextGen 运行中的飞机座舱文献数据库进行讨论，提供了未来飞机座舱相关研究重点的快速概览，并描述了 NASA 认为的对 NextGen 至关重要的研究领域。

致　谢

这项工作由美国国家航空航天局（NASA）资助（合作协议编号 NNX10AK52A）。非常感谢 Barbara Burian，她是文献数据库项目的技术监督员；非常感谢 Kendra Reich、Danielle Fox、James Swarts、Linda Tomko、Matthew O'Neill 和 Kerry Cunningham，他们担任研究助理，为本项目做出了重要贡献。

原著参考文献

Alexander, A.L., Saffell, T.N., Alaverdi, O., Carlin, A.S., Chang, A.C., Durkee, K., Schurr, N. (2010). *ALARMS: Alerting and Reasoning Management System*. Langley Research Center. Hampton, VA. NASA Technical Report.

Alexander, A.L., Stelzer, E.M., Kim, S-H., Kaber, D.B., & Prinzel, L.J. (2009). Data and knowledge as predictors of perceptions of display clutter, subjective workload and pilot performance. *Proceedings of the Human Factors and Ergonomics Society 53rd Annual Meeting* (pp. 21–25), Santa Monica, CA: Human Factors and Ergonomics Society.

Arthur J.J. III., Prinzel, L.J. III., Bailey, R.E., Shelton, K.J., Williams, S.P., Kramer, L.J., & Norman, R.M. (2008). *Head-Worn Display Concepts for Surface Operations for Commercial Aircraft.* (NASA/TP-2008-215321). Langley, VA: NASA.

Arthur, J.J., Prinzel, L.J., Williams, S.P., Bailey, R.E., Shelton, K.J., & Norman, R.M. (2011). Enhanced/synthetic vision and head-worn display technologies for terminal maneuvering area NextGen operations. *Proceedings of the SPIE Defense, Security, and Sensing Conference* (pp. 25–29). Orlando, FL.

Bailey, R., Arthur J.J. III., Prinzel L., III, & Kramer, L. (2007). Evaluation of head-worn display concepts for commercial aircraft. *Proceedings of the SPIE Defense and Security Symposium* (pp. 1–17), Orlando, FL.

Barhydt, R., & Adams, C.A. (2006). *Human Factors Considerations for Area Navigation Departure and Arrival Procedures.* Presented at the ICAS 2006— 25th Congress of the International Council of the Aeronautical Sciences, Hamburg, Germany.

Barmore, B., Abbott, T., Capron, W., & Baxley, B. (2008, September). *Simulation Results for Airborne Precision Spacing Along Continuous Descent Arrivals.* Presented at the ICAS 2008—26th Congress of International Council of the Aeronautical Sciences, Anchorage, AK.

Barmore, B., Bone, R., & Penhallegon, W. (2009). Flight deck-based merging and spacing operations. *Air Traffic Control Quarterly*, 17(1), 5–37.

Barshi, I., & Feldman, J. (2012). The safety and ethics of crew meals. In G. Salvendy, S.J. Landry, & W. Karwowski, (Eds), *Advances in Human Aspects of Aviation*, (pp. 472–480). Boca Raton, FL: CRC/Taylor & Francis.

Battiste, V., Johnson, W.W., Dao, A.Q., Brandt, S., Johnson, N., & Granada, S. (2008). *Assessment of Flight Crew Acceptance of Automated Resolution Suggestions and Manual Resolution Tools.* Presented at the ICAS 2008—26th Congress of International Council of the Aeronautical Sciences, Anchorage, AK.

Baxley, B.T., Barmore, B.E., Abbott, T.S., & Capron, W.R. (2006). Operational concept for flight crews to participate in merging and spacing of aircraft. *Proceedings of the 6th AIAA Aviation Technology, Integration and Operations Conference* (ATIO) (pp.1–11), Wichita, KS.

Borchers, P.F., & Day, K. (2010). Analysis of divergences from area navigation departure routes at DFW airport. *Proceedings of the 28th Digital Avionics Systems Conference* (pp. 3.A.1-1–3.A.1-16), Orlando, FL.

Bruni, S., Chang, A., Carlin, A., Swanson, L., & Pratt, S. (2012). Designing an adaptive flight deck display for trajectory-based operations in NextGen. In G. Salvendy, S. J. Landry, & W. Karwowski, (Eds), *Advances in Human Aspects of Aviation* (pp. 23–32). Boca Raton, FL: CRC Press.

Bruni, S., Jackson, C., Chang, A., Carlin, A., & Tesla, M. (2011, May). *Trajectory-Based Operations Adaptive Information Display.* Presentation at the NASA Aviation Safety Annual Technical Meeting. St. Louis, MO.

Burgain, P., Feron, E., & Clarke, J. (2009). Collaborative virtual queue: Benefit analysis of a collaborative decision making concept applied to congested airport departure operations. *Air Traffic Control Quarterly*, 17(2), 195–222.

Burgain,P., Pinon, O.J., Feron, E., Clarke, J.P., & Georgia, D.N. (2009). On the value of information within a collaborative decision making framework for airport departure operations. *Proceedings of the 28th Digital Avionics Systems Conference* (pp. 3.D.3-1–3.D.3-13), Orlando, FL: AIAA.

Burian, B.K. (2008). Perturbing the system: Emergency and off-nominal situations under NextGen. *International Journal of Applied Aviation Studies*, 8(1), 114–127.

Butler, R.W., & Munoz, C.A. (2009). *Formally verified practical algorithms for recovery from loss of separation* (NASA TM-2009-215726). Hampton, VA: NASA Langley Research Center.

Cabrall, C., Callantine, T., Kupfer, M., Martin, L., & Mercer, J. (2012). Controllermanaged spacing within mixed-equipage arrival operations involving flightdeck interval management. In G. Salvendy, S. J. Landry, & W. Karwowski, (Eds), *Advances in Human Aspects of Aviation* (pp. 98–107). Boca Raton, FL: CRC Press.

Callantine, T. (2011, August). *Modeling Off-Nominal Recovery in NextGen Terminal-area Operations*. Presentation at the 2011 AIAA Modeling and Simulation Technologies Conference, Portland, OR.

Carlin, A.S., Schurr, N., & Marecki, J. (2010). ALARMS: Alerting and reasoning management system for next generation aircraft hazards. *Proceedings of the 26th Conference on Uncertainty in Artificial Intelligence*, Catalina Island, CA.

Casner, S. (2009). Perceived vs. measured effects of advanced cockpit systems on pilot workload and error: Are pilots' beliefs misaligned with reality? *Applied Ergonomics*, 40(3), 448–456.

Cheng, V.H., Sweriduk, G., Vaddi, S.S., Tandale, M.D., Seo, A.Y., Abramson, P.D., & Koenke, E. (2009). Modeling requirements to support assessment of NextGen mid-term performance. *Proceedings of the 9th Aviation Technology, Integration, and Operations Conference (ATIO) AIAA 2009-6976*, Hilton Head, SC: AIAA.

Coppenbarger, R.A., Mead, R.W., & Sweet, D.N. (2009). Field evaluation of the tailored arrivals concept for datalink-enabled continuous descent approach. *Journal of Aircraft*, 46, 1200–1209.

Cover, M., & Schnell, T. (2010). Modeling pilot behavior for assessing integrated alert and notification systems on flight decks. *Proceedings of the MODSIM World 2009 Conference and Expo*, (pp. 145–150), Hampton, VA.

Daiker, R., & Schnell, T. (2010). Development of a human motor model for the evaluation of an integrated alerting and notification flight deck system. *Proceedings of the MODSIM World 2009 Conference and Expo* (pp. 157–162), Hampton, VA.

Dao, A.Q.V., Brandt, S.L., Bacon, L.P., Kraut, J.M., Nguyen, J., Minakata, K., … Johnson, W. W. (2011, July). Conflict resolution automation and pilot situation awareness. *Proceedings of the 1st international conference on Human Interface and the Management of Information: Interacting with Information-Volume Part II* (pp. 473–482). Springer-Verlag.

Dismukes, R. K. (2007). Prospective memory in aviation and everyday settings. In M. Kliegel, M.A. McDaniel, & G.O. Einstein, (Eds), *Prospective Memory: Cognitive, Neuroscience, Developmen-*

tal, and Applied Perspectives (pp. 411–431). Mahwah, NJ: Erlbaum.

Dismukes, R.K. & Berman, B. (2010). *Checklists and monitoring in the cockpit: Why crucial defenses sometimes fail.* (NASA Technical Memorandum-2010-216396). Moffett Field, CA: NASA Ames Research Center.

Dodhia, R.M. & Dismukes, R.K. (2009). Interruptions create prospective memory tasks. *Applied Cognitive Psychology*, 23(1), 73–89.

FAA (2009). *NextGen Mid-Term Concept of Operations for the National Airspace System, Version 1.0. Washington*, DC: FAA Air Traffic Organization NextGen & Operations Planning, Research & Technology Development, Air Traffic Systems Concept Development.

Foyle, D.C. & Hooey, B.L. (Eds) (2008). *Human Performance Modeling in Aviation*. Boca Raton, FL: CRC Press/Taylor and Francis.

Foyle, D.C., Hooey, B.L., Bakowski, D.L., Williams, J.L, & Kunkle, C.L. (2011). Flight deck surface trajectory-based operations (STBO): Simulation results and ConOps implications. *Proceedings of the Ninth USA/Europe Air Traffic Management Research and Development Seminar* (Paper 132), EUROCONTROL/FAA. Berlin, Germany.

Gil. G.H., Kaber. D.B., Kim. S.H., Kaufmann. K., Veil. T., & Picciano. P. (2009). *Modeling Pilot Cognitive Behavior for Predicting Performance and Workload Effects of Cockpit Automation.* Presented at the 15th International Symposium on Aviation Psychology, Dayton, Ohio.

Goodrich, K.H. Schutte, P.C., & Williams, R.A. (2011). Haptic-multimodal flight control system update. *Proceedings of the 11th AIAA Aviation Technology, Integration, and Operations (ATIO) Conference (AIAA 2011-6984)*, Virginia Beach, VA.

Gore, B.F., Hooey, B.L., Wickens, C., & Scott-Nash, S. (2009). A computational implementation of a human attention guiding mechanism in MIDAS v5. *Proceedings of the Human Computer Interaction International Annual Conference* (pp. 237–246). San Diego, CA.

Gore, B.F., Hooey, B.L., Wickens, C., Sebok, A., Hutchins, S., Salud, E., & Bzostek, J. (2010). *Identification of NextGen air traffic control and pilot performance parameters for human performance model development in the transitional airspace* (NASA Final Report NASA CR#21-216411). Moffett Field, CA: NASA Ames Research Center.

Gore, B.F., Hooey, B.L., & Foyle, D.C. (2011, March). *NASA's Use of Human Performance Models for NextGen Concept Development and Evaluations.* Presentation at the 20th Behavior Representation in Modeling & Simulation (BRIMS) Conference, Sundance, Utah.

Guerreiro, N., Neitzke, K., Johnso, S., Stough, H., McKissick, B., & Syed, H. (2010). Characterizing a wake-free safe zone for the simplified aircraft-based paired approach concept. *Proceedings of the AIAA Atmospheric and Space Environments Conference* (AIAA-2010-7681), Toronto, Ontario, Canada: AIAA.

Hakkeling-Mesland, M.Y., van Beek, B.V., Bussink, F.J.L., Mulder, M., & van Paassen M.M. (2011). Evaluation of an automomous taxi solution for airport operations during low visibility conditions. *Proceedings of the Ninth USA/ Europe Air Traffic Management Research and Development Seminar.*

Harrison, M.J. (2006). ADS-X The NextGen approach for the next generation air transportation system (IEEE paper 1-4244-0378-2/06). *Proceedings of the 25th Digital Avionics Systems Conference* (pp. 1-8). *Alexandria, VA: Aviation Management Associates.*

Harrivel, A., Hylton, A., & Tin, P. (2010). A system for attentional state detection with functional near infrared spectroscopy. *Proceedings of Human Computer Interaction in Aerospace*, Cape Canaveral, FL.

Ho, N.T., Johnson, W., Martin, P., Lachter, J., Dao, A., Brandt, S., & Battiste, V. (2010). Pilot response to off-nominal conditions in merging and spacing operation. *Proceedings of the 29th Digital Avionics Systems Conference (DASC)* (pp. 4.D.3-1–4.D 3-2). Salt Lake City, UT.

Ho, N.T., Martin, P., Bellissimo, J., & Berson, B. (2009). Information requirements and sharing for NGATS function allocation concepts. In M.J. Smith and G. Salvendy (Eds), *Human Interface, Part II* (pp. 776–785). Berlin Heidelberg: Springer-Verlag.

Hooey, B.L. & Foyle D.C. (2008). Aviation safety studies: taxi navigation errors and synthetic vision systems operations, In D.C. Foyle and B.L. Hooey (Eds) *Human Performance Modeling in Aviation* (pp. 29–66). Boca Raton: CRC/ Taylor & Francis.

Hooey, B.L., Wickens, C.D., Salud, E., Sebok, A., Hutchins, S., & Gore, B.F. (2009). Predicting the unpredictable: Estimating human performance parameters for off-nominal events. *Proceedings of the 15th International Symposium on Aviation Psychology*, Dayton, OH: Wright State University.

Idris, H., Shen, N., & Wing, D.J. (2010). Improving separation assurance stability through trajectory flexibility preservation. *Proceedings of the 10th AIAA Aviation Technology, Integration, and Operations (ATIO) Conference (AIAA 2010-9011)*, Fort Worth, ID: AIAA.

Janic, M. (2008). Modelling the capacity of closely spaced parallel runways using innovative approach procedures. *Transportation Research. Part C: Emerging Technologies*, 16(6), 704–730.

Johnson, W., Ho, N., Battiste, V., Kim-Phuong, V., Lachter, J., Ligda, S., & Martin, P. (2010). Management of Continuous Descent Approach During Interval Management Operation. Proceedings of the 29th *Digital Avionics Systems Conference* (pp. 4.D.4-1–4.D.4-13).

Jones, D.R., & Prinzel, L.J. (2006, October). Runway incursion prevention for general aviation operations. *Proceedings of the 25th Digital Avionics Systems Conference* (pp. 1–12).

Jones, D.B., & Prinzel, J. III. (2007). Cockpit technology for prevention of general aviation runway incursions. *Proceedings of the 14th International Symposium on Aviation Psychology*, Dayton, OH; Wright State University.

Kaber, D.B., Alexander, A., Stelzer, E., Kim, S-H., & Hsiang, S. (2007). *Psychophysical Modeling of Perceived Clutter in Advanced Head-Up Displays*. Technical presentation at the 2007 NASA Aviation Safety Technical Conference. St. Louis, MO.

Kaber, D.B., Gil, G-H, Kim, S-H, Kaufmann, K., Veil, T. & Picciano, P. (2008). *Cognitive Modeling of Pilot Behavior for Prediction of Effects of Cockpit Automation on Flight Task Performance and Workload*. Presentation at the 2008 NASA Aviation Safety Technical Conference, Denver, Colorado.

Kim, S-H., Prinzel, L., Kaber, D.B., Alexander-Horrey, A.L., Stelzer, E.M., Kaufmann, K., & Veil, T.

(2011). Multidimensional measure of display clutter and pilot performance for advanced head-up display configuration. *Aviation, Space and Environmental Medicine*, 82(11), 1013-1022.

Kopardekar, P., Battiste, V., Johnson, W., Mogford, R., Palmer, E., Smith, N.. & Shelden, S. (2003). Distributed air/ground traffic management: Results of preliminary human-in-the-loop simulation. *Proceedings of the AIAA Digital Avionics Systems Conference, 2003. DASC'03. The 22nd, Vol. 1* (pp. 5-D), Reston, VA.

Lee, P.U., Sheridan, T., Poage, J.L., Martin, L., Jobe, K., & Cabral, C. (2010). *Identification and characterization of key human performance issues and research in the next generation air transportation system.* (NASA Contractor Report—2010-216390). Moffett Field, CA: NASA Ames Research Center.

Letsu-Dake, E., Rogers, W., Dorneich, M., & DeMers, B. (2011). *Next Deck Final Report.* Ames Research Center, Mountain View, CA. NASA Technical Report.

Ligda, S.V., Dao, A-Q. V., Vu, K-P., Strybel, T.Z., Battiste, V., & Johnson, W.W. (2010). Impact of conflict avoidance responsibility allocation on pilot workload in a distributed air traffic management system. *Proceedings of the 54th Human Factors and Ergonomics Society Annual Meeting* (pp. 55–59), Santa Monica CA.

Lu, S.A., Wickens, C.D., Sarter, N.B., & Sebok, A. (2011). Informing the design of multimodal displays: A meta-analysis of empirical studies comparing auditory and tactile interruptions. *Proceedings of the 55th Annual Meeting of the Human Factors and Ergonomics Society (HFES)* (pp. 1170–1174), Las Vegas, NV.

Maddalon, J.M., Butler, R.W., Munoz, C. A., & Dowek, G. (2009). A mathematical analysis of conflict prevention information. *Proceedings of the 9th AIAA Aviation Technology, Integration, and Operations Conference (ATIO), AIAA 2009-6907*, Hilton Head, SC: AIAA.

McCarley, J., Wickens, C., Sebok, A., Steelman-Allen, K., Bzostek, J., & Koenecke, C. (2009). *Control of Attention: Modeling the Effects of Stimulus Characteristics, Task Demands, and Individual Differences.* NASA Final Report, ROA 2007, NRA NNX07AV97A (2007).

McKissick, B., Rico-Cusi, F., Murdoch, J., Oseguera-Lohr, R., Stough III, P., O'Connor, C., & Syed, H. (2009). Wake encounter analysis for a closely spaced parallel runway paired approach simulation. *Proceedings of the 9th Aviation Technology, Integration, and Operations Conference, AIAA 2009-6943.* Hilton Head, SC: AIAA.

Mueller, E., & Lozito, S. (2008). *Flight Deck Procedural Guidelines for Datalink Trajectory Negotiation.* Paper presented at the American Institute of Aeronautics and Astronautics (AIAA) Aviation Technology, Integration, and Operations (ATIO) Conference, Anchorage, AK.

Naylor, J.T., Kaber, D.B., Kim, S-H., Gil, G-H., & Pankok, C. (2012). Aviation display dynamics and flight domain in pilot perceptions of display clutter. In G. Salvendy, S.J. Landry, & W. Karwowski (Eds), *Advances in Human Aspects of Aviation* (pp. 43–52). Boca Raton, FL: CRC Press.

Prevot, T., Callantine, T., Homola, J., Lee, P., & Mercer, J. (2007). Air/ground simulation of trajectory-oriented operations with limited delegation. *Proceedings of the 7th USA/Europe Air Traffic Man-*

agement Research and Development Seminar, Barcelona, Spain.

Prinzel III, L.J., Kramer, L. & Bailey, R. (2007). Going below minimums: The efficacy of display enhanced/synthetic vision fusion for go-around decisions during non-normal operations. *Proceedings of the 14th International Symposium on Aviation Psychology*, Dayton, OH: Wright State University.

Romli, F.I., King, J.D., Li, L., & Clarke, J.P. (2008). Impact of Automatic Dependent Surveillance—Broadcast (ADS-B) on Traffic Alert and Collision Avoidance System (TCAS) performance. *Proceedings of the AIAA Guidance, Navigation and Control Conference and Exhibit, AIAA 2008-6971*. Honolulu, Hawaii: AIAA.

Stell, L, (2009). Flight management system prediction and execution of idle thrust descents. *Proceedings of the 28th Digital Avionics Systems Conference* (pp. 1.C.41–1.C.4-12), Orlando, FL: AIAA.

Stell, L. (2011). Flight Management System Execution of Idle-Thrust Descents in Operations. *Proceedings of the Digital Avionics Systems Conference* (pp. 4–15). Seattle, WA.

Verma, S., Kozon, T., Lozito, S., Martin, L., Ballinger, D., & Cheng., V. (2010). Human factors of precision taxiing under two levels of automation. *Air Traffic Control Quarterly*, 18(2), 113–141.

Verma, S., Lozito, S., Ballinger, D., Kozon, T., Panda, R., Carpenter, D.. Resnick, H. (2009). Evaluation of triple closely spaced parallel runway procedures for off-nominal cases. *Proceedings of the Eighth USA Europe Air Traffic Management Research and Development Seminar, Napa, CA*.

Verma, S., Lozito, S., Kozon, T., Ballinger, D., & Resnick, H. (2008, October). Procedures for off-nominal cases: very closely spaced parallel runway operations. *Proceedings of the Eighth USA Europe Air Traffic Management Research and Developement Seminar*, Napa, CA.

Volovoi, V., Fraccone, G.C., Colon, A.E., Hedrick, M., & Kelley, R. (2009). Agent-based simulation of off-nominal conditions during a spiral descent. *Proceedings of the 9th AIAA Aviation Technology, Integration, and Operations Conference (ATIO), AIAA 2009-7046*, Hilton Head, SC: AIAA.

Wickens, C.D., Hooey, B.L., Gore, B.F., Sebok, A., & Koenecke, C. (2009). Identifying black swans in NextGen: Predicting human performance in offnominal conditions. *Human Factors*, 51(5), 638–651.

Wickens, C.D., Sebok, A., Gore, B.F. & Hooey, B.L. (2012, July) *Predicting pilot error in NextGen: Pilot performance modeling and validation efforts*. Presented at the 4th AHFE International Conference on Applied Human Factors and Ergonomics, San Francisco, CA.

Wing, D.J., Prevot, T., Murdoch, J.L., Cabrall, C.D., Homola, J.R., Martin, L.H., & Palmer, M.T. (2010, September). *Comparison of Airborne and Ground-Based Function Allocation Concepts for NextGen Using Human-In-The-Loop Simulations*. Presentation at the 10th AIAA Aviation Technology, Integration and Operations (ATIO) Conference, Fort Worth, Texas.

Wu, S.C., Duong, C.G., Koteskey, R.W., & Johnson, W.W. (2011). Designing a flight deck predictive weather forecast interface supporting trajectory-based operations. *Proceedings of the Ninth USA/Europe Air Traffic Management Research and Development Seminar (ATM2011)*, Berlin, Germany.

撰稿人介绍

凯瑟琳·L. 莫西尔（Kathleen L. Mosier）

Kathleen 是美国旧金山州立大学心理学教授，她在加州大学伯克利分校获得工业 / 组织心理学博士学位，并在美国国家航空航天局艾姆斯研究中心接受过系统的航空人因学培训。在旧金山州立大学任教之前，她是美国国家航空航天局艾姆斯研究中心的顶尖科学家。Kathleen 是人的因素和人类工效学学会以及航空心理学协会的前任主席，20 多年来一直从事自动化应用和专家决策方面的研究。她创造了"自动化偏差"一词，指的是人们往往过分依赖自动化系统提供的信息或建议，而忽视其他信息源或自己的判断从而导致错误。她最近的研究主要围绕人的因素、自动化和环境因素，这些因素可能会影响航空航天环境中操作员的通信、行为、心理状态和决策能力。

亚历克·芒克（Alec. Munc）

Alec 在美国旧金山州立大学获得了工业 / 组织心理学硕士学位，就职于凯瑟琳 – 莫西尔（Kathleen Mosier）教授的应用心理学实验室。Alec 目前在克莱姆森大学攻读工业 / 组织心理学博士学位，研究方向为航空心理学和员工健康与福利，在《美国心理科学》《应用人因与工效学》《工作、压力与健康》等杂志发表多项研究成果。

第五章

飞行员绩效模型构建：
基于工作负荷和多任务处理的
建模和实证研究综述

克里斯托弗·D.维肯斯，安吉利亚·塞博克，美国阿里昂科技公司

美国提出的下一代空中交通管理系统（NextGen）涉及多种新的运行概念和支持技术，例如座舱分离式设计、数据链路通信、紧密间隔的并行操作等（FAA，2013）。当然，这些新技术的首要功能是保障飞行安全，同时也有助于提高航空效率。一般情况下，对新技术、新程序的安全性和效率进行评估，需通过"人在环路（HITL）"飞行模拟实验开展验证，根据飞行员的反应时间、错误率、工作负荷及态势感知等得出评估结果（Strybel，Vu，Battise，Johnson，2013）。但这种 HITL 模拟可能非常耗时且昂贵，因为高素质的飞行员群体通常很难有时间参与长期性实验，所以会导致样本量小而缺乏统计效力。

本章阐述一种方法作为 HITL 模拟实验验证的有益补充，即构建飞行员绩效模型，该模型可用于评估和预测飞行员在特定条件下可能达到的绩效水平（Foyle，Hooey，2008；Pew，Mavor，1998；Gray，2007）。如果模型有效，其可以在很短的时间内提供令人满意的绩效预测结果，并且所需成本比 HITL 模拟实验低得多。

飞行员绩效模型

模型回顾

下文将介绍我们近年来完成的一个项目。该项目是 FAA 研究计划的一

部分，旨在建立最先进的飞行员绩效模型（Wickens，Sebok 等，2013）。飞行员绩效建模涉及多个方面，本章重点强调的是构建工作负荷和多任务处理模型。我们首先检索了 1988—2012 年发表的相关论文，发现该领域的研究主要包含两个方面，一方面是预测飞行员绩效的计算建模工作，另一方面是评估这些模型预测效果的实证研究。然后，我们进一步筛选确定了 39 种可能报道此类研究的相关期刊、会议、书籍和网站，通过关键字搜索查找特定的研究论文，最终确定了 187 项独立的建模和实证研究工作。

下一步的任务是对建模工作涉及的内容进行概述。具体而言，我们总结了与飞行员绩效密切相关的 12 个方面（或维度），分别为工作负荷、多任务处理、人为差错、态势感知、飞行员自动化交互、决策、沟通、手动控制、飞行程序、空间定向、视觉（包括视觉注意和扫描）以及角色与责任。

首先，我们对已确定的 187 项建模工作中的每一项都采用编码标准和特征进行标记。通过对论文进行迭代分析，不断地总结编码标准并识别不相关的类别或标准中未包含的问题，我们最终开发了两组编码标准和特征。第一组标准包括描述性特征，如模型类型（模拟与方程）、飞行员绩效建模的维度及模型名称；第二组标准涉及评价特征或模型的统计学比较方法，包括是否进行了实证研究、被试来源（例如飞行员、大学生）、实验平台（例如飞行模拟器）、将实证结果与模型预测进行比较的统计学方法，以及对建模工作的认知合理性、实用性和可用性进行评估。认知合理性是指模型中的要素或术语是否符合心理学中可识别的认知结构或信息加工过程；实用性是指模型相对简单的程度，以便让非模型开发团队的人员也可以轻松地使用；可用性是指模型软件或方程是否可供公众使用。综上，我们共定义了 12 个特征用于表征每一篇论文。

其次，确定每一项建模工作采用的模型体系结构。我们将模型体系结构定义为用于开发单个模型的通用概念框架或用于构建模型的通用工具（例如特定的建模工具，包括计算语言、接口和交互规则等）。一个体系结构可以仅仅是一个单独的概念框架，例如 SEEV（信息显著性 S、努力 EF、期望 EX 和价值 V）建模方法就是一个例子，可用于预测操作员视觉扫描和注意力分配（Wickens，McCarley，2008；Wickens，2014）。SEEV 模型根据信息显著性、努力、期望和价值 4 个因素，通过分析操作员在环境中感兴趣的视觉区域的具体情况预测其将要看的地方。该模型可用于多种场景（例如飞机座舱布局、过程控制面板、潜艇显示器），并可实现于不同类型的软件工具中（Steelman、McCarley，Wickens，2011，2013）。软件工具的具体示例包括 C# 编程语言和其他不同的绩效建模软件。

模型体系结构也可以是特定的软件工具，例如改进的绩效研究集成工具（IMPRINT）是一种人的绩效建模软件，与人机集成设计和分析系统（MIDAS；Gore 等，2013）类似，包含对人的绩效表征和建模方式的具体定义。IMPRINT 将人的行为构建为一系列离散任务，而不是一组复杂的认知过程。模型体系结构也可以是软件工具和概念框架的组合，例如理性思维的自适应控制系统（ACT-R）不仅是一种用 LISP 编写的软件框架，也是一种理论（Anderson，Lebiere，1998）。

上文总结了建模工作涉及的与飞行员绩效密切相关的 12 个方面（或维度），其中 5 个方面，即工作负荷和多任务处理（两者合并为 1 个方面）、飞行员自动化交互、态势感知、角色和责任以及人为差错，与预测飞行员在下一代空中交通管理系统（NextGen）中的绩效高度相关。于是，我们对这 5 个方面进行了更详细的分析，系统回顾了研究者如何通过建模工作实现对飞行员感兴趣的注视点及飞行员绩效的预测（Wickens，Sebok 等，2013）。例如在对飞行员自动化交互进行回顾分析时，我们发现建模团队通常专注于特定类型的飞机座舱自动化，最常见的是飞行管理系统（FMS）。部分研究旨在预测飞行员的认知绩效，多侧重于视觉信息搜索和在特定任务中做出决策；还有些研究试图从自动化设计是否遵循人的因素设计原则以及飞行员与自动化交互时的工作负荷等方面对自动化设计的优劣程度进行比较。

本章只关注与飞行员绩效模型密切相关的 2 个方面，即工作负荷和多任务处理，关注这两方面的原因如下。①随着卫星导航和传感器技术的不断进步，更多的责任和任务将从地面转移到飞机座舱，工作负荷和多任务处理问题在飞机座舱中变得至关重要；②这 2 个方面的理论和实践在航空领域的应用引起了我们项目组极大的兴趣（Wickens，Goh，Helleberg，Horrey，Talleur，2003；Wickens，Sandry，Vidulich，1983；Wickens，McCarley，2008；Wickens，2002，2008）。

模型验证

对模型预测的准确性进行评估依赖于模型验证，模型必须能够准确预测飞行员绩效，否则终究不能发挥作用。模型验证的最佳衡量标准是检测模型在不同飞行条件下对飞行员绩效的预测能力，进而准确预测不同飞行条件之间的差异（Wickens，Vincow，Schopper，Lincoln，1997）。如图 5.1 给出的一个假设示例，X 轴为工作负荷的模型预测值，Y 轴为实际测量得到的工作负荷。本例包含 4 种不同预测条件（2 种程序和 2 种设备）的评估，即下一代空中交通管理系统程序 N 和传统程序 C 以及先进设备 A 和老旧设备 O。每种预测条件以字母组合表示，例如 "N-A" 表示下一代空中交通管理系统程序 – 先进设备。

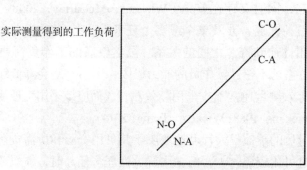

图 5.1　4 种预测条件下的模型验证散点图

注：N、C 分别代表美国下一代空中交通管理系统程序和传统程序，A、O 分别代表先进设备和老旧设备。回归分析表明相关性很高（$r > 0.90$），因此具有很强的预测作用

检验模型对实际工作负荷的预测能力最好采用模型预测的结果和基于"飞行员在环路（PITL）"实验所测量的数据之间的相关系数（r）表示。相关系数（r）能从总体上描述模型的预测准确性，而散点图则能提供可能影响模型预测有效性的额外信息。例如图 5.1 表明，在降低工作负荷方面，该模型低估了先进设备相对于老旧设备的优点，即通过模型预测到的先进设备对降低工作负荷的作用很小，但在 PITL 实验数据中观察到了显著的作用。与两个 C 条件（右上角）相比，两个 N 条件（左下角）之间的较大差异表明了两种类型程序之间的预测差异。该模型预测到 N 条件下的工作负荷比 C 条件下的工作负荷大幅降低，通过实验测量数据也揭示了同样的结果。

我们注意到，虽然相关性检验是验证模型预测准确性的基准或金标准，但除此之外的其他验证方法仍可提供额外的有用信息。我们在此不区分哪种验证方法更好，更详细的讨论参见相关论文（Wickens，Sebok 等，2013）。我们强烈建议不要将模型预测的结果和实验测量数据之间的差异通过 t 检验的方法进行验证，因为按此方法得出的"差异无统计学意义"可能并不意味着这两组结果之间没有区别；造成"差异无统计学意义"的原因很多，除了模型拟合之外还有其他原因，特别是实验设计的统计效力较低可能是差异无统计学意义的原因。

基于工作负荷和多任务处理建模

工作负荷和多任务处理的概念密切相关，两者都描述了飞行员信息处理能力的限制，同时又存在差异（Wickens，McCarley，2008）。工作负荷主要指脑力负荷，通常涉及单个或多个任务对飞行员能力的总需求与满足该需求的可用性认知资源之间的关系。虽然较高的工作负荷通常会降低绩效，但如果总需求不超过操作员的能力极限，则不一定会降低绩效。因此，工作负荷的有效测量通常不应采用绩效测量，而应该采用生理或主观测量的方法（Yeh，Wickens，1988；Wickens，Tsang，2014）。

虽然飞行员的绩效很大程度地取决于其可用资源和所需资源之间的关系（当需求超过可用资源时），但在飞行员处理多任务时，绩效还受到其他因素的影响，特别是当多种任务依赖于信息处理中的不同认知资源时（Wickens，2008）。例如，飞行员必须用同一只手启动两个不同的任务控件，此时其可能不会感到工作负荷太高，但当双重任务依赖于两个控件时，会导致其绩效受到明显影响。

由于多任务处理和工作负荷的定义不同，我们在文献分析时密切关注了多任务处理和工作负荷模型所预测的具体指标、评估方法以及对应措施。对于多任务处理而言，这些问题通常更为直接，因为预测和评估都是指用不同的模型因素预测的多重任务绩效差异，例如听觉通道的语音信息与视觉通道的数据链路信息，或者 NextGen 程序与传统程序的对比。相比之下，模型所预测的"工作负荷"在这些论文中并没有形成明确的定义，对工作负荷的评估充分反映了所使用技术的多样性（Wickens，Tsang，2014）。工作负荷可定义为次要任务，当工作负荷未超过飞行员的可用资源时，这些次要任务会挖掘可用资源；当工作负荷过大时，飞行员绩效将下降，这时需采用主观测量或生理测量的方法衡量工作负荷（Vidulich，Tsang，2012）。

结果：工作负荷和多任务处理模型验证

针对工作负荷或多任务处理建模工作，我们一共梳理了 22 篇论文，其中大多数论文包含基于 PITL 实验测量的真实数据，尽管这些数据不能被视为完整的验证，但能为模型验证提供重要依据。表 5.1 中列出了构建模型的参数，共包含 3 列，每列数据可独立反映模型的复杂性，从下往上代表模型的复杂性依次增加，其中左边两列均为单一资源模型，最左列中用于建模的参数是飞行员（或界面设计专家）主观努力程度；中间列用于建模的参数是完成任务所需的时间；最右列是多资源模型。通常情况下，模型越复杂，就越需要对模型用户或界面设计师进行专业化培训。这种复杂性尽管有助于提高模型预测的精度，进而提高模型的有效性，但同时也会使模型的普适性和可用性变差。我们还注意到，一个模型可能会包含多个列的参数，例如既包括比较简单的中间列（时间参数）又包括右列的复杂情况，即可能需要调用多个认知资源而不是简单的单一资源。

表 5.1　源自 22 篇论文的模型构建情况（从三个方面反映模型的复杂性）

单一资源模型		多资源模型
飞行员主观努力程度	时间需求	
		需求 – 资源交互 [13]
		对资源冲突进行加权 [5, 13, 14, 21, 22]
基于认知复杂性的计算模型 [1, 10, 17]	基于理论模型（如 ACT-R）[1, 5, 11, 14, 15, 16] 简单的排队模型 [9, 20]	VACP 模型（资源过载 / 感觉通道）[4, 8, 14] VACP 模型（所有感觉通道求和）[4, 14]
主观努力程度（SWAT, NASA-TLX, Bedford 等主观工作负荷量表），或由飞行员 / 人机界面设计专家指定 [7, 12]	任务时间重叠 [6, 14, 19]	VACP 分类（查表法）[2, 3, 4, 18, 19]
	（所需时间 / 可用时间）	
	时间序列分析 [10, 19]	

注：表中每一列自下而上表示模型的复杂性依次增加。表中数字是论文的编号，详见本章参考文献的 A 部分。带下划线的或粗体的数字表示对模型进行了验证，其中粗体数字表示模型在验证时采用的实验情境逼真度较高

为很好地区分每一项建模工作，我们对 22 篇论文进行编号（1 ~ 22），即表 5.1 中的每个数字都与一项建模工作相对应，具体编号详见本章参考文献的 A 部分。我们对每项建模工作是否经过实验验证进行了标记，如果模型经过了验证并且是在逼真度较高的实验情境完成的，则用粗体数字表示。"在逼真度较高的实验情境完成验证"指同时满足两个条件：①用于实验的飞机座舱高度自动化；②以飞行员为被试。如果模型只经过简单验证且未能在逼真度较高的实验情境中完成，则用带下划线的数字表示。因此包含下划线或加粗格式的数字将被认为对预测 NextGen 性能特别有价值。如果涉及用两个（或多个）模型验证同一个给定的 HITL 数据，则有些数字会在表中出现两

次（或多次）。

　　以表 5.1 为基础，我们将最简单的注意力分配（或信息处理）视为只需要单一有限的认知资源，那么在这个基本层面上，关于所需的认知资源可能是什么有两种不同的概念（对应表中左列和中间列的内容）。在左列中，该单一有限的认知资源被认为是一个有限的"池"（Kahneman，1973），可提供用于处理工作的资源，并在人类大脑中有生理基础（Parasuraman，Rizzo，2007；Wickens，Hollands 等，2013），可以通过心率变异性等生理指标或主观评定的方法进行评估（Rikard，Levison，1978）。因此如果飞机结冰或部分失效，模型预测飞机性能不稳定，此时飞行员的工作负荷可能迅速增加；在中间列中，单一有限的认知资源被认为是时间，因此工作负荷可以用完成某项任务的所需时间 / 可用时间来表示，在这种条件下，系统的性能取决于所需时间超过可用时间的程度。因此，如果飞行员检查前一个仪表的所需时间多于可用时间（因为必须立即启动下一个仪表），则认为飞行员工作负荷可能过大。下文将详细描述表 5.1 中每一列的内容。

单一资源模型：主观努力程度

　　飞行员主观努力程度是指飞行员对自己完成某项任务所付出的努力程度进行主观评价，通常采用脑力负荷评价量表。此类量表中，主观负荷评估技术（SWAT）和 NASA 任务负荷指数（NASA-TLX）量表是最常用的。基于飞行员主观努力程度的单一资源模型只需要简单地输入飞行员（或界面设计专家 SME）对于完成某项任务的努力程度进行主观评价的结果。但是在一定程度上此结果可能是循环的，因为有一部分模型验证工作本身就是基于飞行员的主观工作负荷进行度量，这就导致模型的输入和输出陷入了循环。因此，如果模型的输出即预测的工作负荷，是根据与工作负荷直接相关的参数（感觉、知觉或运动复杂性等）计算得出的客观变量，这将会使模型更有价值，同时也会更加复杂（Boag，Neal，Loft，Halford，2006；Manton，Hughes，1990）。Sebok 等基于工作模式的数量及各模式之间的相互关系，推导出了飞行管理系统 FMS 复杂性模型，该模型与工作负荷直接有关（Sebok 等，2012）。

　　作为复杂性模型的一个示例，Parks 和 Boucek（1989）提出了一种航空显示认知复杂性模型，该模型基于座舱显示器呈现的正式信息内容，可通过给定的显示器呈现飞机可能存在状态的数量，其中两个状态用一个比特（bit）信息表示，4 个状态用两个比特（bit）信息表示。Halford、Wilson 和

Phillips（1998）开发的关系复杂性模型非常有前景，该模型已被应用于 ATC 冲突和空中交通协议（Boag 等，2006），但尚未应用于飞行员操作。这里的"关系"可理解为某一变量的水平取决于另一变量的水平，例如驾驶舱自动化中某种模式设置的参数可能取决于另一种模式的情况（比如航向模式还取决于飞机的升降模式，即飞机上升状态和下降状态时的航向模式是不一样的）。因此，两者之间的关系复杂性将由互相交互的两个变量共同定义。

单一资源模型：完成任务所需的时间

当时间被认为是所有任务竞争的单一资源，并且任务必须按顺序执行时，不同研究者为预测各任务之间的时间分配所采用的建模方法各不相同（见表 5.1 中间列）。在最简单的层面上，Parks 和 Boucek 开发了一种航空时间序列分析程序（TLAP），该程序可以简单地统计在一个时间段内完成所有任务的总时间需求，并将所需的总时间除以该时间段的长度，以此预测飞行员的工作负荷。如果有两个任务必须在同一（重叠）时间段完成，就需要应用惩罚函数（即 penalty 函数）将"惩罚项"与各任务所需时间成比例地分配，这样可以在一定程度上使模型更加准确，同时模型的复杂性也将增加。例如，飞行员在处理 ATC 通信时必须同时放起落架，任何一项任务都不能推迟。

如果模型中的时间调度依赖于排队理论，则构建模型的复杂性就会增加。对于必须由单个服务器队列（例如飞行员）完成的任务，会按 penalty 函数中的"惩罚项"进行时间分配。最后我们认为，基于时间构建的复杂性级别最高的模型应该是那些经过充分验证的（通常在非航空领域也得到了验证）的体系结构模型，例如理性思维的自适应控制系统（ACT-R）、GOMS 模型或其衍生物（Gil，Kaber，2012），其中 GOMS（Goal，Operator，Method，Selection）模型用于描述人类认知和行为过程，由目标、操作符、方法和选择规则组成。以上模型通常应用于航空领域对除工作负荷之外的其他因素进行预测，例如程序错误、误差等（Wickens，Sebok 等，2013）。模型中通常包含一些时间管理例程，这些例程规定了任务执行的顺序以及可能被"忽略"的时间段。需要注意的是，那些被"忽略"的时间段能够为多任务绩效评估提供隐含的度量信息。

多资源模型

如上文所述，在单一资源模型中，用于反映模型复杂性的两个维度是主观努力程度和时间，模型的复杂性可以在这两个维度上扩展。下面介绍模型复杂性的第三个维度，即"认知资源涉及多个方面"。如表 5.1 中最右列所示，飞行员的信息处理系统包含视觉、听觉、语音及手动反应等相互独立的认知资源。在某种程度上，如果两项任务依赖于不同的认知资源，其很可能被安排在一个时间段内同时完成，尽管不一定会降低工作负荷（Wickens，2008）。因此多资源理论和模型更适用于多任务处理，而不是工作负荷预测。例如与收听 ATC 通信信息（听觉通道）相比，当飞行员在读取数据链路信息时（视觉通道）更有可能听到警告信息（听觉通道）。多资源模型通常用于预测多任务处理客观绩效的下降（Sarno，Wickens，1995），有时也用于预测飞行员对绩效的主观评估（Vidulich，1998）或两者兼有（Wickens 等，1988，1989）。

对模型中多资源的界定通常基于 Wickens（1984）开发的基本模型，该模型按 4 个维度定义资源（Wickens，Hollands，Banbury，Parasuraman，2013），每个维度又包含两个（或 3 个）细化的分类级别。这 4 个维度分别是感觉 / 知觉 vs 反应阶段、语言文字加工 vs 空间信息加工、视觉 vs 听觉 vs 触觉、中央视觉（例如阅读文本和符号）vs 外周视觉（例如运动或流场信息处理）。由于独立的认知资源最初由早期模型开发人员按视觉（visual）、听觉（auditory）、感知（cognitive）和心理运动（psychomotor）进行分类（Aldrich，Szabo，Bierbaum，1989），因此基于多资源建模的方法通常被称为"VACP方法"。事实上，关于资源的定义很复杂，往往会超出以上 4 个类别，并且在不同的应用程序之间可能略有不同（详见下文）。

界面设计专家（SME）或建模分析师根据一定的规则（或查询"VACP"分类表）将各项任务按认知资源的类型（或感觉通道）进行归类，其归类结果是构建多资源模型的基本前提。例如按照 VACP 模型，对 ATC 指令的理解将被归类为听觉 – 感知任务 [A-C]，手动飞行控制将被归类为视觉 – 心理运动任务 [V-M]，对由自动驾驶仪引导的进近过程进行监控将被归类为视觉任务 [V]。在完成任务归类后，针对每种认知资源，根据具体任务确定其对资源需求的级别，通常在 1 ~ 6 级范围内。例如对于视觉认知资源而言，"检测任务"对资源需求的级别为 1.0，"跟踪 / 追踪任务"对资源需求的级别为 4.4，其他有关任务对资源需求的级别可在相关文献中查阅（Laughery 等，2012）。

有些模型在构建过程中会遇到阻碍，这可能是由于无法计算部分任务对资源需求的级别。部分模型是通过对不同感觉通道资源的需求级别进行累加而实现对工作负荷的预测。对于更复杂的模型，其能够检查任一资源通道内所有任务对该资源的需求之和是否"过载"，如果出现过载，则能够以此预测多任务处理将面临失败。因为如果单一资源过载，系统的总体性能难免会受到影响，即"链条的强度取决于其最薄弱的环节"。飞行员如果同时处理两项语言文字加工任务（例如阅读指令和收听 ATC 通信信息），将比同时处理一项空间信息加工任务和另一项语言文字加工任务（例如空中位置搜索和收听 ATC 通信信息）产生更大的资源冲突，在预测多任务处理绩效时按 penalty 函数分配到的"惩罚项"权重会更高；但这两种任务配对都会使单项任务的绩效有所下降，因为每项任务都需要认知资源。按 penalty 函数分配"惩罚项"时，需将这两种任务配对共同需要的资源的冲突系数求和，这些冲突系数的值可以在相关文献中查阅（Wickens，2005）。

最后，最复杂的多资源模型是对"每种资源通道内各项任务的需求引起的资源冲突"进行加权以计算工作负荷（Riley 等，1991；Sarno，Wickens，1995）。因此，如果视觉和听觉任务中的某一项（或两项）对认知资源需求的级别很高，那么这两项任务之间的冲突系数就会增加。前人的研究以及我们项目组的实验（Riley 等，1991；Wickens，Tsang，2014）表明，这种最复杂的模型是没必要构建的，因为它只会降低冲突系数的稳定性。如果冲突系数在不同难度的任务中保持稳定，就能很好地实现对工作负荷以及不同任务之间相互干扰的预测。分别将不同资源类型中的各项任务需求求和，以此作为单资源类型需求的元组件，然后对不同资源类型需求的元组件（例如视觉和听觉两个元组件）进行等权重的加权和求和，作为最终的需求组件，即可以得出总的工作负荷预测值。

Sarno 和 Wickens 提供了一个研究范式，用以阐明不同复杂度的模型的验证过程（1995）。在该研究中，飞行员作为被试需要完成三项任务，第一项任务是模拟仪表着陆系统（ILS）精密进近；第二项任务是模拟飞行外围视觉监测；第三项任务是两个航空决策任务中的任意一个（二选一，一个是飞机的空间定位任务，另一个是有关燃料的口头计算任务）。这些任务中的每一项都包含视觉或听觉显示，被试通过手部操作或语音做出反应，任务可能很容易也可能很难。因此，通过对自变量的操控可以得出 16 种不同的任务组合，用于分析追踪任务和决策任务之间的干扰。

综上，研究者通过任务时间序列分析、VACP 工作负荷分析及基于任务的资源构成分析，构建了三类复杂性逐级增加的工作负荷预测模型。第一类模型基于单纯的时间序列分析，采用 penalty 函数将"惩罚项"与各项任务所需时间成比例分配，用于预测多项任务在时间上的重叠；第二类模型基于资源需求，通过对两种任务配对后共同需要资源的冲突系数求和来计算"惩罚项"；第三类模型采用对视觉、听觉等不同资源类型需求的元组件进行等权重加权和求和的方法实现总工作负荷的预测。此类模型的复杂度最高，其预测结果与通过实验所得的实际测量值进行的相关分析表明，两者相关性很高，相关系数为 0.75 ~ 0.87。通过对这三类模型的综合性能进行比较，得出以下结论，即不同资源通道中单个任务的需求级别对工作负荷的预测能力（或贡献程度）较小，但增加多任务的加权冲突矩阵后，模型的预测能力提高，模型可解释的变异占总变异的比例提高了9%。将这三类模型应用于 Wickens 等的一组独立数据集（1988，1989）进行验证时，也得到了类似的结论。重要的是，这两项研究进一步发现，包含多资源冲突的模型更适合预测不同任务之间的干扰，包含单一资源需求的模型则更适合预测主观工作负荷。

讨论和结论：有效性、可验证性和复杂性

表 5.1 按复杂度对 22 篇文献构建的模型进行了分类比较。结果可见，在不同复杂度水平方面，有 15 个模型经过了验证（即表中带下划线处或粗体数字之和）；15 个验证模型中有 12 个是在高逼真度的实验环境中完成的（即表中粗体数字），但最终只有 4 个模型报告了详细的验证过程和结果。需要说明的是，我们在统计文献时，对"是否经过验证"的标准设置得很低，例如图 5.1 所示的未计算相关性的简单验证工作也被统计为"已经经过了验证"。如果我们将"高逼真度"实验环境限定为仅包括真正的下一代空中交通管理系统（NextGen），并将"是否经过验证"限定为需要使用相关性分析，那么以上统计数字将大幅度减少。

我们还注意到，表 5.1 中表格顶部的内容稀缺，说明经过高逼真度实验环境验证的复杂模型非常稀缺。事实上在上文所述的 4 个模型中，只有 2 个涉及对飞机座舱信息的认知加工。因为完成复杂模型的实证验证确实存在较大的困难，特别是建模工作的经费资助通常很有限（Wickens，Sebok 等，2013）。事实上只需将模型的体系结构在某一个应用场景中进行充分验证，就可以通过实证表明该模型在不同场景中仍然准确。因此，并非每项建模工作都需要进行实验验证，这有利于依靠建模工作缩短对 NextGen 新技术和新程序可行性进行评估的时间。根据本章内容得出的另一个结论是，飞行员工作负荷预测模型的开发可基于多种软件和模型体系结构，用于工作负荷建模的参数主要包括任务难度、飞行员主观努力程度、时间需求、资源需求及

各资源需求之间的冲突等。这些建模技术为比较不同的座舱设计方案（或运行概念）的性能差异提供了有效方法，可用于支持下一代空中交通管理系统（NextGen）的设计与研制。当然，模型的准确性还需进一步验证。

致　谢

本研究由美国联邦航空管理局（FAA）通过美国国家航空航天局艾姆斯研究中心（NASA Ames Research Center）提供资助，资助号为 #DTFAWA-10_X-800。衷心感谢美国国家航空航天局的 David Foyle 博士、圣何塞研究所（San Jose Research Institute）的 Brian Gore 博士和 Becky Hooey 博士为本研究提供技术支持和监督。衷心感谢 Alion 的团队成员，特别是 John Keller 对本研究的贡献。在此特别说明，本报告中所表达的意见仅为作者的个人观点。

原著参考文献

A. 表 5.1 中编号的参考文献

［1］Gil, G.H., & Kaber, D. (2012). An accessible cognitive modeling tool for evaluation of pilot—automation interaction. *International Journal of Aviation Psychology*, 22, 319–342.

［2］Gore, B.F. & Corker, K.M. (2000a). Human performance modeling: identification of critical variables for national airspace safety. *Human Factors and Ergonomics Society Annual Meeting Proceedings*. Santa Monica, CA: HFES.

［3］Gore, B.F. & Corker, K.M. (2000b). Value of human performance cognitive predictions, *Human Factors and Ergonomics Society Annual Meeting Proceedings*. Santa Monica, CA: HFES.

［4］Gore, B.F., Hooey, B.L., Socash, C., Haan, N., Mahlstedt, E., Bakowski, D.L., Foyle, D.C. (2011). *Evaluating NextGen closely spaced parallel operations concepts with validated human performance models* (HCSL, Trans.) HCSL Technical Report (HCSL-11-01). Human Centered System Laboratory (HCSL), Moffett Field, CA: NASA Ames Research Center.

［5］Gore, B.F., Hooey, B.L., Wickens, C.D., Socash, C., Gacy, A.M., Brehon, M., Foyle, C.C. (2013). *The MIDAS workload model* (HCSL Trans.). HCSL Technical Report (HCSL-13-XX). Human Centered System Laboratory (HCSL), Moffett Field, CA: NASA Ames Research.

［6］Laudemann, I., & Palmer, E. (1995). Quantitative analysis of observed workload in the measurement of aircrew performance. *International Journal of Aviation Psychology*, 5, 187–197.

［7］Lyall, E.A., & Cooper, B., (1992). The impact of trends in complexity in the cockpit on flying skills and aircraft operation. *Human Factors Society Annual Meeting Proceedings*. Santa Monica, CA.

［8］Manton, J.G., & Hughes, P.K. (1990). Aircrew Tasks and Cognitive Complexity. Paper presented at the *First Aviation Psychology Conference*, Scheveningen, Netherlands.

［9］Muraoka, K., & Tsuda, H. (2006). Flight crew task reconstruction for flight data analysis program. *Proceedings of the Human Factors Society Annual Meeting*, 50(11), 1194–1198.

［10］Parks D., & Boucek, G. Workload prediction, diagnosis, and continuing challenges. In G.R. McMillan, D. Beevis, E. Salas, R. Sutton, & L. Van Breda (Eds), *Applications of Human Performance Models to System Design* (pp. 47–64). New York: Plenum Press

［11］Polson, P.G., & Javaux, D. (2001). A model-based analysis of why pilots do not always look at the FMA. *Proceedings of the 11th International Symposium on Aviation Psychology*. Columbus, OH: Ohio State University.

［12］Rickard, W.W., & Levison, W.H. (1981). Further tests of a model-based scheme for predicting pilot opinion ratings for large commercial transports. *Proceedings of the 17th Annual Conference on Manual Control*, pp. 247–256.

［13］Riley, V., Lyall, E., Cooper, B., & Wiener, E. (1991) *Analytic methods for flight-deck automation design and evaluation. Phase 1 report: flight crew workload prediction*. FAA Contract DTFA01-91-C-00039. Minneapolis, MN: Honeywell Technical Center.

［14］Sarno, K., & Wickens, C. (1995). The role of multiple resources in predicting timesharing efficiency. *International Journal of Aviation Psychology*, 5, 107–130.

［15］Schoelles. M.J., & Gray, W.D. (2011). Cognitive modeling as a tool for improving runway safety. *Proceedings of the 16th International Symposium on Aviation Psychology* (pp. 542–546). Dayton, OH.

［16］Schoppek, W., & Boehm-Davis, D.A. (2004). Opportunities and challenges of modeling user behavior in complex real world tasks. *MMI-Interaktiv*, 7, June, 47–60. ISSN 1439-7854.

［17］Sebok, A., Wickens, C., Sarter, N., Quesada, S., Socash, C., & Anthony, B. (2012). The Automation Design Advisor Tool (ADAT). *Human Factors and Ergonomics in Manufacturing and Service Industries*, 22, 378–394.

［18］See, J.E., & Vidulich, M.A. (1998). Computer modeling of operator mental workload and situational awareness in simulated air-to-ground combat. *The International Journal of Aviation Psychology*, 8, 351–375.

［19］Stone, G., Culick, R., & Gabriel, R. (1987) Use of task timeline analysis to assess crew workload. In A. Roscoe (Ed.), *The practical assessment of pilot workload*. NATO AGARDograph #282.

［20］Walden, R.S., & Rouse, W.B. (1978). A queueing model of pilot decision making in a multitask flight management situation. *IEEE Transactions on Systems, Man and Cybernetics*, 8, 867–875.

［21］Wickens, C.D., Harwood, K. B.,Segal, L., Tkalcevic, I., & Sherman, B. (1988). TASKILLAN: A simulation to predict the validity of multiple resource models of aviation workload. *Proceedings of the 32nd Meeting of the Human Factors Sociey* (pp. 168–172). Santa Monica, CA: Human Factors Society.

［22］ Wickens, C.D., Larish, I., & Contoror, A. (1989). Predictive performance models and multiple task performance. *Proceedings of the Human Factors Society 33rd Annual Meeting* (pp. 96–100). Santa Monica, CA: Human Factors Society

B. 文中引用的参考文献

Aldrich, T.B., Szabo, S.M., & Bierbaum, C.R. (1989). The development and application of models to predict operator workload during system design. In G.R. McMillan, D. Beevis, E. Salas, R. Sutton, & L. Van Breda (Eds), *Applications of Human Performance Models to System Design* (pp. 65–80). New York: Springer.

Anderson, J.R., & Lebiere, C. (1998). *The Atomic Components of Thought*. Mahwah, NJ: Lawrence Erlbaum.

Boag, C., Neal, A., Loft, S., & Halford, G.S. (2006). An analysis of the relational complexity in an air traffic control conflict detection task. *Ergonomics*, 49, 1508–1526.

FAA (2013, March). *NextGen Implementation Plan*. Washington DC: Federal Aviation Administration.

Foyle, D.C., & Hooey, B.L. (2008). *Human Performance Modeling in Aviation*. Boca Raton, FL: CRC Press.

Gray, W. (2007) (Ed.) *Integrated Models of Cognitive Systems*. Oxford, UK: Oxford University Press.

Halford, G., Wilson, W., & Philips, S. (1998). Processing capacity defined by relational complexity. *Behavioral and Brain Sciences*, 21, 803–831.

Kahneman, D. (1973) *Attention and Effort*. Englewood Cliffs, NJ: Prentice Hall.

Laughery, R., Plott, B., Matessa, M., & Archer, S. (2102). Modelling human performance in complex systems. In G. Salvendy (Ed.), *Handbook of Human Factors and Ergonomics*. 4th ed. Hoboken, NJ: John Wiley & Sons.

Pew, R., & Mavor, A. (1998). *Modeling Human and Organizational Behavior*. Washington, DC: National Academy Press.

Parasuraman, R., & Rizzo, M. (2007). *Neuroergonomics: The brain at work*. New York: Oxford.

Rickard, W.W., & Levison, W.H. (1981). Further tests of a model-based scheme for predicting pilot opinion ratings for large commercial transports. *Proceedings of the 17th Annual Conference on Manual Control*, pp. 247–256.

Steelman, K., McCarley, J., & Wickens, C.D. (2011) Modeling the control of attention in visual work spaces. *Human Factors*, 53, 142–153.

Steelman, K. McCarley, J., & Wickens C.D. (2013). Great expectations: Top down attention moderates the cost of clutter and eccentricity. *Journal of Experimental Psychology: Applied*, 19, 403–419.

Strybel, T.Z., Vu, K-P.L., Battise, V., & Johnson, W. (2013). Measuring the impact of NextGEN operating concepts on situation awareness & workload. *International Journal of Aviation Psychology*, 23, 1–26.

Vidulich, M.A., & Tsang, P.S. (2012). Mental Workload and Situation Awareness. In G. Salvendy (Ed.), *Handbook of Human Factors and Ergonomics* (4th ed., Chapter 8). Hoboken NJ: John Wiley & Sons.

Wickens, C.D. (1984). Processing resources in attention. In R. Parasuraman & R. Davies (Eds), *Varieties of Attention* (pp. 63–101). New York: Academic Press.

Wickens, C.D. (2002). Situation awareness and workload in aviation. *Current Directions in Psychological Science*, 11, 128–133.

Wickens, C.D. (2005). Multiple resource time sharing model. In N.A. Stanton, E. Salas, H.W. Hendrick, A. Hedge, & K. Brookhuis (Eds), *Handbook of Human Factors and Ergonomics Methods* (pp. 40–1/40–7). Taylor & Francis.

Wickens, C.D. (2008). Multiple resources and mental workload. *Human Factors Golden Anniversary Special Issue*, 3, 449–455.

Wickens, C.D. (2014). Noticing events in the visual workplace: The SEEV and NSEEV models. In R. Hoffman & R. Parasuraman (Eds), *Handbook of Applied Perception*. Cambridge, UK: Cambridge University Press.

Wickens, C.D., Goh, J., Helleberg, J., Horrey, W., & Talleur, D.A. (2003). Attentional models of multitask pilot performance using advanced display technology. *Human Factors*, 45, 360–380.

Wickens, C., Hollands, J., Banbury S., & Paraasuraman R. (2013). *Engineering Psychology & Human Performance* (4th ed.). Upper Saddle River, NJ: Pearson.

Wickens, C.D., & McCarley, J.S. (2008). *Applied Attention Theory.* New York: CRC Press, Taylor & Francis Group.

Wickens, C.D., Sandry, D., & Vidulich, M. (1983). Compatibility and resource competition between modalities of input, output, and central processing. *Human Factors*, 25, 227–248.

Wickens, C.D., Sebok, A. Keller, J. et al. (2013). Modeling and Evaluating Pilot Performance in NextGen. FAA final report DTFAWA-10-X-800. Annex 1.11.

Wickens, C.D. & Tsang. P.S. (2014). Workload. In F. Durso, J.D. Lee, & D.A. Boehm-Davis (Eds). *Handbook of Human-Systems Intergration*. Washington DC: APA.

Wickens, C.D., Vincow, M.A., Schopper, A.W., & Lincoln, J.E. (1997). Computational models of human performance in the design and layout of controls and displays. CSERIAC State of the Art (SOAR) Report. Wright-

Patterson AFB: Crew Systems Ergonomics Information Analysis Center. Yeh, Y., & Wickens, C.D. (1988). Dissociation of performance and subjective measures of workload. *Human Factors*, 30, 111–120.

撰稿人介绍

安吉利亚·塞博克（Angelia. Sebok）

Angelia 于 1991 年获得美国弗吉尼亚理工大学工业与系统工程硕士学位，自 2005 年以来一直担任美国阿里昂（Alion）科技公司人的因素首席工程师和项目经理，目前的研究重点是人类行为建模并进行实证研究以验证模型预测的准确性。1994—2004 年，她在挪威哈尔登反应堆项目（经合组织）中担任人的因素研究员和顾问，主要研究过程控制和虚拟现实训练场景中人的绩效问题。1996—2004 年同时在挪威 Östfold 学院担任人机交互专业兼职助理教授。Angelia 的职业生涯始于美国 EG & G Rocky Flats 集团，从事人员可靠性分析和工作绩效辅助设计工作，为核安全提供技术支持。

克里斯托弗·D. 维肯斯（Christopher D. Wickens）

Christopher 于 1967 年获得美国哈佛大学物理学学士学位，1974 年获得密歇根大学实验心理学博士学位，于 1969—1972 年在美国海军服役。Christopher 有着漫长的职业生涯，曾在伊利诺伊大学厄巴纳 - 香槟分校担任心理学和航空学教授，1983—2005 年在伊利诺伊大学担任人因部负责人，目前是科罗拉多州博尔德市阿里昂（Alion）科技公司微观分析与设计运营部的高级科学家，也是伊利诺伊大学的名誉教授。他的研究方向为多任务处理能力以及注意力理论与模型在复杂显示系统（特别是在航空领域）的应用。他参与合著了 5 本论著，其中两本是工程心理学和人的因素方面的教科书，两本关于空中交通管制人的因素，一本关于注意力理论的应用，并发表学术论文 200 余篇。他是人的因素和人类工效学学会会员，曾获学会年度人的因素专家教育和培训奖以及大学航空协会总统奖（2005 年）、飞行安全基金会空中客车人的因素奖（2005 年）、联邦航空管理局卓越航空奖（2001 年）、亨利·L. 泰勒创始人奖以及航空航天与特种环境医学人的因素协会奖（2000 年）。他还是一位狂热的登山爱好者。

第六章

纷杂进港高峰空中交通管制的
认知复杂性与策略

玛丽安·J. 舒弗 – 范·布兰肯，荷兰空中交通管制中心

空中交通管制（ATC）是指利用通信、导航和监控技术对飞机的飞行活动进行监视和控制，保证飞行安全和有秩序。空中交通管制员简称 ATC 管制员，负责监控飞机的飞行动态，并通过无线电通信设备向飞行员发布各种指令，以保持飞行安全和运行效率的最佳平衡。交通管制任务固有的复杂性认知要求管制员必须具备高水平的专业知识，特别是在应对高难度航空运行情况和不可预测事件时（Redding，Ryder，Seamster，Purcell，Cannon，1991；Schuver-van Blanken，Huisman，Roerdink，2010）。ATC 管制员的专业特点是掌握适宜的认知策略以应对复杂任务，确保日常工作的安全高效。

充分了解哪些因素会使 ATC 任务的复杂性认知增加以及哪些策略是 ATC 管制员必须掌握的，有助于飞机设计人员在进行 ATC 系统设计时降低管制程序的复杂性认知，并能够为改进 ATC 管制员培训提供必要的专业知识范围。本章介绍复杂性认知相关研究以及荷兰 ATC 管制员在航班进港高峰时段所采用的认知策略。首先以 ATC 管制员认知过程和航空运行态势（ACoPOS）模型为研究框架阐述复杂性认知的影响因素，然后介绍经验丰富的 ATC 管制员惯常使用的认知策略。

ATC 管制员认知过程和航空运行态势模型（ACoPOS）

ATC 管制员复杂性认知的主要表现在于 ATC 任务需要在不断变化的动态环境中执行，这导致管制员很难控制空中交通状况（Histon，Hansman，2008）。为了系统地分析和阐明 ATC 复杂性认知的决定因素，荷兰空管局

（LVNL）开发了 ACoPOS 模型（Schuver-van Blanken 等，2010），详见图 6.1。

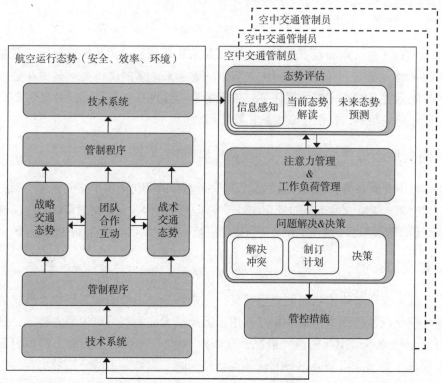

图 6.1 ATC 管制员认知过程和航空运行态势模型（ACoPOS 模型）

资料来源：Schuver-van Blanken，Huisman & Roerdink，2010

　　ACoPOS 模型的开发建立在广泛的文献分析基础上。其中有关 ATC 复杂性认知模型的文献有 3 篇（Endsley，1995；Histon，Hansman，2008；Oprins，Burggraaff，van Weerdenburg，2006）。ACoPOS 模型对认知过程（模型的右侧）和航空运行态势（模型的左侧）进行了明确区分，深入分析了 ATC 航空运行态势中各因素之间的关系及其对 ATC 管制员认知过程的影响。通过分析，在特定的航空运行态势中，ATC 管制员经历的所有复杂性认知问题都可以得到准确定位和详细阐述。

ATC 运行情况

　　航空运行态势中的诸多因素（暂时或永久的）造成了特定的复杂性认知。根据前人（Hilburn，2004；Histon，Hansman，2008；Mogford，Guttman，Morrow，Kopardekar，1995）对 ATC 复杂性影响因素的研究，从以下几个方面进行探讨。

安全、效率、环境

ATC 任务必须满足安全要求、效率要求和环境要求，并持续保持三者之间的平衡。安全一直具有最高优先级，随着越来越多的飞机要求必须在更短的时间内更及时地完成各项任务，效率的重要性也日益凸显。此外还需要严格遵守环境限制，特别是减少航运噪声排放。

战略交通态势

空中交通态势的战略设置以及战略交通态势的变化决定了交通流量控制的物理框架。战略交通态势的复杂性源于空域航线结构、空中交通扇区划分、机场布局、跑道形状、交通流量、交通高峰以及飞行计划和流量管理的准确性等。

战术交通态势

战术交通态势指当前的交通状况，主要特征是态势的动态变化、信息的连续变化以及各因素持续的相互作用。因此战术交通态势难以预先确定，这可能会导致不可预测的意外情况，从而对 ATC 管制员的认知能力提出更高的要求。关于战术交通态势的认知复杂性，除了需考虑可能导致的潜在冲突之外，还需考虑进港、出港和交叉流量之间的相互作用、飞机性能特征、交通多样性、恶劣天气以及紧急情况或异常情况等因素的影响。

团队合作与互动

ATC 管制员与其他团队成员（其他 ATC 管制员、指挥员、飞行员、临近管制中心和机场管理部门等）的信息共享、互动和沟通协调是 ATC 任务的重要组成部分。团队互动可以改变（增加或降低）复杂性认知。需要注意的是，ATC 管制员经常在不同的团队工作，因为团队会根据空中交通状况和航空运行的整体情况临时组合或拆分。

管制程序

管制程序包括空中交通管制的标准操作程序、规则和工作方法，程序的复杂性认知受程序数量、操作复杂性、程序中可能存在的歧义以及工作方法多样性等因素的影响。

技术系统

用于通信、导航、监视和决策支持的系统设计会对复杂性认知造成明显影响，即系统特征和人类信息处理之间的不匹配会增加复杂性认知，因为其认知过程无法被直观地看到。

ATC 任务的认知过程

基于已有的 ATC 认知模型（Endsley，1995；Histon，Hansman，2008；Oprins 等，2006），荷兰空管局（LVNL）开发的 ACoPOS 模型包含以下 3 类主要的认知过程，而且这些认知过程均已被转化为有效的管控措施。

（一）态势评估

航空运行中的环境因素不断变化，而且各因素间存在相互作用，因此管制员在完成态势评估时需要具备较高的认知能力，包括信息感知能力、对当前交通状况的解读能力以及对未来交通状况演变趋势的预测能力。

（二）问题解决和决策

问题解决和决策是指 ATC 管制员在环境限制范围内，根据管制程序安全有效地处理空中交通的过程，具体包括在复杂的动态环境中不断解决（潜在的）问题或冲突，及时制订和调整 ATC 计划，并决定采取适合的管控措施。

（三）注意力管理 & 工作负荷管理

注意力和工作负荷管理主要包括确定优先事项、将注意力集中在具体情况 / 信息的同时对注意力进行系统分配，以保持对态势的总体了解。对注意力和工作负荷进行管理有助于 ATC 管制员充分利用有限的注意力和工作记忆能力，并适应特定情况下的认知需求。

管控措施

认知过程的最终结果是让 ATC 管制员采取有效的措施与航空运行环境互动，达到实施计划、解决问题的目标。通常情况下，管制员采取的措施包括通信（无线电 / 电话）、沟通协调和团队合作等。

厘清 ATC 任务的认知复杂性

ATC 任务的特点是经常会受到态势动态变化、不可预测事件或复杂情况的干扰，因此 ATC 管制员的熟练程度主要体现在是否能够有效地管理和应对干扰运行的影响（Redding 等，1991；Schuver-van Blanken 等，2010）。航空运行包括标准运行、异常运行和受干扰的运行，标准运行是指对空中交通进行常规处理；异常运行是在标准运行和干扰运行之间的状态，即确保飞机在非常规或极端情况下的安全性，但运行效率受到了影响；ATC 管制员在面对受干扰的运行时（尤其是在他们报告认知复杂性增加的情况下），必须迅速调整工作方法以减轻干扰，并采取适宜的策略确保飞行安全，同时保持最佳效率（Schuver-van Blanken，Van Merriënboer，2012）。

进港高峰时段干扰的处理

阿姆斯特丹史基浦机场的进港高峰运行是荷兰 ATC 管制员处理日常干扰的一个典型例子。在进港运行中，进港交通控制最初由阿姆斯特丹控制中心的区域管制员（AMS ACC）负责，其在初始进近定位点（IAF）提供进港流量。根据 IAF，史基浦进近管制员（SPL APP）应用战术引导将交通引导至航站楼机动区（TMA）的跑道。管制员处理进港高峰运行的空中交通时，需要对正在使用的跑道的交通流进行合并和排序。进港高峰运行的典型特征是日常运行干扰和必须处理的不可预测事件同时存在。

结合图 6.1 的 ACoPOS 模型，可确定进港高峰运行的主要因素和复杂性认知问题，详见图 6.2。图中左侧显示了航空运行态势的主要因素，右侧显示了荷兰 ATC 雷达管制员在进港高峰时段遇到的复杂性认知问题。识别复杂性认知问题的方法主要有人的因素分析、ATC 管制员专业知识瓶颈分析以及对经验丰富的区域管制员和进近雷达管制员进行访谈和小组讨论。

战略交通态势

在进港高峰运行时段，机场可用空域相对较小，交通流量较高并且很密集，最多使用两条进港（着陆）跑道和一条出港（起飞）跑道，跑道数量和跑道形状、进港高峰时段的交通流量以及由于天气或环境导致的运行模式变化共同造成了空中交通管制的固有复杂性。在进港高峰运行时段，战略交通态势经常发生有计划（或临时）的调整，这会导致复杂性认知增加。在高峰运行时段切换运行模式时，需要对进港和出港交通流进行适应或重建，或者重新平衡可用跑道上的交通流。此外，交通流可能还必须在等待区域排队。

战术交通态势

通常情况下，进港高峰的特点是大量飞机同时抵达，区域管制员和进近管制员不仅要处理进出史基浦机场的飞机，还要处理与邻近管制中心交叉的交通流以及往返支线机场的交通流，这会导致进出港交通出现复杂的冲突情况。由于机动空间有限，管制员需要指挥飞机暂时偏离标准路线；由于飞机性能情况会影响进港交通流，比如出港时飞机只能缓慢爬升，这时管制员也需要指挥飞机暂时偏离标准路线。如果因为交通密度和可用容量原因造成了交通延误，管制员需要从交通流路线、速度控制或排队等方面加以考虑并寻找解决方案。此外，天气状况（例如大雨、大风、能见度降低等）会影响空中交通管制和交通流量，并可能导致交通延误，在这种情况下需考虑到飞行员增加的住宿需求量。

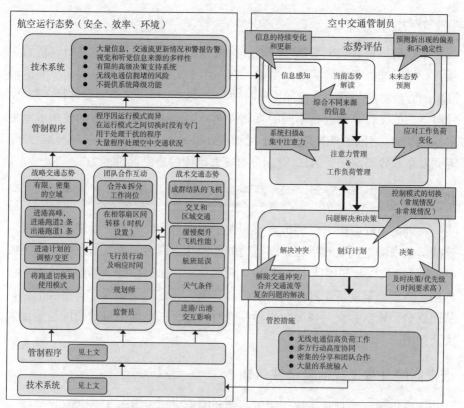

图 6.2　决定荷兰 ATC 进港高峰运行干扰复杂性认知的关键因素

团队合作与互动

在受干扰的进港高峰运行中，管制团队的内部合作以及与 ATC 中心内外其他团队成员（包括计划制定者、安全监督员、飞行员）的良好互动对于成功完成任务至关重要。由于工作负荷或复杂性认知增加，管制员职能可能被拆分为多个工作岗位。例如当飞机长时间在等待区域排队时，其会被单独分配一名管制员。在团队合作和互动中，需要考虑的因素还包括何时以及如何从相邻的管制扇区移交飞机（例如延迟移交、非标准移交）以及飞行员的响应时间（例如反应滞后、飞机转弯比预期晚、飞机下降比预期慢）。在ATC 团队内部，当飞机还在前一个扇区时，管制员可以通过重新规划交通流主动缓解潜在的问题。此外，指挥员需决定 ATC 团队之外其他人员的运行模式，包括何时以及如何对管制员职能进行合并（或拆分），这些因素会影响 ATC 任务的复杂性认知。

管制程序

ATC 管制员在启动管制程序时，会根据不同的跑道形状（平行、汇聚）及飞行时间选择不同的程序。例如，在一年中实行夏令时的时间，早晨进港高峰的管制程序与日间和夜间（由时钟时间决定）程序之间需要转换。总之，针对不同的飞行条件存在不同的管制程序，如夜间飞行对跑道的使用限制更多。不同程序之间的切换以及对干扰和意外情况的处理没有统一的标准程序，因此安全和效率取决于 ATC 管制员对突发事件的应急处理能力。

技术系统

在进港高峰时段，管制员会收到大量的信息、交通流更新情况和警报，这些信息来源于视觉和听觉，即雷达屏幕、计划列表、天气信息系统、无线电 / 电话通信以及与团队中其他 ATC 管制员的口头通信等。当前的技术系统提供了高级决策支持工具（但功能相对有限），有助于让管制员整合信息，从而更全面地掌握交通情况。进港高峰时段的无线电通信可能会因通信量太大而拥堵。

进港高峰日常干扰的复杂性认知

影响进港高峰日常干扰认知复杂性的因素主要有以下 4 个方面。

（一）态势评估

进港高峰、干扰事件和意外事件共同导致了航空运行态势（战术、战略和团队）不断发生变化。因此，态势评估的复杂性主要是由感知信息持续的频繁变化和更新造成；同时，管制员需要整合不同来源的信息以构建完整的态势图，这会导致复杂性增加；此外，管制员还需要对实际交通情况和预期态势之间的偏差以及下一步的态势发展进行评估，这一点充满不确定性，导致复杂性认知进一步增加。以上情况导致管制员需要不断地调整或者重建态势图，这需要占用大量的认知资源，因为工作中需要保持最新的信息记忆。综上，态势评估的复杂性认知主要体现在需要将不同来源的信息以及大量的偏差和不确定性结合起来，才能获取有效的信息以构建有意义的完整态势图。研究者针对复杂系统提出了"心智模式"（Histon，Hansman，2008），以便能够理解复杂系统包含什么、如何运转以及为什么如此运转等问题，这是管制员了解不断变化的系统态势并准确制订管控措施所必需的。

（二）注意力管理 & 工作负荷管理

管制员需要在不受干扰的情况下全面掌握运行态势，这需要提高其注意力的集中度，同时注意力分配能力、任务切换能力等注意力的灵活性也需要提高。由于运行态势变化的信息量大、频率高，管制员需要密集地扫描信息。此外，干扰事件或运行态势的变化会导致管制员的工作负荷增加，这需要管制员提高自身的任务执行能力。

（三）问题解决和决策

在进港高峰时段，管制员解除交通流冲突时的复杂性认知增加。密集空域内的交通流量和密度都很大，致使管制员能用于解除冲突、更改航线和操控飞机的解决方案空间非常有限，因此面对复杂的问题需要能够立即找到解决方案，以迅速确定飞机路线。管制员除了采用标准解决方案和路线规划方法之外，通常还需要切换到非常规交通管制模式，因此增加了复杂性认知。在按照非常规交通管制模式工作的过程中，ATC 管制员必须不断制订适宜的计划以适应新情况，避免因交通流局势不可控而带来危险。此外，ATC 管制员还必须在解决常规问题和更加费力的非常规问题之间及时切换。ATC 任务的特点是通过及时决策对任务和管控措施进行优先级排序，在进港高峰时段，时间要求尤为关键。

（四）管控措施

在繁忙的进港高峰时段，ATC 措施的典型特征是无线电通信因通信量太大而拥堵以及存在大量的系统输入。此外，ATC 部门内外的所有团队成员之间需要密集的信息共享和团队合作，以便主动保持对空中交通态势的控制，这也提高了部门之间的协同性，特别是在处理非常规问题时。

进港高峰空中交通管制认知策略

为了应对进港高峰期间干扰运行中的复杂性认知，管制员须根据运行态势、约束条件及动态变化不断使用适宜的认知策略提高任务绩效。适宜的认知策略能够降低管制员发生任务绩效明显下降的可能性（Histon，Hansman，2008；Loft，Sanderson，Neal，Mooij，2007；Malakis，Kontogiannis，Kirwan，2010；Mogford 等，1995；Nunes，Mogford，2003）。

管制员认知策略——文献研究概述

通过分析相关文献发现，管制员认知策略与 ATC 任务涉及的认知过程密切相关，这在前文所述的 ACoPOS 模型中有所体现，详见表 6.1（Schuver-van Blanken，van Merriënboer，2012）。

进港高峰干扰运行中的认知策略——探索性研究

文献中有关管制员策略的研究主要集中在标准运行情况以及通过实验条件对交通流量和密度进行高 / 低控制的情况。那么管制员在处理干扰运行情况时应该采取哪些策略？除了文献中发现的策略外，是否还存在其他策略？鉴于以上疑问，我们项目组开展了一项探索性研究，重点关注 ATC 管制员在应对进港高峰时应采用的策略，任务场景是荷兰空中交通管制中心在阿姆斯特丹史基浦机场周围密集空域进行的交通管制（包括区域管制和进近管制），主要研究内容如下所述（Schuver-van Blanken，van Merriënboer，2012；Schuver-van Blanken，Roerdink，2013）。

回顾性访谈

为了揭示管制员在干扰运行情况下使用的认知策略，我们应用关键决策方法（the critical decision method，CDM）对空中交通管制专家进行了半结构化回顾性访谈（Klein，Calderwood，MacGregor，1989）。CDM 是一种回顾性半结构化访谈技术，通过向被访谈者提问一系列探究性问题启发其思考。基于荷兰空中交通管制中心的雷达数据记录系统，将干扰运行情况下交通管制情况的回放作为回顾性访谈的基础。3 名空中交通管制专家（担任管制员的平均时间为 20 年）接受了访谈，回顾了其在执行任务期间对进港高峰时段交通的处理情况（Schuver-van Blanken，van Merrinboer，2012），主要包

表 6.1　ATC 管制员认知策略列表（源自 ATC 管制员认知过程相关文献）

态势评估 – 信息感知策略
·有选择地提供飞机飞参数据进行冲突检测（优先选择高度，航向其次，最后是速度）[1-4]

态势评估 – 当前态势解读策略
·对飞机分组（例如常规情况 / 非常规情况、特征相同）[6,12]
·将交通流分为标准或非标准 [1,6-8,10-11]
·识别关键点或热点（经常发生交通流冲突的地方或航线的交叉口）[1,6,8]

态势评估 – 未来态势预测策略
·提前考虑可能的威胁（例如气象条件、拥挤的空域、飞机故障），以管理不确定性 [5]
·在头脑中形成对事件进展的预期 [5]

注意力和工作负荷管理策略
·根据需要采取适宜的管控措施，增加对飞机的关注 [2,10,12]
·根据可用时间和任务的重要程度，在不同任务之间切换注意力 [5,9-11]
·节约注意力资源使工作负荷保持在可接受的水平（例如避免不必要的监控）[9,14]

问题解决策略
·参考以前使用过的解决方案 [8]
·采用速度控制（在交通流内）和高度控制的方法使飞机分流 [12]
·将问题具体化或分成若干个更小的问题 [14]
·先解决一部分问题，然后再进行微调 [14]
·从制订简单的解决方案入手（如需要采取的管控措施尽量少，需要团队进行的协调尽量少）
·增加安全缓冲，以便更加谨慎地管理不确定性 [9-10,13]
·预防潜在问题变成真正问题，提前减轻后果 [5]

规划策略
·制订备用计划，以防止初始计划失效 [5,9]
·恢复到标准路线或常规工作方法，首先确保安全，而不是提高效率 [9-11]

决策策略
根据可能发生的情况及风险确定何时进行干预（等待或立即采取管控措施）[1,9]

参考文献：
[1] Amaldi & Leroux （1995）
[2] Bisseret （1971）
[3] Nunes & Mogford （2003）
[4] Rantanen & Nunes （2009）
[5] Malakis et al. （2010）
[6] Histon & Hansman （2008）
[7] Redding et al. （1991）
[8] Seamster, Redding, Cannon & Ryder & Purcell （1993）
[9] D'Arcy & Della Rocco （2001）
[10] Sperandio （1971）
[11] Sperandio （1978）
[12] Gronlund, Ohrt, Dougherty, Perry & Manning （1998）
[13] Loft, Humphreys & Neal （2003）
[14] Flynn & Kauppinen （2002）

括进港高峰时段的干扰事件和各种不可预测事件（复杂冲突、成群结队的飞机、交通延误、无线电通信拥堵、非常规情况飞行、支线飞行、交叉交通、机动动作受限、解决方案空间有限以及恶劣天气等），共计 11 种。

焦点小组

焦点小组的定义为"精心策划一系列问题，通过在宽松、无威胁的环境中进行讨论而获得对特定兴趣领域的认识"（Krueger, Casey, 2000）。荷兰空管局的 11 名区域控制 ATC 管制员（担任管制员的平均时间为 17 年）被邀请参加了焦点小组讨论，讨论持续时间为 1.5 h。小组针对上午时段密集区域的典型进港高峰建立一种共同的思维方式，在讨论中使用四部包含典型交通管制任务的短片进行示例。ACoPOS 模型构成了焦点小组结构的基础，为理解典型进港高峰时段的干扰因素提供了基本理论框架，有助于系统解析认知过程。进港高峰时段的认知策略是通过专家团队对探究性问题的思考而获得，既包含专家的个人观点，又包含专家团队讨论后形成的共同结果。专家讨论得到的结果不仅涵盖管制员采取的策略，还包含对其行为方式和行为原因的解释。

探究性问题

在回顾性访谈和焦点小组讨论中，探究性问题用于启发交通管制专家对进港高峰时段面对典型干扰事件时的反应进行思考，重点思考其在处理干扰时使用的认知策略，因此所选择的探究性问题侧重于 ATC 管制员的思维过程，与 ACoPOS 模型中提出的 ATC 认知过程相对应。例如，态势评估方面的探究性问题集中在态势重要信息或触发因素、态势典型特征以及可能发生的事件与后果。

数据分析

综合访谈记录、焦点小组专家的个人见解以及通过讨论形成的总体意见，我们对上述 11 种干扰事件和不可预测事件涉及的认知过程进行分析，基于文献报道的基本策略对管制员可能采用的认知策略进行分类，见表 6.1。

结果——管制员处理进港高峰干扰时的认知策略

参加本研究的交通管制专家在回顾性访谈和焦点小组讨论中均表示其在处理干扰时主动调整了任务绩效，以便能够实现以下三个高级目标中的一个或多个。①降低认知复杂性；②平衡安全、效率和环境影响的关系；③应对高工作负荷。总体而言，文献报道的所有策略都是通过回溯性访谈发现的（Schuver-van Blanken, van Merriënboer, 2012）。此外，专家还发现了可能存在新策略的迹象（Schuver-van Blanken, Roerdink, 2013），图 6.3 列出了每种认知过程可能存在的新策略特征。这些新策略在回顾性访谈和焦点小组讨论（包括专家个人见解和团队总体意见）中均被提及。

搜索航班计划信息

积极搜索计划信息，包括预计进近时间、飞机延误信息、总体延误量、预计进港飞机（尚未在雷达上显示或仍在前一个管制扇区）、离港飞机的出发时刻以及预计进港 / 离港交通量。

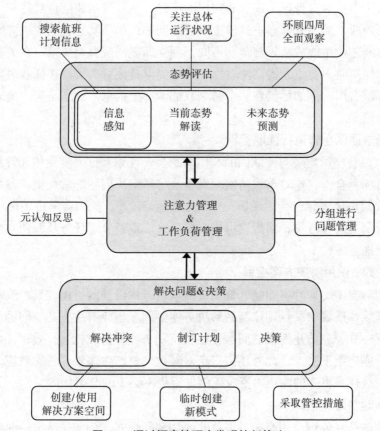

图 6.3　通过探索性研究发现的新策略

关注总体运行状况

总体运行状况较单纯的交通状况更加广泛，包括天气、风、当前能见度和预期能见度、需使用的跑道数量和跑道形状的变化、管制扇区划分、预期运行模式及空域的可用性和不可用性。ATC 管制员根据总体运行状况及时调整工作方法，以确保飞行安全和最佳效率。

环顾四周全面观察

参加本研究的管制员一致认为"环顾四周"极其重要，通过全面观察可以确定相邻扇区的交通状况、密度及相应的管制情况，这有助于下一个扇区的管制员提前采取措施。

元认知反思

研究结果表明，管制员的注意力和工作负荷管理受元认知反思策略的影响，取决于其对自身行为或专业知识的反思，主要包括相信自身特定情况下的判断经验，而不是依靠工具验证潜在的问题；如果其选定的解决方案需要很长时间才能生效或结果与预期不同，则立即撤回或调整决策；在关键时刻（例如轮班时）要主动提高注意力，并始终保持注意力资源在任意时刻都不会全部被占用，例如尽量在一个时刻只监测一处信息，而不是努力地同时监测多处信息。

通过团队合作进行问题管理

ATC 管制员需要与团队内的其他管制员、计划制订人员及相邻管制扇区的人员加强合作，这对于预防问题发生及尽早解决问题非常关键。参加本研究的管制员还表示，为了维护飞行安全和运行效率，他们会考虑团队中相邻扇区管制员的任务量，因为这可能会导致系统重新分配任务从而使自己的工作量增加。

创建 / 使用解决方案空间

面对空中交通冲突问题，管制员需积极寻找以前的可用方案，或基于非标准路线和航线交叉点创建新的解决方案空间。创建解决方案空间的目标不仅是解决冲突和防止潜在的问题，还要特别关注保持飞机运行效率（例如连续爬升或连续下降），此外还需避免对其他飞机产生多米诺骨牌效应，并防止管制员耗费更多的注意力资源（例如避免不必要的监测任务）。

临时创建新模式

管制员在处理空中交通时需要临时创建新模式，例如排队等待时需在飞行路线矢量中创建横向模式或垂直模式，或者在热点区域周围创建交通流。这有助于其创建整体态势概览并管理预期态势，从而在非标准航线中保持运行效率，并实现对工作负荷的管理。

采取管控措施

参加本研究的管制员一致表示在进港高峰时段他们会立即主动对干扰情况采取管控措施，而不是被动“观望”，以尽量避免较长时间的监测任务。立即采取措施解决问题（或解决部分问题）非常关键，因为时间至上。通过立即采取有效的措施可以及时地处理各种交通冲突、防止可能发生的潜在问题、主动管理不确定性因素等，还可以避免被不必要的监测任务耗费注意力资源，从而有助于 ATC 管制员更好地管理注意力和工作负荷。

结论和建议

通过使用 ACoPOS 模型作为框架，本研究系统清晰地揭示了进港高峰时段 ATC 任务复杂性认知的影响因素，除了战术交通态势外，还有战略态势、团队合作互动、管制程序和技术系统等。这些因素共同导致 ATC 管制员在态势评估、注意力和工作负荷管理、问题解决和决策等方面面临一系列复杂性认知问题。

本章通过将 ACoPOS 模型与回顾性访谈和焦点小组讨论中的探索性研究相结合，明确了 ATC 管制员在进港高峰处理日常干扰必须具备的专业知识，阐述了专家对管制员认知策略的见解。参加本项研究的专家级管制员均表示，他们在处理日常干扰时会主动调整任务绩效，以便能够实现以下三个高级目标中的一个或多个：1）降低认知复杂性；2）平衡安全、效率和对环境的影响三者的关系；3）应对高工作负荷。本研究除了通过文献分析总结提炼 ATC 管制员的认知策略之外，还通过探索性研究补充了新策略，这些新策略对处理进港高峰时段的日常干扰至关重要；在此基础上，本研究进一步通过回顾性访谈和焦点小组讨论对相关案例进行了分析，由此确定了管制员必须掌握的专业知识。

厘清进港高峰 ATC 任务的认知复杂性以及哪些专业知识是 ATC 管制员掌握各项认知策略的基础，有助于飞机设计人员在进行 ATC 系统设计时降低管制程序的复杂性认知，并能够为改进 ATC 管制员培训提供必要的专业知识范围。对于 ATC 系统，适宜的设计方式可降低系统中 ATC 任务和对应程序的复杂性认知，同时能够支持 ATC 管制员采取适宜的策略做出最佳决策，这对于及时处置干扰事件和不可预测事件至关重要。特别是在设计自动化程度不断提高的决策支持工具时，设计人员应充分考虑 ATC 管制员的认知策略。此外，未来对 ATC 管制员进行培训时需将认知策略学习纳入培训体系，并确保培训设计中 ATC 任务的复杂性认知逐步提升，这有助于设计人员找到一种"通用"语言对 ATC 管制员必须具备的专业知识进行解读。

原著参考文献

Amaldi, P. & Leroux, M. (1995). Selecting relevant information in a complex environment: the case of air traffic control. In: Norros (Eds), *5th European Conference on Cognitive Science Approaches to Process Control* (pp. 89–98). Finland: VTT Automation.

Bisseret, A. (1971). An analysis of mental model processes involved in air traffic control. *Ergonomics*, 14, 565–570.

D'Arcy, J.F. & Della Rocco, P.S. (2001). *Air traffic control specialist decision making and strategic planning—A field survey*. DOT/FAA/CT-TN01/05. US Department of Transportation FAA.

Endsley, M.R. (1995). Toward a theory of situational awareness in dynamic systems. *Human Factors*, 37, 32–46.

Flynn, M., & Kauppinen, S. (2002). *Investigating air traffic controller resolution strategies*. European Air Traffic Management Programme Rep. No. ASA.01. CORA.2.DEL04-B.RS. Brussels: Eurocontrol.

Gronlund, S.D., Ohrt, D.D., Dougherty, M.R.P., Perry, J.L., & Manning, C.A. (1998). Role of memory in air traffic control. *Journal of Experimental Psychology: Applied*, 4(3), sep 1998, 263–280.

Hilburn, B. (2004). *Cognitive Complexity in Air Traffic Control—A literature review*. Brussels: Eurocontrol.

Histon, J.M., & Hansman, R.J. (2008). *Mitigating complexity in air traffic control: The role of structure-based abstractions*. ICAT-2008-05. Cambridge, MA: MIT.

Klein, G.A., Calderwood, R., & MacGregor, D. (1989). Critical decision method for eliciting knowledge. *IEEE Transactions on Systems, Man, and Cybernetics*, 19, 462–472.

Krueger, R., & Casey, M.A. (2000). *Focus Groups: A practical guide for applied research* (3rd edition). Thousand Oaks, CA: Sage.

Loft, S. Sanderson, P., Neal, A., & Mooij, M. (2007). Modeling and predicting mental workload in en route air traffic control. *Human Factors*, 39(3), 379–399.

Loft, S., Humphreys, M., & Neal, A. (2003). Prospective memory in air traffic control. In G. Edkins & P. Pfister (Eds), *Innovation and Consolidation in Aviation* (pp. 287–293). Aldershot, UK: Ashgate Publishing.

Malakis, S., Kontogiannis, T., & Kirwan, B. (2010). Managing emergencies and abnormal situations in air traffic control (part I): Taskwork strategies. *Applied Ergonomics*, 41(4), 620–7.

Mogford, R.H., Guttman, J.A., Morrow, S.L., & Kopardekar, P. (1995). *The complexity construct in air traffic control: A review and synthesis of literature*. DOT/FAA/CT-TN95/22. Atlantic City International Airport, NJ: DOT/FAA Technical Centre.

Nunes, A., & Mogford, R.H. (2003). Identifying controller strategies that support the "picture". *Proceedings of the 47th Annual Meeting of the Human Factors and Ergonomics Society*. Santa Monica, CA.

Oprins E. (2008). *Design of a competence-based assessment system for air traffic control training*. Doctoral dissertation, University of Maastricht.

Oprins, E, Burggraaff, E., & Van Weerdenburg, H. (2006). Design of a competence based assessment system for ATC training. *International Journal of Aviation Psychology*, 16(3), 297–320.

Rantanen, E.M., & Nunes, A. (2009). Hierarchical conflict detection in air traffic control. *The International Journal of Aviation Psychology*, 15(4), 339–362.

Redding, R.E., Ryder, J.M., Seamster, T.L., Purcell, J.A., & Cannon, J.R. (1991). *Cognitive task analysis of en route air traffic control: Model extension and validation*. ERIC document No. ED 340 848. McLean, VA: Human Technology.

Schuver-van Blanken, M.J., Huisman, H., & Roerdink, M.I. (2010). The ATC cognitive process & operational situation model—A model for analysing cognitive complexity in ATC. *Proceedings of the 29th EAAP Conference*, Budapest, Hungary.

Schuver-van Blanken, M.J., & Van Merriënboer, J.J.G. (2012). Air traffic controller strategies in operational disturbances—An exploratory study in radar control. *Proceedings of the 30th EAAP Conference*, Sardinia, Italy.

Schuver-van Blanken, M.J., & Roerdink, M.I. (2013). Clarifying cognitive complexity and controller strategies in disturbed inbound peak ATC operations. *Proceedings of the 17th ISAP Conference*, Dayton Ohio, USA.

Seamster, T.L., Redding, R.E., Cannon, J.R., Ryder, J.M., & Purcell, J.A. (1993). Cognitive task analysis of expertise in air traffic control. *International Journal of Aviation Psychology*, 3, 257–283.

Sperandio, J.C. (1971). Variation of operator's strategies and regulating effects on workload. *Ergonomics*, 14, 571–577.

Sperandio, J.C. (1978). The regulation of working methods as a function of workload among air traffic controllers. *Ergonomics*, 21, 195–202.

撰稿人介绍

玛丽安·J. 舒弗－范·布兰肯（Marian J. Schuver–van Blanken）

Marian 的教育背景是航空教育科学和人的因素，目前在荷兰空中交通管制中心担任人的因素高级顾问。她为空中交通管制员制订了训练愿景和策略，提出了未来空中交通管制员的角色以及人的因素在系统设计中的作用。她还负责航空运营部门的政策制订和咨询工作，推行了空中交通管制员的训练理念和原则，强调了人的因素和操作人员在空中交通管制系统中的作用。自 2012 年以来，Marian 一直在荷兰空中交通管制中心工作，专注于空中交通管制员认知策略和运营实践中的复杂性认知研究。她的工作能够在理论和操作实践之间架起一座桥梁，致力于回答"为什么空中交通管制工作很复杂，管制员专业知识的特点是什么，如何进行培训以及如何通过程序和系统设计降低空中交通管制的复杂性"等核心问题。

第七章

飞机座舱生态界面设计

——玻璃后面的世界

马克斯·穆德，荷兰代尔夫特理工大学

我的"荷兰式"世界观

在荷兰组织的国际安全援助计划（ISAP）研讨会上，我是第一位大会演讲者，和大家如实分享了一些我最早的"荷兰式"世界观。我很小的时候就经常听说"尽管荷兰是一个小国家，但其在过去数百年中对世界的探索和发现非常重要，对世界的影响是巨大的"。众所周知，16世纪，尤其是17世纪，被称为荷兰的"黄金时代"，1596年著名的荷兰航海家威廉·巴伦支带领探险队在北极过冬，1642年著名的荷兰探险家阿贝尔·塔斯曼发现了塔斯马尼亚岛。当今世界最大的城市之一纽约曾经是荷兰的殖民地！这些历史仍然是荷兰的国际地位、文化和文学的重要组成部分。童年时代，我如饥似渴地阅读了很多关于我们伟大祖先激动人心的书籍。

我最喜欢阅读的内容是阿贝尔·塔斯曼于1642—1643年奉命探测"南方陆地"（当时在荷兰语中的名字，现在被称为澳大利亚）。这段特殊旅程的非凡之处在于，阿贝尔·塔斯曼环绕澳大利亚大陆航行了一周却没有到达澳大利亚本土，因为航线偏南，塔斯曼发现了一片有着茂密森林的陆地，就是现在的塔斯马尼亚岛（以塔斯曼的名字命名）；然后接着向东继续航行发现了纽泽兰岛（新西兰）；然后经荷兰的前殖民地新几内亚和印度尼西亚返回北方，最后在返回荷兰的途中越过北纬。绕着这片巨大的澳大利亚大陆航行，却没有发现澳大利亚本土，这是多么出乎意料的事情！这一有趣的事实纯属悲剧，给我留下了永恒的印象。

每当读到这些关于荷兰人探险的故事，我经常问自己，为什么他们能成功地发现新大陆？是因为荷兰国土面积太小，导致他们热衷于外出探险吗？还是因为荷兰大部分地区在海平面以下，需要与水长期抗争，导致国家拥有了许多船只和非常能干的水手？或者还有其他原因？还记得童年时代有一次上课时，我盯着挂在墙上的世界地图看了很久，突然意识到荷兰几乎处于世界中心，地理位置非常方便，适合探险家们由此出发去探索新的海岸！于是，对于我们国家能够在探险和航海领域取得卓著成就的原因，我有了一个直接而优雅的解释：因为我们生活在世界中心！当我迫不及待地与朋友们分享这一惊人见解时，我的所有解释和分析给大家留下了深刻印象。

在很长一段时间里，我一直保持着这种"荷兰式"的世界观，直到后来在一次长途旅行中我发现其他人用的地图和我的不一样，比如北美和南美国家的人们所用的地图美洲大陆被放在地图的中心。当第一次看这样的地图时，我不得不认真思考我看到的是什么，我认不出曾经认识的世界！后来我了解到，中国人使用的世界地图也是把中国放在中心位置。因此，我认为自己出生在世界中心的想法可能很多国家的孩子都会有，并不独特。这是一个直接而优雅的观点，但其实是错误的，因为世界中心位于地球表面以下 6 378 km 处。

开篇之所以从这件轶事谈起，是为了展示世界万物的表象所贮藏的力量。对表象进行很好的解释有助于人们建立缜密的思维以应对不确定性，并回答可能存在的关于世界为何如此运转的疑问。通过对表象进行解读，人们可能会在很长一段时间内顺利地解决问题，但有些表象也可能被证明是不完整的甚至是错误的。比如在物理学理论方面，天才阿尔伯特·爱因斯坦创立了广义相对论，其中包含了另一位物理学天才艾萨克·牛顿（Isaac Newton）提出的力学观点，但爱因斯坦理论能够解释一些用牛顿理论无法完全解释的现象。因此爱因斯坦理论就成为物理学世界的主要观点。

在本章中，我将围绕飞机座舱设计中的人机界面和自动化系统谈一些过去、现在和未来可能的观点；然后，我将展示一种新的"生态"驾驶舱设计方式，通过举例说明该方式与传统的工程设计方式相比能够为飞行员提供更好的人机交互支持。本章旨在鼓励广大读者思考当前飞机座舱的设计是否可以支持飞行员的情境意识和决策以及是否还存在更优的界面设计方式来辅助飞行员更加高效地完成认知任务。

飞机座舱的生态界面设计

在过去的几十年里，飞机座舱已经从多个电子机械仪表设备发展到现代"玻璃座舱"。该"玻璃座舱"是一个全部或大部分传统仪表都被计算机显示屏替代的现代化显示系统，支持将飞机的状态信息集成到配置图形图像中，而且通过引入自动化技术，将机组人员减少到只需两人，并将机组人员从手动操控者转变为高度自动化的复杂系统的监控者，实现了人力成本的大幅度降低（Wiener，Curry，1980；Billings，1997）。

20 世纪 60 年代，商用飞机座舱开始将所有信息通过大量电子机械仪表设备提供给飞行员、领航员和空中机械师。总体而言，为了向座舱内人员提供尽可能多的信息，将飞机能够测量的所有内容都一一呈现出来；然后，机组人员必须整合所有信息，在脑海中形成当前飞机状态的画面，并对相关情况进行预测，最后以最能达成任务目标的方式采取行动。大部分认知任务都由舱内人员完成，由于信息量过大以及表盘和仪表接口的设计不够合理，导致舱内人员的工作量很大，工作效率相对较低。因此飞机座舱设计人员得出结论：要想以准确高效的方式驾驶飞机，完全依赖于人类太难了，很显然，增加计算机辅助就可以做得更好。

在现代飞机座舱中，120 多台计算机可并行工作。执行任务所需的相关知识和需完成的大部分工作都已输入计算机。大多数基本飞行任务和航线优化任务已经实现自动化。因此在大多数飞行阶段，机组人员的工作量都很低，只有在自动化无法决策的情况下，机组工作量才会增加，此时解决问题需依赖人类的创造性和适应性。当自动化不足以做出决策时，机组人员也脱离了基本的控制回路，导致对任务的态势感知能力降低，这可能会造成人为差错。在相当长的时间内人为差错一直难以避免，这证明现代飞机座舱尚未能提供适宜的平台以保障人类充分发挥其独特才能，包括创造性和解决问题的能力。

在本章中，飞机座舱人机工程设计是人机交互界面和自动化系统设计，具体内容是将飞机座舱中的认知任务分配给机组人员和机上自动化系统共同承担，旨在创造一个让机组人员能始终保持合理工作负荷和高度态势感知能力的工作环境。研究者一致认为，自动化对任务的执行实现了多维度优化，确实可以更快、更准确地完成大部分工作。其进一步提出了自动化研究重点，即如何设计适宜的自动化系统和人机界面，以确保自动化代理和人类代理在新的人 – 机联合认知系统中能够充分共享信息（Amelink，2010；Woods，

Hollnagel，2006）。

在飞机座舱的主要部分从五六十年前的仪表变为现代"玻璃座舱"的过程中，航空心理学家和飞机设计工程师提出了几个非常实用和重要的人机界面设计原则，从座舱照明、字体和符号的可读性、颜色等基本元素开始，进一步发展到整体结构、集成显示规则及信息运动原理和规律等（Johnson，Roscoe，1972；Roscoe，Corl，Jensen，1981）。这些有效的原则有助于改善对数据的访问，但并没有提出具体的设计方法以保障飞行人员充分发挥其创造性。因此，如何让这些设计原则能够切实促进人类代理和自动化代理之间的合作更加高效，仍然是一个大难题。

Vicente（1999）提出，相关研究工作的主要出发点是将飞机座舱视为开放系统。飞机座舱与外部环境有广泛而复杂的交联，包括很多接口，如天气、地形、空中交通管制等。因此飞机座舱的运行是开放的、不可预测的，以至于人们无法提前想到所有可能发生的事情。对于那些意料之外的特殊情况，只能依赖人类的创造性和适应性加以应对。那么，什么样的自动化系统和人机界面设计方法才能有助于飞行员应对各类复杂情况和意外情况呢？

从某种意义上讲，真正古老的驾驶舱基于"单传感器、单指示器"（SSSI）的设计理念，在这种设计理念中，工程师以可读格式努力将几乎所有信息都呈现给飞行员，此时的信息基本处于原始信号水平（Vicente，Rasmussen，1990）。当然，飞行员很难对所有信息进行整合，这就需要自动化系统来发挥作用。自动化系统提前将需要飞行员完成的大量认知任务输入可编程计算机中，计算机针对自动化系统的预期情况提供预先确定的解决方案，基于特定的算法生成可与飞行员交流的视听觉信号，告诉飞行员该做什么。我们认为，目前的飞机座舱无法快速支持飞行员有效处置自动化设计中未能事先预测的紧急情况。为了应对这些不可避免的意外情况，人机界面设计有必要改进，使飞行员在面临紧急问题时能够创造性地找到解决方法。这要求飞行员对自己的工作领域非常精通。

自动化系统在呈现信息时如果能提供便于理解的模式图形，并且对信息之间的关系进行功能关联，那将有利于人们用最少的认知资源感知尽量多的信息。航空心理学的目标是开发安全、高效的人机系统，让飞行员能够借助显示器所呈现的信息解决问题，从而顺利完成工作。但是，透过显示器看到的"问题"通常不像我们在日常生活中遇到的事情（比如四处走动、喝咖啡、打球、骑车等）那样肉眼可见。Gibson 在有关视觉感知的生态学方法研究中强调了人类的"直接感知"能力以及与行动间存在直接耦合关系，指出人类行动的目标受自然环境的限制和约束（1966，1979）。以荒野中的一个石头堆为例，在不同情况下会有不同用途：疲惫的赶路者可能会坐在石头上休息；焦急的迷路者可能会踩着石头攀登到更高处来分辨方向；下雨天，路人可能会借助石头堆来避雨。石头堆对于不同环境中的人有不同的用途，这里只列举了几种，而所有用途都是由人们的"直接感知"能力决定的。

Vicente 和 Rasmussen 在研究复杂系统人机界面设计的"生态方法"时提出，创建友好的界面、提供有意义的信息，并允许操作员直接操控信息以实现目标（1990，1992）。其基本观点是"让看不见的东西现身"，即将复杂的认知过程转化为感知过程，让操作员在感知过程中（通常是图形界面）完成复杂的认知加工。人机系统通常不允许操作员"介入并探索"系统本身，而人机界面是互动的媒介，允许操作员介入。从本质上讲，生态界面设计（EID）以一种与人类感知兼容的方式展示了复杂工作领域的深层结构。

Vicente（1999）在其著作《认知工作分析》中提出了生态界面设计的六个步骤，即工作域分析（WDA）、控制任务分析、策略分析、社会组织与合作分析、员工能力分析以及界面设计。其中 WDA 是一种独立的分析方法，在这个最重要的步骤中，界面设计师必须分析确定系统涵盖的所有基本功能并关注解决问题的方式，仅仅了解认知过程是不够的。让人类代理和自动化代理都感觉到信息被"真实"地呈现，是生态界面设计的核心。

在过去的十年里，研究者为飞机座舱设计了多种生态界面并进行了工效学评估。例如我们设计了和总能量管理有关的飞行器显示系统，使飞行员能够充分理解飞机势能和动能并在需要交换时迅速采取行动（Amelink、Mulder、Van Paassen，Flach，2005）；设计了间隔保障辅助显示界面，使飞行员能够更好地掌握空中飞行器的交通情况并及时采取行动（Van Dam，Mulder，Van Paassen，2008）；还设计了生态合成视觉显示界面（Borst，Suijkerbuijk，Mulder，Van Paassen，2006；Borst，Sjer，Mulder，Van Paassen，Mulder，2008；Borst，Mulder，Van Paassen，Mulder，2010），并广泛探讨了当前和未来空中交通管制（ATC）环境中的各种生态界面设计（EID）问题（Van der Eijk，Borst，In 't Veld，Van Paassen，Mulder，2012；De Leege，Van Paassen，Mulder，2013；Klomp，Van Paassen，Mulder，Roerdink，2011；Klomp 等，2012；Tielrooij，In 't Veld，Van Paassen，Mulder，2010；Van Paassen 等，2013）。

我在一次研讨会发言中展示了我们课题组为未来 4D TBO 航站楼飞机进港时刻管理专门开发的生态界面（Klomp 等，2011；Van der Eijk 等，2012；

De Leege 等，2013）。这是一个相当复杂的设计，对其工作原理及所展示的终端操作进行详细解释需要几个小时的时间。展示是为了直观地阐明生态界面并不是简单易用的界面，并不能很快地将新手变成专家，以此纠正人们对生态界面设计（EID）的常见误解。事实上，生态界面是为复杂的工作系统而设计，其复杂性反映在视觉界面中（Flach，2012）。生态界面须由设计专家精心论证，因为其设计过程需要设计师非常细致全面地理解工作域中的所有功能和可能遇到的问题。近年来，在创建生态界面的过程中，我们课题组成员已经成为相关应用程序开发领域中的真正专家。

示例：间隔保障辅助显示生态界面设计

程序设定

人机交互界面的开发，为飞行员与附近其他飞行器保持安全距离提供辅助支持。目前该任务由 ATC 完成，但未来部分空域可能会变为"无人化管理"，保持安全间隔的任务将由飞行员及其自动化系统亲自负责（SESAR，2007）。为简单起见，本章的描述仅限于二维情况。

简而言之，机载间隔保障辅助系统（ASAS）涉及"设备、协议、空中监视，使飞行员能够履行职责，将自己所驾驶的飞机与一架或多架飞机保持安全间隔"（ICAO SICASP/6-WP/44）。ASAS 的功能由自动化系统和/或飞行员执行，主要包括、了解周围飞行器的总体交通情况、检测潜在的间隔冲突、解决冲突、防止飞机陷入新的冲突。在此，间隔冲突被定义为未来潜在的安全间隔丧失。在过去的几十年里，ASAS 的开发工作备受关注，研究人员已构建了多种原型并进行测试和评估（Hoekstra，2001），下文将对其进行简要讨论。

大部分 ASAS 设计都采用精确的轨迹预测算法对"最接近点的距离"（CPA）进行计算，然后用另一种算法进行"推理"，以得出处理 CPA 过小的最佳方法。通常这些算法被嵌入计算机中，人机界面设计师根据计算结果创建界面。被嵌入计算机内的算法（即认知加工）对于飞行员而言是隐藏信息，而人机界面则通过信号（附近的飞机在哪里？）和既定符号/标志或警告信息（相互的距离太近了吗？）与飞行员进行及时有效的沟通。

毫不奇怪，我们在对多种 ASAS 原型进行评估的过程中发现，自动化的典型缺陷与不足暴露无遗（Bainbridge，1983；Parasuraman，Riley，1997），主要包括自动化意图的混乱、分歧、缺乏信任或过度依赖以及低态势感知等。飞行员会有这样的疑问：自动化为什么提出这个解决方案？如果我接受自动化的建议，会发生什么？如果我不接受建议，又会发生什么？另外，由于飞机在飞行中与外部环境相互作用的开放性和复杂性，导致自动化设计师和工程师总会有事先想不到的情况。比如一些驾驶舱自动化的例子，只关注了部分条件（例如地形），而忽视了飞行的其他限制（例如空中交通管制）。在这些复杂并有多种限制条件的情况下，自动化通常不能为飞行员提供有效的辅助支持，所有操控仍需飞行员负责。

机载间隔保障的人机界面设计进展非常缓慢，不要将其与空中防撞系统（TCAS）混淆。TCAS 是在发现有其他飞机接近时，提前 40 余秒警告飞行员对方飞机的位置和高度，提醒飞行员进行有效的避让，而 ASAS 系统的工作时间范围为 3 ~ 5min。因此当飞机相距比较远时，飞行员需要缩小导航显示比例才能看到，这些飞机在显示屏上的移动非常缓慢。因此，尽管飞机的移动和靠近是"可见的"，但由于移动缓慢，飞行员很难从基本的导航中发现潜在的间隔冲突并确定相应的解决方案。显然，这里需要使间隔冲突问题与人类的感知更加"兼容"。

工作域分析

我所在的实验室在 ASAS 方面开展了多年研究，围绕"开发 ASAS 是否有不同的方法"进行了一系列思考。比如，除了 CPA 外，间隔计算是否还有不同的计算方法？信息呈现是否还有更适合的呈现方式，可以在"符号"水平与飞行员沟通，以便飞行员一眼就能了解其意义，并能在有自动化或没有自动化的情况下都能以适当的方式采取行动？新的信息呈现方式是否能与自动化的界面设计相兼容，以创建一种人 – 机联合认知系统？

我们从大量的计算机模拟实验开始研究，试图找出与间隔控制动力学有关的物理定律和抽象功能。以 Rasmussen 的抽象层次结构（AH）为参考，进一步分析了间隔保障辅助相关问题以及可用于解决问题的五个抽象层次，即功能目的层、抽象功能层、广义功能层、物理功能层和物理形式层（Rasmussen，Pejtersen，Goodstein，1994）。

通过对飞机在二维空域飞行的简单计算机模拟，我们初步对计算间隔和解决间隔冲突的系统功能进行了定义（Van Dam，Mulder，Van Paassen，2008）。这些功能构成了解决间隔问题的核心，其在抽象层次结构（AH）层面发挥作用，研究绝对运动、相对运动和间隔。操纵飞机的相对运动需要让飞机进行机动飞行，并很好的进行控制以始终保持安全间隔。

功能目的层是五个抽象层次的最高层，很明显此层可以将 ASAS 的目标定义为始终确保安全。但通过计算机模拟，我们又增加了两个目标，即高效能和高效率。之所以增加这两个目标，是因为我们发现对于特定的结构形状，有些机动确实是安全的，但会导致飞机需要进行 90° 以上的转弯（甚至掉头回飞），或者需要很长时间才能解决间隔问题。间隔保障辅助系统的抽象层次结构如图 7.1 所示。飞行员在功能层可以看到附近其他飞行器的实时情况以及需要飞行员操纵的控制单元，包括驾驶舱与自动驾驶仪、油门及飞行管理系统之间的人机交互界面。飞行员在物理形式层可以看到自己飞机的状态以及其他飞机的位置和状态。

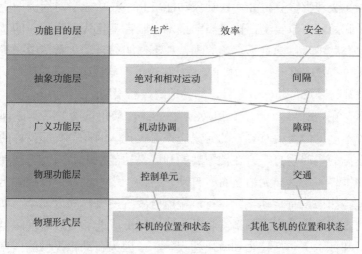

图 7.1 间隔保障辅助系统的抽象层次结构（简图）

围绕间隔保障辅助系统的抽象层次结构，我们研究了很长一段时间，图 7.1 中的结构图也经历了多次迭代（Van Dam，Mulder，Van Paassen，2008）。在过程控制领域，抽象功能和广义功能可以快速地与被控制设备的物理特性关联起来，但在飞机间隔问题中，"物理特性"从一开始就不清楚。当然，飞机飞行动力学的物理特性是清楚的，但我们发现这些在特定的间隔问题上没有太大的意义，因为其只是很好地描述了一架飞机的运动，缺乏两架或更多架飞机间隔的物理特性。为了解决这个问题，我们课题组通过计算机模拟技术针对性地开发了"有意义的物理模型"，得出了"功能函数"。

传统显示设计和生态显示设计的对比

按照传统设计方法，当考虑工作域分析中抽象层次结构（AH）背景下的"典型工程方法"时，计算机算法将在抽象功能和广义功能级别被编程为"理解"和"处理"，通过驾驶舱界面向飞行员呈现物理环境的元素（即其他飞机）。飞行员在物理形式层可以通过操控按钮和刻度盘为自动化代理提供新的设置，即实现物理功能层的目标。通过培训，飞行员能够理解 ASAS 在功能目的层提供的信号、符号 / 标志和警告信息。飞行员能够通过这种设计理解自动化系统存在的原因（功能目的层），通过培训也能够掌握系统的使用方法（物理功能层、物理形式层），但其对系统的实际工作方式和处理环境的约束方式（抽象功能和广义功能层）知之甚少。

飞行员看到的信号、符号 / 标志等基本原理在自动化代理中被隐藏，导致其基本无法理解计算机如何在抽象功能层和广义功能层对周围的交通状况进行解释和处理。事实上，这是当前很多座舱自动化代理都存在的"典型"现象，它们对飞行员隐藏了基本原理，在不透明的自动化系统中，将系统对数据的认知和处理直接转化为操控和建议，这可能导致飞行员情境意识减弱、工作负载升高以及自动化可能带来的其他缺点和限制。

显然，在生态界面设计（EID）方法中，自动化算法的基本原理和周围环境中"不可见但至关重要"的元素应该可视化。因此，我们设计的目标是"让看不见的东西现身"，在抽象功能和广义功能层方面向飞行员展示"玻璃后面的世界"，这样无论是否有自动化帮助，飞行员都可以推理出周围的交通状况。如果没有自动化，飞行员应能够发现冲突，并以安全、高效率和高效能的方式解决冲突。如果有自动化，飞行员应能够更好地理解自动化提供的信号和标志（包括警告和解决建议等），因为自动化提供的信息还将显示深层结构，为理解这些信号和标志的具体含义提供背景。需要注意的是，生态界面并不是为了忽视和削弱自动化，相反是让飞行员亲自理解态势并判断自动化决策背后的逻辑，以此实现人机协作效率的进一步提升（Amelink，2010）。

传统显示设计

在过去几十年里，人们对飞机自主间隔保障问题进行了大量研究（例如20 世纪 90 年代末提出的"自由飞行"项目）。为了更好地帮助飞行员理解交通冲突的本质以及自动化系统如何处理这些冲突，研究人员进行了很多尝试。早期通过可视化技术在导航显示器上呈现的"最接近点的距离"（CPA）通常以图形形式显示为椭圆形的"禁区"。"命中警告"的可视性功能对飞行员而言是显而易见的，即当飞行员计划的飞行轨迹越过任何一个"禁区"时，其会看到并迅速意识到当前的路径将导致与另一架飞机发生冲突。对比之下，"避让指令"的可视性功能目前仅达到了部分清楚，因为需要飞行员亲自操控航向变化后才能知道该冲突是否能够被解决，有时也可能通过飞机速度的（轻微）变化就足以摆脱困境。关于飞行稍微慢一点或快一点对间隔冲突的影响，目前还没有得到明确的证明。

对自动化计算出的"禁区"进行评估时发现，飞行员为解决当前冲突而采取的行动往往会引发新的冲突，这种情况在当前的 ATC 运行中也是如此。分析表明，近 50% 的短期冲突是由操作员应对先前的警报引发的（Lillo 等，2009），这启发了工程师和显示系统设计师提出航向范围和速度范围的概念，通过自动化计算，在显示屏上显示本机可能导致间隔冲突的所有可能的航向和速度（假设电流速度和电流航向是恒定的）。后来，研究人员还提出了一种计算机辅助"最佳"解决方案，即速度微调和航向变化的组合，这是摆脱间隔冲突效果明显的最佳方法（Hoekstra，2001）。

有了速度范围和航向范围以及最佳解决方案，飞行员确实可以"看到"如何避开其他飞机。然而，他们很难找到解决冲突的最有效方法，尤其是当他们需要检查自动化提供的计算机辅助解决方案以及航向、速度范围是否正确时会感到无从下手。在航向、速度范围中，经常出现"不允许"的状态，此时飞行员容易出现思维混乱和缺乏信心。当自己驾驶的飞机卷入多机间隔冲突时，会出现越来越多的禁飞区，对于飞行员而言，很难将禁飞区与所涉及的特定飞机联系起来。这种典型工程界面设计的迭代最终没能创建易于使用的界面，由此产生的间隔保障辅助动力学表示方法（CPA、航向范围、速度范围等）实际上掩盖了飞机真实的运行方式。

生态显示设计

针对上述问题，我们课题组围绕可视化相对运动和绝对运动提出了多种解决方法（Van Dam，Mulder，Van Paassen，2008）。

假设附近所有飞机的位置和速度是已知的，那么就可以很快计算出可能与其他飞机发生冲突的相对速度向量集。这时，飞行员的任务是调整本机的速度和航向，避免陷入上述向量集。Stijn van Dam 首次开发出了以飞机为中心的相对运动演示示例，该示例以象征性的方式展示了飞行员（或自动化）可以直接感知的"命中警告"和"避让指令"，并采取相应的行动。后来发现，机器人理论中提出的碰撞锥（Chakravarthy，Ghose，1998）、速度障碍（Fiorini，Shiller，1998）和操纵板技术（Tychonievich 等，1989）也是为了解决与飞机间隔保障非常类似的问题；此外，最早可追溯到 1892 年的巴滕伯格（Battenberg）航向指示器，也是为了实现船舶间隔操控约束条件的可视化。

ASAS 生态显示的最基本形式如图 7.2 所示，图中的二维半圆形演示了现代驾驶舱传统导航的叠加。演示示例包括垂直演示（Heylen，Van Dam，Mulder，Van Paassen，2008）、共面水平 / 垂直组合演示（Ellerbroek，Brantegem，Van Paassen，Mulder，2013）和三维正交演示（Ellerbroek，Visser，Van Dam，Mulder，Van Paassen，2011）。图形的中心是本机的速度矢量，小半圆和大半圆分别表示飞机的最小速度和最大速度，意味着速度矢量的大小不能超过这些限制，这是飞机性能（物理功能）带来的"内部"约束。矢量大小的改变表示速度的变化，速度可以变大或变小，但不能超过上述限制。矢量也可以向左或向右旋转，表示航向的变化。航向向左或向右的变化有可能大于 90°，但如果发生这种情况则会在功能目的层被认为无效。

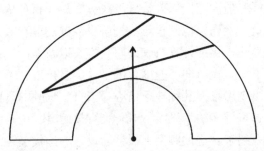

图 7.2　间隔保障辅助显示生态界面（高度简化版，二维运动的状态向量包络）

显示界面中的三角形区域十分重要，本机的速度矢量集将通过可视化技术显示在该区域，从这个区域可以发现本机是否会与附近的其他飞机发生冲突。如果将本机速度矢量设置为指向飞行"禁区"的航向和速度，则是不安全的；反之，如果将本机速度矢量设置在"禁区"之外，则都是安全的。这些约束是由在本机附近飞行的其他飞机造成的，是对本机飞行的"外部"约束（抽象功能）。有了这些信息显示，飞行员可以直接感知到本机是否遇到了麻烦，并可以通过改变速度和 / 或航向摆脱麻烦（广义功能）。如果本机的速度矢量指向区域下方，则意味着其他飞机将从本机前面飞过；反之，本机速度矢量指向区域上方，则意味着本机将从其他飞机的前面飞过。这种显示界面以一种直接感知的方式向飞行员展示了可能出现的后果；其将相对运动的动力学特性进行了可视化呈现（抽象功能），并通过操纵这种相对运动来实现最高层级的功能目的（广义功能）。这样确实做到了"让看不见的东

西现身", 在飞行方式与飞行目的之间建立连接, 使其成为真正的生态界面
(Van Dam, Mulder, Van Paassen, 2008)。

　　通过使用这种显示方法, 我们获得了一些重要见解。如图 7.3A 所示,
状态向量包络表示向飞行员呈现的完整"解决方案空间", 包括原始设计中
所有可能的航向范围和速度范围。飞行员可以借助视觉符号很容易地看到最
佳解决方案——本机速度矢量指向区域外的最小状态变化即为最佳方案, 如
图 7.3C 所示。有趣的是, 当有更多的飞机靠近时, 所有飞机都可能造成"外部"
约束进一步限制本机的运动, 我们称为"解决方案空间被部分占用", 如
图 7.3D 所示。尽管这种方式未必是间隔避让的"最佳方式", 但非常适用
于辅助解决多机间隔保障问题。再次强调, 生态界面设计(EID)并不禁止
使用自动化; 相反, 当飞行员忙于验证某项任务该由自动化代理还是人类最
终负责时, 其很可能是非常必要的自动化透明窗口。请注意, 在生态界面方面,
可视化的内部和外部约束条件是设计自动化系统时必须考虑的限制因素。

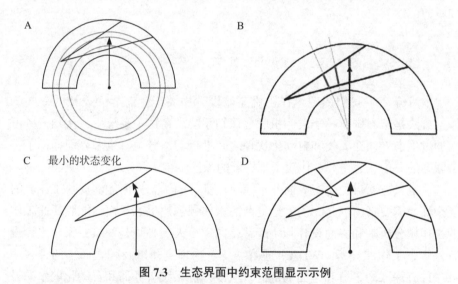

图 7.3　生态界面中约束范围显示示例

　　注: A 显示所有参数的约束范围; B 显示速度的约束范围; C 显示指定的"最佳解决方案",
即最小的状态变化; D 显示多机冲突的约束条件

　　本章开篇时, 我们鼓励大家思考"是否还存在更优的界面设计方法辅助
飞行员更加高效地完成认知任务"。答案为"是的, 它存在"。这种更优
的方法就是人机系统生态界面设计, 该方法抓住了构建人机交互界面和自动
化本质, 使人类和自动化代理能够协同工作。与传统设计相比, 生态设计内
容更加丰富, 并且提供了关于间隔冲突更有意义的信息。这些信息使飞行员

能够更深入地了解本机情况和周围环境，并且通过相对运动的可视化技术让飞行员直接观察行动的可能性以及结果。这有助于飞行员建立了解空中交通状况的意识，意义十分重大！生态界面为飞行员提供了一个窗口，在其中通过可视化嵌套了一组约束，这些约束有助于飞行员了解其在飞行过程中感兴趣的事件，并且有可能允许或限制飞行员的某些操作（Flach，Mulder，Van Paassen，2004）。

生态界面设计的核心是工作域分析（WDA），它有助于让设计师了解将要创建的人机界面的功能及各系统之间的关系，并确定谁将负责完成实际工作，是人工还是自动化，或两者兼而有之。WDA 能够得出工作域中的哪些元素必须通过可视化技术呈现给飞行员，并能够引导设计师探索用于界面设计的最佳信息呈现方式。随后的迭代，包括原型设计和测试，可能会产生新的见解，也可能对之前的呈现内容、方式和界面设计有所调整。我们深刻认识到，WDA 方法的成熟尚需一段时间，而且只有专家设计师才能胜任该领域的工作。

结束语

本章介绍了我们课题组在飞机座舱设计中关于生态界面设计的一些工作。方法是努力构建一个人 – 机联合认知系统。在这个系统中，认知任务可以通过生态界面在人类和自动化代理之间进行动态分配。生态界面提供了一个联合的"信息之窗"，代表了工作域的深层结构。

从定义方面讲，生态界面并不简单，良好的生态界面能够反映工作域的复杂性。需要指出的是，为了给复杂的工作域创建生态界面，能胜任此工作的工作域分析师和界面设计师（通常是同一个人）必须是领域专家。设计没有诀窍，工作域分析（WDA）通常需要对物理定律以及随之而来的许多约束条件有深入的了解和全面的把握，这使人机系统、界面和自动化的生态设计变得比较困难。

在我们实验室，生态界面设计（EID）通常从大量工程分析、建模及对系统各个层次的功能描述开始，然后构建抽象层次结构（AH），再进行多次迭代，迭代过程通常与开发的原型评估相结合。开发原型时，我们把对"问题空间"动力学特性的表征作为第一个原型编程到计算机中，作为分析系统如何"工作"的动态窗口。对"问题空间"动力学特性的表征往往已经非常接近最终设计，其动态变化能够不断帮助我们发现设计思路和所生成的世界模型（world model）是否存在根本错误或不足。"世界模型"在自动驾驶领域被广泛关注，具有理解环境及与环境交互的能力，可以用无监督的方式对周围时空进行表征，并基于时空表征进一步解决具体的问题。

通常情况下，选定"正确"的状态变量和信息呈现方式对成功设计人机交互界面和自动化代理至关重要。针对现代飞机座舱和机上自动化设计出的许多人机界面都是基于我们目前了解的知识和成熟的技术，但这些已知的领域还不够完整。以目前广泛使用的基于小扰动飞行动力学世界模型的自动驾驶仪、自动油门组合设计为例，其实自20世纪70年代初以来，研究者就了解到基于能量的表征实际上更适合用于飞机飞行控制（Lambregts，2013）。这些未更新的系统将在未来几十年内继续运行，那么就会继续导致一系列的人因问题，如情境意识降低、模式混淆等。

我们希望读者能够看到，目前存在的困难主要不在于自动化代理或人类操作员，而在于系统设计中对航空世界模型的不恰当表征。表征塑造了设计人员对航空系统的整体看法，确定了人机界面和自动化代理的开发依据。为了推进航空、自动化和人机界面等技术的快速发展，研究者应致力于分析合适的航空世界模型，创建有意义的人机界面，实现自动化的透明化，探究"人与自动化"交互存在问题的根源并加以彻底解决，而不是仅仅停留在对那些"糟糕"设计所导致的后果进行分析和解释的层面。

致　谢

衷心感谢代尔夫特理工大学航空航天工程学院控制与仿真系，感谢该系所有致力于生态界面设计相关研究的专家同仁！感谢在本章介绍的生态界面设计实验和迭代研究中提供帮助的所有研究生！特别感谢我的同事和朋友勒内·范·帕森，是他激励课题组所有人员积极开展生态界面研究，并一直指导我们前行！最后，感谢本章的审稿专家，感谢他们提出宝贵的意见和建议！

原著参考文献

Amelink, M.H.J. (2010). *Ecological automation design—Extending work domain analysis*, PhD thesis, Delft University of Technology.

Amelink, M.H.J., Mulder, M., Van Paassen, M.M., & Flach, J.M. (2005). Theoretical foundations for a total energy-based perspective flight-path display. *The International Journal of Aviation Psy-*

chology, 15(3), 205–231.

Bainbridge, L. (1983). Ironies of automation. *Automatica*, 19(6), 775–779.

Billings, C.E. (1997). *Aviation Automation—The search for a human-centered approach*. Mahwah, NJ: Lawrence Erlbaum Associates.

Borst, C., Mulder, M., Van Paassen, M.M., & Mulder, J.A. (2010). Theoretical foundations and simulator evaluation of an ecological synthetic vision display. *Journal of Guidance, Control & Dynamics*, 33(5), 1577–1591.

Borst, C., Sjer, F.A., Mulder, M., Van Paassen, M.M., & Mulder, J.A. Ecological approach to support pilot terrain awareness after total engine failure. *Journal of Aircraft*, 45(1), 159–171.

Borst, C., Suijkerbuijk, H.C.H., Mulder, M., & Van Paassen, M.M. (2006). Ecological interface design for terrain awareness. *The International Journal of Aviation Psychology*, 16(4), 375–400.

Chakravarthy, A., & Ghose, D (1998). Obstacle avoidance in a dynamic environment: a collision cone approach. *IEEE System, Man and Cybernetics—Part A: Systems and Humans*, 28(5), 562–574.

De Leege, A.M.P., Van Paassen, M.M., & Mulder, M. (2013). The time-space diagram as an assistance for ATC in monitoring closed path continuous descent operations. *Journal of Aircraft*, 50(5), 1394–1408.

Ellerbroek, J., Brantegem, K.C.R., Van Paassen, M.M., & Mulder, M. (2013). Design of a coplanar airborne separation display. *IEEE Transactions on Human-Machine Systems*, 43(3), 277–289.

Ellerbroek, J., Visser, M., Van Dam, S.B.J., Mulder, M., & Van Paassen, M.M. (2011). Design of an airborne three-dimensional separation assistance display. *IEEE Transactions on Systems, Man & Cybernetics, Part A*, 41(5), 863–875.

Fiorini, P., & Shiller, Z. (1998). Motion planning in dynamic environments using velocity obstacles. *The International Journal of Robotics Research*, 17, 760–772.

Flach, J.M. (2012). Complexity: learning to muddle through. *Cognition, Technology & Work*, 14(3), 187–197.

Flach, J.M., Mulder, M., & Van Paassen, M.M. (2004). The concept of the situation in psychology. In S. Banbury & S. Tremblay (Eds), *A Cognitive Approach to Situation Awareness: Theory and application* (pp. 42–60). Aldershot, UK: Ashgate Publishing.

Gibson, J.J. (1966). *The Senses Considered as Perceptual Systems*, Boston, MA: Houghton Mifflin.

Gibson, J.J. (1979). *The Ecological Approach to Visual Perceptual*. Boston, MA: Houghton Mifflin.

Heylen, F.M., Van Dam, S.B.J., Mulder, M., & Van Paassen, M.M. (2008). Design of a vertical separation assistance display. *Proceedings of the AIAA Guidance, Navigation and Control Conference*, Honolulu (HI), USA, August 18–21, Paper no. AIAA 2008-6969.

Hoekstra, J.M. (2001). *Designing for safety: The free flight air traffic management concept*, PhD thesis, Delft University of Technology.

Johnson, S.L., & Roscoe, S.N. (1972). What moves, the airplane or the world? *Human Factors: The Journal of the Human Factors and Ergonomics Society*, 14(2), 107–129.

Klomp, R.E., Van Paassen, M.M., Borst, C., Mulder, M., Bos, T., Van Leeuwen, P., & Mooij, M. (2012). Joint human-automation cognition through a shared representation of 4D trajectory management.

In *SESAR Innovation Days*. Braunschweig, Germany: SESAR, November 27–29.

Klomp, R.E., Van Paassen, M.M., Mulder, M., & Roerdink, M.I. (2011). Air traffic control interface for creating 4D inbound trajectories, *Proceedings of the 16th International Symposium on Aviation Psychology (ISAP)*, Dayton (OH), May 2–5. Wright State University, pp. 263–268.

Lambregts, A.A. (2013). TECS generalized airplane control system design—an update, In Q.P. Chu et al. (Eds), *Advances in Aerospace Guidance, Navigation and Control* (pp. 503–534). Berlin: Springer Verlag.

Lillo, F., Pozzi, S., Tedeschi, A., Ferrara, G., Matrella, G., Lieutaud, F., Lucat, B., & Licu, A. (2009). Coupling and complexity of interaction of STCA networks, *Proceedings of the EUROCONTROL 8th Innovative Research Workshop & Exhibition*, Paris, France, 2009.

Parasuraman, R., & Riley, V.A. (1997). Humans and automation: use, misuse, disuse, abuse. *Human Factors*, 39, 230–253.

Rasmussen, J., Pejtersen, A., & Goodstein, L. (1994). *Cognitive Systems Engineering*. New York: Wiley-Interscience.

Roscoe, S.N., Corl, L., & Jensen, R.S. (1981). Flight display dynamics revisited. *Human Factors: The Journal of the Human Factors and Ergonomics Society*, 23(3), 341–353.

SESAR Consortium (2007). *SESAR Definition Phase D3: The ATM Target Concept*. Tech. Rep. No. DLM-0612-001-02-00, Eurocontrol, September.

Tielrooij, M., In 't Veld, A.C., Van Paassen, M.M., & Mulder, M. (2010). Development of a time-space diagram to assist ATC in monitoring continuous descent approaches. In M. Mulder, (Ed.), *Air Traffic Control* (pp. 135–148) Rijeka, Croatia: InTech.

Tychonievich, L., Zaret, D., Mantegna, J., Evans, R., Muehle, E., & Martin, S. (1989). A maneuvering-board approach to path planning with moving obstacles. *International Joint Conference on Artificial Intelligence*, Michigan, USA, pp. 1017–1021.

Van Dam, S.B.J., Mulder, M., & Van Paassen, M.M. (2008). Ecological interface design of a tactical airborne separation assistance tool. *IEEE Transactions on Systems, Man & Cybernetics, Part A*, 38(6), pp. 1221–1233.

Van der Eijk, A., Borst, C., In 't Veld, A.C., Van Paassen, M.M., & Mulder, M. (2012). Assisting air traffic controllers in planning and monitoring continuousdescent approaches. *Journal of Aircraft*, 49(5), 1376–1390.

Van Paassen, M.M., Borst, C., Klomp, R.E., Mulder, M., Van Leeuwen, P., & Mooij, M. (2013). Towards joint cognition in air traffic management, *Journal of Aerospace Operations*, 2, 39–51.

Vicente, K.J. (1999). *Cognitive work analysis—Toward safe, productive and healthy computer-based work*. Mahwah, NJ: Lawrence Erlbaum Associates.

Vicente, K. J., & Rasmussen, J. (1990). The ecology of human–machine systems II: Mediating direct-perception in complex work domains. *Ecological Psychology*, 2(3), 207–249, 1990.

Vicente, K.J., & Rasmussen, J. (1992). Ecological interface design: Theoretical foundations. *IEEE Transactions on Systems, Man, and Cybernetics*, 22(4), 589–606.

Wiener, E.L., & Curry, R.E. (1980). Flight-deck automation: Promises and problems. *Ergonomics*,

23(10), 995–1011.

Woods, D.D., & Hollnagel, E. (2006). *Joint Cognitive Systems: Patterns in cognitive systems engineering*. Boca Ratan, FL: Taylor and Francis.

撰稿人介绍

马克斯·穆德（Max Mulder）

Max 分别于 1992 年和 1999 年以优异成绩获得荷兰代尔夫特理工大学航空航天工程硕士学位和博士学位，研究方向为空中隧道视野效应。Max 目前是代尔夫特理工大学航空航天工程学院终身教授兼控制与仿真部负责人，所从事的研究包括控制论及其在人类感知和绩效建模中的应用、认知系统工程及其在"生态"人机界面设计中的应用。

第八章

生态信息系统中的风险感知

简·科曼，克拉克·博斯特，M·M. 凡帕森，马克斯·穆德

荷兰代尔夫特理工大学

在生态信息系统中，经常出现的一个问题是这些系统可能会要求操作人员不断优化方案逼近系统性能的极限，这会导致人们产生生态信息系统不安全的假设。我们认为问题的根源在于工作域建模的对象。大多数生态信息系统在建模时将工作域中的物理结构或因果关系当作建模的对象，忽略了操作人员的意向性结构。许多复杂的社会技术系统同时包含因果约束和意向性约束（即规则、程序和条例），这对保障系统安全运行很有帮助。本章介绍一项研究，该研究通过在生态合成视觉显示界面增加可视化意向性约束，使飞行员的行为、决策和飞行安全都受到了积极影响。我们邀请了 16 名专业飞行员作为被试参加实验，所有飞行员按要求执行地形回避任务（在规定高度避开地形），结果表明，在生态信息系统中增加意向性约束有助于飞行员对地形回避任务有更多的了解，且有助于飞行员在飞行安全和运行效率之间做出更好的权衡，增加机场净空。

研究背景

认知系统工程的生态界面设计（EID）通常被视为开发透明自动化系统的指导框架。其允许人类代理对自动化系统进行监控，并根据具体需要随时重置自动化系统的功能（Rasmussen, Pejtersen, Goodstein, 1994; Vicente, 1999）。生态界面设计的指导原则是让界面显示可能的解决方案域，而不是单个解决方案。它为人工智能提供了平台，使其可以选择一种适合动态情境约束的解决方案，尽管此方案在自动化系统设计中可能很难明确规定。此方法被认为更稳健、更有弹性，虽然在大多数情况下脆弱的自动化设计能够提

供最佳建议，但有时可能面临巨大的失败。

尽管实证研究表明信息辅助工具能够帮助人类更好地理解自动化系统，更好地理解工作域中的物理限制、可能性和相关关系，但人类往往还想在此基础上进一步做出更优甚至突破极限的飞行动作（Rasmussen，1997）。例如研究报道，飞行员在使用其研制的生态合成视觉显示系统时，经常被要求违反最低地形高度，以更好地实现任务目标（Borst，Mulder，Van Paassen，2010），这可能导致人们认为"生态信息系统不安全，会助长飞行员实施风险行为"。

我们对寻求性能极限有着同样的担忧，但我们认为，风险行为与建模系统中工作域分析（WDA）的范围有关，并不是生态界面设计（EID）框架本身所导致的，即大多数生态信息系统主要是模拟工作域的物理结构或因果关系，而忽略了规则、程序和法规等意向性结构（Hajdukiewicz，Burns，Vicente，Eggleston，1999）。

例如，航空安全不仅依赖于飞机上的技术系统，还依赖于通信、协作协议、程序和空域分配等方面的标准化设计。因此当工作域分析的范围主要包括因果约束时，环境中的物理结构将变成受关注的重点，这会导致人们一味追求因果边界而忽略了对事故的防范；另外，如果工作域分析的范围主要包括意向性约束，系统通常会更安全，但因果系统的操作范围可能会受到很大限制，无法有效解决新情况下遇到的问题。生态界面设计（EID）方法可以同时包括因果约束和意向性约束，而且可以根据实际需要调控这两种约束条件的权重。

本章围绕增强型合成显示系统（同时具有意向性约束和因果约束）在地形回避任务中如何塑造飞行员的行为和决策进行探讨，旨在回答以下问题：当飞行员面对因果约束之外的意向性约束时，会做出更好的决策吗？会更好地理解这些决策涉及的风险吗？本章对 Borst 等（2010）报告的实验结果进行了验证，并在此基础上开展了最低安全高度可视化呈现的相关研究。

意向性约束

按照传统方法，显示系统的设计通常由任务和工作分析驱动，以确定显示器需要呈现的信息。这种方法的优点是显示的信息非常契合操作人员执行任务，通常能让操作人员免除太多的脑力劳动；相应的缺点是，显示信息不一定能很好地支持在任务分析中没有提前考虑到的非正常情况。非正常情况通常极为罕见，但如果在航空领域处理不当，可能会造成严重后果。此外，世界模型是一种新的人工智能（AI）技术，设计师在建模时采用的世界模型如果不准确或不完整，也将影响任务分析和最终设计。

生态界面设计（EID）是大约 25 年前引入的一种界面设计框架，旨在弥补任务决策支持系统的部分缺点（Vicente，Rasmussen，1992），其目标是创建一个系统，促进人类的创造力和灵活性，从而解决自动化系统设计中很难提前想到的各类意外情况。生态显示的起点是工作域分析（WDA），通过分析识别系统内部的各种关系和约束——这些关系和约束条件共同决定了如何有效地控制系统。显示器除了提供系统的目标状态外，还显示了完整的行为空间，这使操作员能够适应特定的任务和环境。尽管这可能会稍微增加操作人员的脑力负荷，但有助于其创造性地找到解决意外情况的方法。

工作域分析（WDA）的第一步是确定分析范围。在处理过程控制或飞机运动等动态问题时，工作域分析的内容通常集中在飞机系统的物理结构；但当着眼于航空公司的整体运行情况时，分析重点通常不是物理结构，而更多地放在公司效益和监管方面的意向性约束。

到目前为止，航空生态显示系统的工作域分析大部分集中在因果约束方面（Borst 等，2010；Ellerbroek，Brantegem，Van Paassen，Gelder，Mulder，2013）。我们在对这些显示系统进行实验时可以观察到"操作人员经常在约束条件设置的边界上完成操作"，这是反复出现的一个现象。例如在地形回避实验中，飞行员能够通过生态显示系统回避地形，但有时其在回避地形时保留的空间裕度非常小（Borst 等，2010）。从物理角度看，只要回避了地形就没有问题；但从安全角度看，空间裕度小（低高度）是不利的，因为其几乎没有给操作人员留下容错空间以及对意外事件做出有效反应的时间，例如应对爬升过程中出现的发动机故障。这种边界操作行为会使人们认为生态界面设计（EID）系统可能本质上是不安全的，会引导操作人员突破极限。我们对突破极限的行为感到非常担忧，但这并不是生态信息系统的特性。

上述安全问题只是一个方面，另一方面在于满足因果约束的行为不一定是最优的或期望的行为。在航空系统中，飞行员的决策很大程度地受到规则、条例和程序的影响。为了满足这些要求，工作域分析（WDA）需要包含规则、条例和程序等信息并呈现在显示器上。在对生态信息系统进行实验时发现的安全问题可以归结为操作人员不遵守规则、法规和程序，例如在地形回避任务中，飞行员为了尽可能地完成任务而明显违反最低安全高度限制。因此，工作域分析的范围需要进一步扩展，通过纳入一系列的规则、条例和程序建立意向性约束。意向性约束可以塑造操作人员在工作域中的行为，并对某些行为加以限制。在工作思路方面，意向性约束和基于因果关系的约束相同。

图 8.1 为行为空间抽象示例，图中呈现了操作人员达到目标状态的所有可能方式，分为没有意向性约束（图 8.1A）和有意向性约束（图 8.1B）两种情况。左图为单纯的因果约束行为空间，可以看出只要满足因果约束条件，操作人员可以选择任何行为轨迹（trajectory1 或 trajectory2）。右图是增加了意向性约束的行为空间，从图中可以看出意向性约束限制了操作人员对行为轨迹的选择（仅 trajectory1）。当操作人员在意向性约束边界内（即深色阴影区域）操作时，两组约束条件（即意向性约束和因果约束）都得到满足。对于意向性约束而言，操作人员可以选择忽略；但因果约束始终不能忽略，因为其一直是系统性能的硬限制，并形成事故边界。与之相对应，意向性约束是可以违反的软限制，形成事件边界。

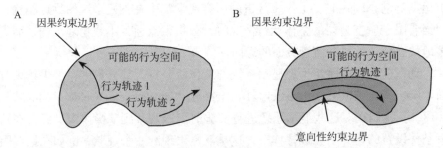

图 8.1　单纯的因果约束行为空间（A）　同时具有因果约束和意向性约束的行为空间（B）

对于一个设计科学的系统，意向性约束能够很好地适应操作人员所执行的任务，并及时处理系统预期运行的所有操作。但在复杂的领域（比如航空领域）中偶尔会发生意外事件，这些意外事件可能会迫使操作人员的行为超出意向性约束的边界。在这种情况下，操作人员必须能够清楚地区分因果约束和意向性约束。例如在设计地图显示系统时，操作人员应该清楚地区分"不宜飞越"的噪声敏感区域和"不能飞越"的无线电发射塔等物理障碍物区域。正常情况下飞行员会选择避开所有需要避开的区域，但在紧急情况下（例如发动机故障），为了增加飞行安全性，飞行员可以忽略噪声敏感区域并选择从该区域飞越，但仍然需要避开无线电发射塔。需要说明的是，飞越噪声敏感区域时不一定出现"全有"或"全无"的情况，飞行员可以寻找一条干扰最小的轨迹以尽量减少噪声的影响。

操作人员必须能够清楚地区分因果约束和意向性约束。如前所述，仅显示因果约束会导致操作人员做出边界寻求行为；如果仅显示意向性约束，会使行为空间减少，继而导致操作人员在面对困境时无法想到某些令人满意的解决方案（例如无法想到通过违反安全规则的软限制解决问题）。

第二类设计限制的例子是目前所有的空客飞机均在使用的飞行包线保护系统。该系统与显示系统无关，其对飞行员的实际操控进行限制，以确保飞机不会超过任何结构限制。在该系统中，飞行员的实际操控只有在发送到飞行控制操纵面之后才能起效。这种系统在大多数情况下运行良好，优点是不会让飞机意外地承受过大的应力。然而 1985 年，中国航空公司一架波音 747 飞机的机组人员遇到了一种情况，他们摆脱急剧俯冲的唯一方法就是让飞机承受很大的应力。这架飞机因为机动而受损，但仍然可以飞行（美国国家运输安全委员会，1985）。在这种情况下，如果执行飞行包线保护系统设计的理论限制，飞机很可能会坠入大海。

这个例子表明，虽然在大多数情况下飞行员应该遵守意向性约束，但有时可能需要违反；而因果约束是需要始终遵守的。鉴于这种情况，我们认为应该向操作人员同时呈现这两种约束并进行明确的区分，让其既可以看到与因果约束相关的必须行为，也可以看到与意向性约束相关的预期行为。这样，操作人员能够在满足意向性约束和 / 或因果约束之间做出良好的权衡。下文通过实验对这一假设进行验证。

实验评估：具有意向性约束的地形感知显示系统

Borst 等于 2010 年推出了一种生态地形感知显示系统，该系统将合成地形与飞机爬升性能相结合进行可视化显示，有助于飞行员在必须进行紧急爬升越过地形表面时能够快速准确地做出决策。通过对爬升性能数据进行可视化显示，使飞机与地形表面碰撞的概率减少到零。同时飞机离地高度显著降低，表明飞行员在安全飞行包线的边缘飞行。如上所述，我们认为该系统将 WDA 的范围仅限于因果约束。

于是，我们对显示系统重新进行设计，增加了一项意向性约束，即最低安全高度。除因果约束之外，通过显示意向性约束，我们预计最小离地高度将增加，飞行员将选择更稳健、更安全的操控策略解决地形冲突。在实验中，将飞行员置于如果不违反意向性约束就难以摆脱困境的情形，我们预计飞行员在必要时会故意违反意向性约束，以满足安全操作的要求。

实验被试

　　7名刚毕业的飞行员和9名商务喷气式飞机飞行员参加了本次实验，其平均年龄为40岁（$SD = 16.13$），平均飞行时间为3 370 h（$SD = 3\ 923.07$）。9名商业飞行员中有4名是荷兰国家航空航天实验室的试飞员，另1名曾是F16战斗机试飞员。之所以选择商务喷气式飞机飞行员，是因为其比航空运输飞行员更习惯于动态和变化的飞行操控；之所以选择刚毕业的飞行员，是因为其尚未形成稳固的、难以改变的操作习惯。

实验设备

　　实验在固定的飞行模拟器上进行，显示设备为18英寸显示器，置于飞行员的正前方。舱外环境由雾和云组成，投影在座舱前壁和侧壁，以此营造运动感。该飞行模拟器由右侧液压侧杆和左侧油门杆控制，油门包含微调开关、自动驾驶开关和水平位置指示器中央按钮。仪表板顶部的模式控制面板用于控制水平姿态指示器的航向。实验采用非线性六自由度塞斯纳172（Cessna 172）型飞控模型，俯仰、滚转和油门指令由飞行员直接控制。为了减小方向舵踏板与实际脚蹬的差距，采用了侧滑控制器以最大限度地模拟侧滑和发动机扭矩的影响。实验中使用了两种不同的性能设置，在正常性能模式下，飞行模拟器在正常的国际标准大气压中运行，性能在各飞行高度均正常；在低性能模式下，飞机性能对应低密度海拔条件的状态，在这种模式下，飞机爬升性能会随着海拔高度的升高而显著下降。在正常性能条件下，最大爬升角始终在7.5°～6°；而在低性能条件下，当爬升到最终高度时，最大爬升角从4.5°下降到1°。

显示器

　　实验中使用的显示器如图8.2所示，其类似于佳明1000综合航电系统（Garmin G1000 NAV Ⅲ），并增加了合成视觉系统（SVS）。图中显示界面上除基准线①外，还增加了三个附加提示（②~④）。飞行路线矢量表示基于几何算法的飞行路径，为飞行员提供飞机当前轨迹的即时反馈。如果飞行路线矢量指向的是合成地形，表示飞机最终会在该位置撞击地面；如果飞行路线矢量指向地形上方，飞机将能够成功回避地形碰撞。飞机满功率运行时的最大持续爬升角由绿色宽条显示（见图8.2中③），该指示用于实时呈现飞机是否能够以最大爬升性能回避地形碰撞。当这条线低于合成地形时，飞行员将无法驾驶飞机越过地形障碍物，必须立即采用不同的机动动作。图 8.2 中②显示的是当前最大持续爬升角，即按照当前功率设置可维持的最大爬升角。有了这个指示，飞行员可以立即获得飞机当前爬升性能的反馈，并在较低功率下爬升时仍能成功回避地形。图 8.2 中①是基准线显示，呈现了地形回避任务的因果约束。

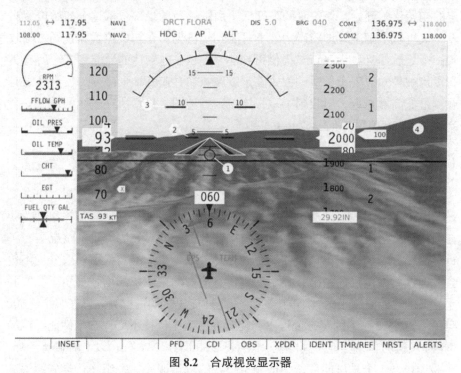

图 8.2　合成视觉显示器

注：①飞行路线矢量；②当前最大持续爬升角；③满功率运行时的最大持续爬升角；④意向性地形约束

在基准线显示模式的基础上增加一个意向性约束图层，用于指示地形上方的最低安全高度（图 8.2 中④）。意向性约束图层的创建方法是将合成地形向上移动，然后将该图层绘制在物理地形后面，用琥珀色区域表示。通过这种方式，该图层与飞行路线矢量的关系就和原始地形一致。如果飞行路线矢量在该图层上方，则表示飞机与地形之间的高度至少为所需的最低安全高度。在显示界面上增加意向性约束图层④的另一个优点是能够提高飞行员对地形的距离感知能力，这在传统合成视觉显示器中是很难做到的。该图层在显示屏上的厚度表示飞机到地形表面的距离，即使厚度和距离之间的关系是非线性的，也可以用于粗略估计地形表面的实际距离。

实验场景

实验中使用的场景包括一个模拟地形和一些狭窄的峡湾，峡湾的底部与海平面平齐，顶部约 3 000 英尺（914.4 m）。飞行员被告知在返回机场的途中飞错了峡湾，当其意识到错误时却发现燃油不足。每次实验都是从一个预定的初始位置开始，该位置的高度低于周围峡湾的顶部。从这个初始位置出发，飞机若不翻越地形障碍物就不可能到达机场。在初始位置和机场之间放置一个导航信标，为飞行员提供可在 3 ~ 5 min 内到达的导航参考。所有飞行员均被告知以安全舒适的方式确定航路点，并避开地形碰撞。飞行员没有收到最低高度指令，但收到了一张该地区的地图，显示所在航线的最低安全高度是 4 000 英尺（1 219.2 m）。

自变量

实验包含 3 个被试内变量，即实验难度、显示模式和飞机性能，每个变量有两个水平，如表8.1所示。实验难度有简单和困难两种情况，如图8.3所示。在简单难度情况下，飞行员有足够直接爬升的空间；在困难难度情况下，飞行员需要立即满功率以最大性能全速爬升，以避免危险。显示模式分为不包含意向性约束图层的基准线显示和包含意向性约束图层的增强显示。在实验中，飞机性能使用了两种不同设置，一是性能正常的情况，飞机在整个 4 000 英尺（1 219.2 m）的爬升过程中，爬升性能几乎保持不变；二是性能降低的情况，飞机的爬升性能不断降低，当超过 2 500 英尺（762 m）以上时显著下降。实验还包含 1 个被试间变量，即显示模式的测试顺序，一组飞行员先使用基准线显示完成 8 次飞行，然后使用增强显示再完成 8 次飞行；另一组飞行员先使用增强显示完成 8 次飞行，然后使用基准线显示再完成 8 次飞行。

表 8.1　自变量条件概述

飞行条件	任务难度	显示模式	飞机性能
简单任务 / 正常性能	简单	基准线显示	正常
	简单	增强显示	正常
困难任务 / 正常性能	困难	基准线显示	正常
	困难	增强显示	正常
简单任务 / 低性能	简单	基准线显示	低
	简单	增强显示	低
困难任务 / 低性能	困难	基准线显示	低
	困难	增强显示	低

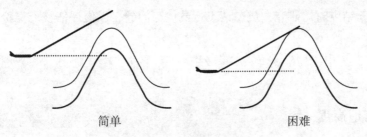

图 8.3　实验难度示例

注：左图为简单难度，有足够的空间，飞行员可以很轻松地直接爬升；右图为困难难度，飞行员需要立即以最大爬升角爬升

因变量

因变量是对飞行员的行为进行量化的 3 个客观指标，采用最小离地高度和违反该高度的次数衡量是否安全，采用最终飞行高度衡量程序是否合规。除了这 3 个客观衡量指标外，在每次飞行过程中记录下飞行员的决策。每次飞行后，邀请飞行员对其决策和策略做出详细的反馈。

实验程序

飞行员在实验正式开始前先练习，通过在练习场景中自由飞行可以充分了解显示系统的功能并熟练掌握飞行操作和塞斯纳 172 型飞控模型。练习过程中不对飞行员进行特定的任务培训，只是让其熟悉相关操作和功能，待所有飞行员熟练掌握所有操作和功能后，实验就正式开始了。

将 18 名飞行员随机分为 A、B 两组，A 组先使用基准线显示模式，后使用增强显示模式，B 组顺序与 A 组相反。结果是 2 名飞行员未能完成所有实验，最终导致 B 组 7 名、A 组 9 名飞行员完成。每名飞行员在两种显示模式下各完成 8 次不同条件的飞行（任务难度 2 种、飞机性能水平 2 种，各重复 2 次）。为避免实验结果受到飞行条件顺序的影响，8 次飞行顺序采用拉丁方矩阵随机分配，两组被试分别使用不同的拉丁方块。实验结束时共收集了 256 个（16×8×2）数据样本。

飞行员被要求在每次飞行开始前都要将油门回置到慢车位。飞行开始后，自动驾驶仪将在最初的 5 s 内自动保持高度和速度。在此期间，飞行员被要求全面观察任务情况，待自动驾驶仪断开后，飞行员必须按下按钮确认断开连接，并驾驶飞机飞往导航信标。一旦飞机离信标足够近，飞行任务就结束，飞行员需对飞行过程中采取的策略做出详细的反馈。

实验结束时，研究人员邀请飞行员填写问卷，以便评估整个实验。

结　果

最小离地高度

对 8 种飞行条件（每种条件重复 2 次）共计 16 架次飞行的最小离地高度分别进行统计，如图 8.4 所示。从图中可见，在增强显示模式下，最小离地高度的分布范围减小，下限向 1 000 英尺（304.8 m）靠近，主要结果如下。①从简单任务 / 正常性能条件的两次重复可以看出数据有相当大的变化，但在包含意向性约束的增强显示情况下，除了 1 名飞行员选择在 500 英尺（152.4 m）以下飞行外，其他所有飞行员的最小离地高度都远高于 900 英尺（274.32 m）。唯一低于 500 英尺（152.4 m）的飞行员在飞行后也表示有必要在接下来的飞行中增加高度。②在困难任务 / 正常性能条件下，当显示

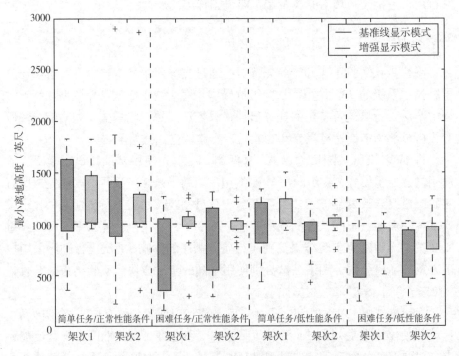

图 8.4　8 种飞行条件（各重复 2 次）下的最小离地高度

注：虚线范围表示［下四分位数 −1.5 四分位距（IQR）］和［上四分位数 +1.5 四分位距（IQR）］之间的范围

模式为不包含意向性约束的基准线显示时，最小离地高度的分布较大，下限为 500 英尺（152.4 m）甚至更低。当显示模式为包含意向性约束的增强显示时，情况发生了显著变化，最小离地高度聚集在 1 000 英尺（304.8 m）的顶部，少数异常值除外。③在简单任务/低性能条件下也显示类似的结果，最小离地高度的分布更加密集，通常在 1 000 英尺（304.8 m）以上。④最后在困难任务/低性能条件下，两次重复分布范围的变化小于前三种条件下的变化，且第二次重复时明显向 1 000 英尺（304.8 m）靠近。

为了简化分析，研究人员依次对每名飞行员在 8 种飞行条件下的两次重复数据计算平均值，得到每名飞行员的 8 个数据点，并对这 8 个数据点进行重复测量方差分析（ANOVA）。对重复飞行两次的实验结果取平均值不会过度扭曲实验结果，因为大多数飞行员在两次重复飞行之间表现出合理的一致性。方差分析表明，显示模式对最小离地高度有显著影响 $[F(1,14) = 5.44, P < 0.05]$，但未发现任务难度和飞机性能与显示模式之间存在明显的交互作用。

在实验后的问卷调查中，1 名飞行员表示在不包含意向性约束情况下采用的策略受到了其启用意向性约束的经验影响。对显示模式的顺序进行方差分析，结果未见显著影响 $[F(1,14) = 0.687, P = 0.064]$，但接近于 $P = 0.05$ 的显著水平。如果未来增加样本量对更多飞行员开展实验研究，可能会进一步揭示显示模式的深度影响。

任务难度和飞机性能对最小离地高度有显著影响，其中任务难度 $[F(1,14) = 23.446, P < 0.01]$，飞机性能 $[F(1,14) = 15.332, P < 0.01]$。这证实了随着飞机性能下降和任务难度增加，飞行员感觉到任务变得更加困难。

违反最小离地高度的次数

图 8.5 显示了两个高度的情况，一个高度是 1 000 英尺（304.8 m），即既定的安全高度；另一个高度稍低，为 900 英尺（274.32 m），用于统计轻微违规行为。统计分析表明，在简单任务条件下，两种显示模式（即基准线显示和增强显示）之间有明显区别，当最小离地高度为 900 英尺（274.32 m）时，飞行员在增强显示条件下违规的次数明显下降，违规率下降到 1/32，而且飞机性能无论在正常还是低性能时都相同；在困难任务条件下，当出现包含意向性约束的增强显示时，飞行员的违规行为也会减少，但差异不如简单任务条件显著。

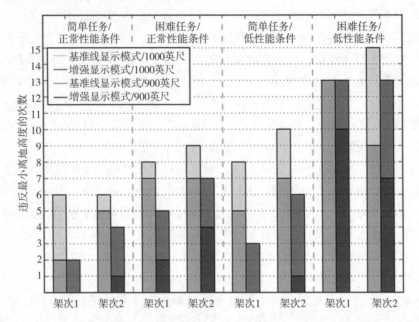

图 8.5　8 种飞行条件（各重复 2 次）下违反最小离地高度的次数

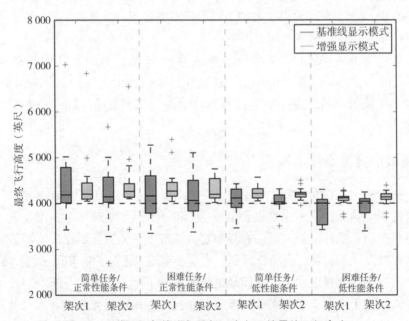

图 8.6　8 种飞行条件（各重复 2 次）下的最终飞行高度

注：虚线范围表示 [下四分位数 −1.5 四分位距（IQR）] 和 [上四分位数 +1.5 四分位距（IQR）] 之间的范围

最终飞行高度

图 8.6 显示了所有条件下实验结束时的最终飞行高度。平均地形高度为 3 000 英尺（914.4 m），那么，按照 1 000 英尺（304.8 m）的安全高度计算，4 000 英尺（1 219.2 m）则为地形上方的最低安全高度。分析结果表明，实验结束时，大多数飞行员的飞行高度都在 4 000 英尺（1 219.2 m）或以上。但在困难任务 / 基准线显示模式下，因为缺少意向性约束的显示，许多飞行员的最终飞行高度在 4 000 英尺（1 219.2 m）以下。在包含意向性约束的增强显示模式下，除少数异常值外，所有飞行员的最终飞行高度都在 4 000 英尺（1 219.2 m）以上；并且与基准线显示模式相比，其最终飞行高度的分布范围要小得多。

适应性策略

研究者不要求飞行员采用特定的策略，因此在实验过程中，飞行员采用了多种不同策略。为了分析飞行员在增强显示模式下的策略变化，我们在统计数据时根据飞行员使用的策略对时间进程进行明确标记。关于策略，我们邀请飞行员从飞行轨迹、飞机功率与爬升角两个方面进行阐述。结果表明，飞行员普遍采用以下 5 种飞行轨迹策略：①直线飞行直到避开地形碰撞；②直接飞向导航信标；③绕轨道飞行直到避开地形碰撞；④转向地形的最低点；⑤飞行中保持与山脊平行。在飞机功率与爬升角策略方面，飞行员主要采用了 3 种不同的策略：①以最大爬升角全速爬升；②以足够的功率爬升，以达到高于地形表面的边缘；③按照实际需要的功率爬升，将爬升角保持在地形上方。

针对飞机性能处于正常和低性能两种情况，比较飞行员在增强显示模式下的策略变化，结果表明，差异无统计学意义。对于简单任务，所有飞行次数大约有 20% 出现了水平轨迹的改变，大约有 29% 采用了另一种策略，即通过控制飞机功率和爬升角保持飞行路线矢量恰好位于地形上方。并非所有的飞行轨迹变化都可以归因于增加了意向性约束，即增强显示模式。一方面，在某些情况下，飞行员没有明确反馈其使用不同策略的原因。另一方面，由于飞行员主动使用意向性约束选择发动机功率和爬升角，导致发动机功率和飞行路线的变化都直接受到了意向性约束的影响。

对于困难任务，飞行员在增强显示模式下对策略变化的方式大不相同。飞行员在 40% 的飞行中因为受到意向性约束而改变了飞行轨迹，具体观察到的策略变化可分为两部分：一部分飞行员积极搜索意向性约束的最低点，并将飞机引导到最低点；另一部分飞行员通过使用意向性约束确定之前的策略不起作用，并迅速转换到新的策略。在飞机功率设置方面，所有飞行员在飞行中都使用了最大功率和最大爬升角，未观察到策略变化。

问卷数据

实验结束后，我们邀请每名飞行员回答 4 个问题，关于他们在模拟飞行中使用增强显示（即包含意向性约束）的体会。第一个问题是"在显示屏上增加意向性约束，是否会使地形回避任务更加清晰"。调查结果表明，在完成实验的 16 名飞行员中，有 14 名对该问题做出了肯定回答，主要原因是增强显示模式提高了飞行员的态势感知能力，有助于其更好地感知地形上方高度，而且减轻了其在规划地形回避机动时的心理负担；1 名飞行员表示，增强显示模式使实验任务的限制性更强；另 1 名飞行员表示，增加意向性约束会分散注意力，所以主动忽略这些附加信息。

第二个问题是"意向性约束是否改变了飞行员的策略"。12 名飞行员做出了肯定回答，大多数人表示，意向性约束的附加信息能够使其快速发现地形的最低区域，并且实时提供了关于达到安全高度所需的发动机功率，对飞行员很有帮助。其中有 1 名飞行员还指出因为喜欢较低的高度，特意将飞行路线矢量放在意向性约束图层中，恰好能够提供满足该高度所需的俯仰角。另外 4 名飞行员做出了否定回答，其中 2 名表示虽然没有改变策略，但其使用了意向性约束图层提供的附加信息对自己的策略进行确认。

第三个问题是关于安全性的。除了 1 名主动忽略意向性约束信息的飞行员之外，其他人都认为在包含意向性约束的增强显示模式下，感觉安全性提高了。这主要是因为在显示屏上清晰地呈现出了安全裕度，让飞行员能够直接评估涉及的风险。1 名飞行员指出增加程序性约束可以避免其随意猜测。

第四个问题是"是否认为有关增强显示的程序性补充对飞行员决策有辅助作用"。除了 1 名主动忽略的飞行员之外，其他都做出了肯定回答，这与之前三个问题的答案相吻合。

讨　论

为了更深入地了解最小离地高度的变化，图 8.4 呈现了每种飞行条件下所有飞行员的最小离地高度值，图 8.5 呈现了飞行员违反最小离地高度的次数。在简单任务/正常性能条件下，当启用增强显示模式时，除 2 名飞行员外，其他都保持在最小离地高度 1 000 英尺（304.8 m）以上飞行。这 2 名飞行员中，有 1 名将飞行高度下降到了 500 英尺（152.4 m）以下，实验后报告是自己主动忽略了增强显示所提供的附加信息；另 1 名飞行员违反了最低安全高度，将飞行路线矢量控制在非常接近意向性约束图层，导致非常短暂的偏离，刚好低于最小安全高度。很明显，通过实验数据以及飞行员在实验后的反馈，我们发现只要飞机性能和空间裕度允许，飞行员就会将显示屏上的意向性约束图层（琥珀色区域）视为实际地形，并设法加以回避。

在困难任务/正常性能条件下，飞行员也选择了同样的策略，更倾向于在启用增强显示模式的情况下达到最小安全高度。与简单任务/正常性能条件相比，飞行员的违规次数更多，但除一次严重违规外，其余都是轻微违规行为。飞行员通过飞向意向性约束图层的顶部，在损失少量高度的情况下选择更快的路线前往机场，这是明智的选择。

在低性能条件下，我们观察到的整体趋势与正常性能条件相同。低性能条件下的主要困难是飞机的爬升性能在爬升过程中显著下降。部分飞行员没有注意到最大爬升性能和意向性约束图层之间没有足够的裕度，但即使在这种情况下，约束图层也提供了信息，表明其接近最小安全高度的顶部，能够以相对安全的方式继续飞行。

数据分析显示，在基准线显示模式下，一些飞行员的飞行高度小于 500 英尺（152.4 m）。如上文所述，其中 2 名飞行员事后报告这是其考虑之后的选择，而其他飞行员不知道实际高度。如果不计算故意违规行为，飞行员大约有 10 次在毫无觉察的情况下飞到了 500 英尺（152.4 m）以下。这一数字仅为 Borst 等（2010）在生态地形感知显示实验中报告的 1/3。造成这种差异的主要原因可能是在本实验中飞行员有更多的自由度，而在之前的实验中，飞行员被要求尽可能直线飞行。

如图 8.6 所示，意向性约束对最终飞行高度的影响也值得关注。虽然飞行员的目标高度肯定是 4 000 英尺（1 219.2 m），但在基准线显示模式下，最终有相当一部分飞行员的飞行高度偏低。启用增强显示后，大多数飞行员的最终飞行高度在 4 000 英尺（1 219.2 m）以上，仅有 5 名飞行员低于目标高度。在显示屏上，只要地平线以上还显示一小部分意向性约束图层，就表明仍有最小离地高度不到 1 000 英尺（304.8 m）的地形，飞行员就会倾向于继续爬升，直到意向性约束图层低于地平线。在没有意向性约束图层的情况下，一些飞行员选择略低于 4 000 英尺（1 219.2 m）的高度，可能是一旦飞机不再受到实际山脊的阻碍，显示屏上的大部分视觉反馈信息都将消失，情况的紧迫性就会降低。在增加了对意向性约束图层的显示后，只要最小离地高度小于 1 000 英尺（304.8 m），该图层就一直清晰地呈现在显示屏上。

在增强显示模式下，飞行员调整策略的方式取决于任务难度。在简单任务条件下，最明显的适应性策略是飞行员直接使用意向性约束图层提供的信息确定发动机功率和相应爬升角，从而在尽可能节省燃油的同时以预期的裕度回避地形；飞行员也可以使用附加信息对自己的策略进行确认。与相应的基准线显示模式相对比，部分飞行员表示增强显示模式让其感到更加自信，对安全裕度的把握也更加准确。部分飞行员并没有改变最后的策略，而使用意向性约束图层对自己的策略进行微调。例如，部分飞行员虽然遵循相同的策略，在转向导航信标之前直接爬升到 4 000 英尺（1 219.2 m），但在增强显示模式下，其会进一步使用意向性约束图层作为线索决定具体在什么时刻开始转向导航信标。

在困难任务条件下，因回旋余地较小，飞行员必须充分应用所有可用的功能。在这种情况下，飞行员通过将意向性约束图层提供的信息与飞机最大爬升性能相结合，能够立即对自己的决策进行评估。利用这些附加信息，部分飞行员会改变策略，例如开始做爬坡转弯动作；部分飞行员则仍然坚持原来的策略，但会使用意向性约束图层作为线索，通过将飞行路线矢量保持在图层之外或至少在图层顶部以最大限度地增加高度，这样做虽然牺牲了少量高度，但其能够清楚地评估这种违规行为可能带来的影响；最后，还有部分飞行员使用意向性图层引导飞行路线朝向图层的最底部，将最小离地高度保持在接近（或略高于）1 000 英尺（304.8 m）。

很明显，通过对飞行员反馈和问卷调查结果进行分析，可以清楚地看出，大多数飞行员在解决地形冲突问题时使用了增强显示所提供的附加信息改善（或改变）策略。虽然每名飞行员将附加信息纳入策略的方式可能不同，但其都表示，附加信息增强了其对手头任务的分析和认识。

我们在实验中发现，当前的意向性约束表征存在一个缺点。一旦飞行员飞到最低安全高度以下，显示屏的整个顶部就会填满琥珀色。那么如果发生这种情况，飞行员就无法直观地感知到"靠近意向性约束图层顶部的轻微违规"与"靠近地形的严重违规"之间的区别。为解决这一问题，未来可以使用不同深浅度的琥珀色表示不同的违规程度。

本章介绍的实验为可视化意向性约束的用途提供了一些见解。飞行员可以采用不同的策略自由选择自己喜欢的解决方案，但大多数人在决策时都利用了意向性约束所提供的额外信息。部分飞行员利用额外信息验证自己原先的策略，部分飞行员利用额外信息对原先的策略进行微调，还有部分飞行员则因为这些额外信息完全改变了原先的策略；所有都基于意向性约束的可视化。通过图表、文字或其他方式将信息明确清晰地呈现给飞行员，让其能够立即专注于使用这些信息，而不是在脑海中对所有的信息进行拼凑。

与上述情况相一致的是，飞行员能够使用通过精心计算才能得出的完美策略。例如部分飞行员为了缩短飞行路线，会在最低安全高度方面采取轻微的违规行为——将飞行路线矢量控制在意向性约束图层，但接近顶部。通过这种方式，其可以确定自己在地形上方仍有足够的空间。如果没有意向性约束图层，飞行员要想得出策略就必须借助地图和导航信标先确定准确位置，再计算飞机的爬升性能，并检查性能是否足够。这些计算和检查非常耗时，飞行员不可能在短时间内快速做出决策。

数据分析结果表明，本实验采用的增强显示模式能够巧妙地将飞行员引导到预期的高度范围。飞行员事先只了解显示器的工作原理和所呈现信息的类型，并不明确知道一定不要飞到意向性约束图层，虽然没有明确的指令，但绝大多数飞行员自然地倾向于将飞行高度控制在意向性约束图层之上。

结　论

本实验旨在研究除了因果约束之外，可视化意向性约束是否有助于飞行员做出更好的决策。针对实验具体内容，更好的决策意味着尽可能地遵守最低安全高度。这一实验假设通过对飞行高度的客观分析得以证实：将增强显示模式与基线显示模式进行比较发现，飞行员在增强显示模式下确定的最小离地高度明显增加。将最低安全高度可视化，有助于飞行员更好地遵守意向性约束，也有助于其在飞行安全和运行效率之间做出更好的权衡，这也证实了我们在实验前提出的假设。

综上，我们得出结论，增加意向性约束可以塑造飞行员的行为，并可以让其在操控飞机时从遵守物理约束转变为遵守意向性边界。

致　谢

衷心感谢参加实验的所有飞行员，感谢其为本研究付出了大量的时间和努力，并提出了非常专业和宝贵的反馈意见。

原著参考文献

Borst, C., Mulder, M., & Paassen, M.M. van. (2010). Design and simulator evaluation of an ecological synthetic vision display. Journal of Guidance, Control, and Dynamics, 33(5), 1577–1591.

Ellerbroek, J., Brantegem, K.C.R., Paassen, M.M. van, Gelder, N. de, & Mulder, M. (2013). Experimental evaluation of a co-planar airborne separation display. IEEE Transactions on Human-Machine Systems, 43(3), 290–301.

Hajdukiewicz, J.R., Burns, C.M., Vicente, K.J., & Eggleston, R.G. (1999). Work domain analysis for intentional systems. Proceedings of the Human Factors and Ergonomics Society Annual Meeting (43), 333–337.

National Transportation Safety Board (1985). Aircraft Accident Report. (NTSB/ AAR-86-03) Washington DC.

Rasmussen, J. (1997). Risk management in a dynamic society: A modeling problem. Safety Science, 27(2), 183–213.

Rasmussen, J., Pejtersen, A.M., & Goodstein, L. (1994). Cognitive Systems Engineering. Hoboken, NJ: Wiley-Interscience.

Vicente, K.J. (1999). Cognitive Work Analysis. Mahwah, NJ: Lawrence Erlbaum Associates, Inc.

Vicente, K.J., & Rasmussen, J. (1992). Ecological interface design: Theoretical foundations. IEEE Transactions on Systems, Man and Cybernetics, 22(4), 589–606.

撰稿人介绍

克拉克·博斯特（Clark Borst）

　　Clark 于 2004 年以优异的成绩获得荷兰代尔夫特理工大学理学硕士学位，研究方向为座舱控制 / 显示增强系统的设计和评估，目的是为飞行员完成曲线进近提供辅助支持。他于 2009 年获得博士学位，研究方向为飞行员地形感知的生态学方法。Clark 目前任荷兰代尔夫特理工大学航空航天工程学院控制与仿真系的助理教授，主要研究生态信息在飞机座舱和空中交通管制系统中的应用设计和评估。

简·科曼（Jan Comans）

　　Jan 于 2009 年获得荷兰代尔夫特理工大学理学硕士学位，从事基于 SIMONA 科研型六自由度飞行模拟器的视觉延迟研究。Jan 于 2016 年获得博士学位，研究方向为生态信息系统中的风险感知及飞机座舱生态信息系统的设计与评估。

马克斯·穆德（Max Mulder）

Max 分别于 1992 年和 1999 年以优异成绩获得荷兰代尔夫特理工大学航空航天工程硕士学位和博士学位，研究方向为空中隧道视野效应。Max 目前是代尔夫特理工大学航空航天工程学院终身教授兼控制与仿真部负责人，所从事的研究包括控制论及其在人类感知和绩效建模中的应用、认知系统工程及其在"生态"人机界面设计中的应用。

M·M. 凡帕森（M. M（René）Van Paassen）

René 于 1988 年以优异成绩获得荷兰代尔夫特理工大学理学硕士学位，于 1994 年获得博士学位，硕博期间的研究方向都是飞行员手臂神经肌肉系统。此后，他成为德国卡塞尔大学工业技术基础研究计划（Brite/EuRam）研究员，并在丹麦技术大学完成博士后研究工作，研究方向是过程控制动力学方法和目标可视化。René 目前是代尔夫特理工大学航空航天工程副教授，研究飞行模拟和人机交互，涵盖从人类感知、手动控制到复杂认知系统的一系列问题。René 是《IEEE 人机系统汇刊》杂志的副主编。

第九章

文本通信对机组人员
沟通与协同的影响

南希·J.库克，美国亚利桑那州立大学

克里斯托弗·W.迈尔斯，美国空军研究实验室

普拉尚特·拉吉万，美国亚利桑那州立大学

　　团队或机组人员之间的沟通在航空领域的重要性早已得到业内认可，机组人员沟通障碍被认为是航空事故的重要原因之一。机组人员之间的沟通对于执行飞行程序、共享情境意识并及时做出有效决策至关重要（Kanki, Folk, Irwin, 1991; Kanki, Foushee, 1989）。研究者开发了"人因分析和分类系统"（HFACS）作为分析航空事故中人因问题的工具，并利用其对美国民航在1990—1996年发生的事故进行了分类，结果发现近30%的事故与机组资源管理不善有关（Wiegman, Shappell, 2001）。机组资源管理是一种针对人的因素的训练方法，是利用一切可获得的资源（人、设备和信息），通过防止或管理机组人员失误改善飞行安全，旨在满足机组人员之间的有效沟通及其他任何形式的互动需求。

　　机组协同与顺畅沟通密不可分，涉及将信息及时有效地从团队中的一个成员传递给另一个成员，这通常需要通过明确的沟通实现（Gorman, Amazeen, Cooke, 2010）。要达到高效的机组协同，团队成员沟通的时机至关重要，时机延误可能会造成严重后果。例如，当自己驾驶的飞机可能与航线上的另一架飞机发生碰撞时，机组人员应尽早进行沟通。

　　沟通和协同是发生在团队层面的重要认知过程（Cooke, Gorman, Myers, Duran, 2013），这些认知过程可以被训练，也可以通过技术来促进或者被阻碍。在某些航空环境中，文本通信技术的应用日益增多，本章重点关注文本通信对机组人员认知过程的影响（Cummings, 2004; Heacox, Moore, Morrison, Yturralde, 2004）。尽管语音沟通仍然是民用和商用航空

的首选通信方式，但对于无人驾驶航空器系统的地面控制，文本通信已成为通信中的首选方式（Hamilton，Cooke，Brittain，Sepulveda，2013）。

无人驾驶航空器系统（UAS，又称无人飞机系统）并非无人驾驶，而是由数十名地面人员远程操作（Cooke，Pringle，Pedersen，Connor，2006）。对于不同无人飞机系统，操作平台和相应操作程序各有不同。一般而言，地面控制站包含不同的角色，主要有飞行员或飞行器操作员（AVO）、传感器或有效载荷操作员（PLO）以及任务规划员或导航员（DEMPC）。其彼此之间不仅需要密切沟通，而且需要与整个无人飞机系统中的其他人员（如情报分析员、传感器数据开发人员、任务指挥官、气象员和设备维护员等）密切沟通。无人飞机系统发生的事故很大一部分归因于机组人员沟通障碍和协调不力，这与载人航空的情况一样（Tyvaryanas，Thompson，Constable，2006）。

在目标航路点（例如需要拍照的位置），机组人员之间需要进行大量沟通。下面以作者所在实验室的某一种无人机模拟器为例，该无人机在拍摄目标时，机组人员需要围绕以下 3 项内容进行沟通。

（1）按照任务计划，对需要传递给飞行员的目标信息进行协商。

（2）飞行员和传感器操作员围绕摄像机参数设置进行协商，根据飞行器最新状态（高度、速度等）设置摄像机参数。

（3）传感器操作员向团队其他成员反馈已拍摄的好照片。

研究者为这种协同模式构建了动态系统模型，并通过实证研究证明该协同模式与机组的整体绩效相关（Gorman 等，2010）。在上述实验室范例中，机组人员佩戴耳机，配备具有一键通按钮的对讲机进行语音通信，可根据需要选择希望交流的一个（或多个）队友进行沟通。在最近的研究中，我们将文本通信作为一种新的通信方式引入了实验室。在军事无人机行动中，这种通信方式越来越受到欢迎；事实上，包括空中作战中心在内的很多军事环境对文本通信的需求也日益增加，这些作战环境对时间要求非常高，包含时间敏感目标（Weil，Duchon，Duran，Cooke，Winner，2008）。此外，使用文本通信模式有助于与团队成员进行良好互动（Ball 等，2010）。通过设置，机组人员可以在一组聊天窗口中进行文本通信，每个窗口专用于某一特定功能。事实上，在大多数情况下机组人员通过多个窗口进行交互，一次可能打开 5 个（或更多）聊天窗口（Hamilton，Brittain，Cooke，Sepulveda，2013）。

文本通信在很多军事环境中的使用越来越频繁，因此机组人员加强了解这种通信方式对团队沟通和协同的影响非常重要。本章将主要探寻与传统的语音通信相比，文本通信对团队效率产生的影响。我们通过 3 种方式来寻找答案。

（1）通过对电子文本聊天语料库进行分析，定义基于文本通信的特征。

（2）开展文本通信与语音通信的实证研究。

（3）构建基于 agent 的模型，将文本通信与语音通信进行比较。

文本通信的特征

鉴于机组通信方式正从单纯语音对话转变为文本通信和语音对话相结合，设计人员必须充分考虑文本通信的特征，主要包括沟通持续的时间变长、信息变得更加简洁、有些对话并不同步，且与语音对话相比，信息保留的时间更长但信息量可能相对贫乏，例如缺乏语气、语调等信息。

通过文本形式传播信息花费的时间较口头沟通更长，因为文本信息在生成、阅读和领会等认知加工环节都需要时间；而且文本通信本质上是不同步的，只要将信息发送到聊天窗口或电子邮件收件箱等，接收人就可以在有效期内的任何时间读取信息。口头交流具有实时性，通常在相互交流时接收信息，可能的例外情况是通话人一边交流一边记录，事后再对信息进行二次加工。

与口头交流相比，文本通信传递的信息保存时间更长。比如信件可以反复阅读，聊天窗口和电子邮件中的一些重要信息可以通过搜索关键词的方式随时找到从而避免被遗忘。虽然在文本通信中信息保存的时间更长，但所传递的信息量不如口头表达丰富（Lengel，Daft，1988）。例如在文本通信中，语气和语调通常很难被准确传达，而通过语音通信人们可以很快理解语调包含的意义。

与所有通信方式一样，文本通信受自身特征的约束，约束条件可能与语音通信一样，也可能不一样。因此在执行某些任务时，文本通信可能比语音通信效果更好，当然反过来也一样。例如，在对时间要求非常高且需要多部门协调才能实现目标的关键任务中，文本通信可能会导致协调过程减慢，以至于无法实现目标。比如研究者发现在传达空间信息时，语音通信优于文本通信（Fu，D'Andrea，Bertel，2013）。但是在某些情况下，文本通信的效果更优，甚至可以取代语音通信。比如，在执行任务中需要围绕拟摧毁的目标进行沟通，这种情况对通信清晰度（传输清晰度及信息本身的清晰度）和通信瞬时性（消息对接收者可用的时间）的要求非常高，宜采用文本通信。

文本通信语料库分析

下文将对在无人机模拟任务环境中收集的文本通信信息进行分析，以探讨这些信息是否存在规律性。任务小组包括 3 名队友（飞行员 AVO、导航员 DEMPC、摄影师 PLO），任务内容是成功拍摄侦察目标。在任务中，PLO 和 DEMPC 被告知 AVO 有两种情况，一个是在场外（即与他们不在同一地点）工作的真人，另一个是计算机合成的非人类队友。任务小组执行了 5 次任务（试次 5 ~ 9，前 4 次为练习），每次任务的持续时间均为 40 min，队友之间需要互相沟通合作才能完成任务。鉴于任务的结构特点，团队可能存在通信重叠，但这种重叠情况实际发生的可能性很小，因为只要是文本通信，实验被试就可以选择在合适的时间交流。

统计结果中，PLO、DEMPC 和 AVO 之间发送的通信数量总计为 11 625 条；与被告知 AVO 是合成队友的团队（$M = 111$；$SD = 36$）相比，被告知 AVO 是在场外工作的真人飞行员团队（$M = 104$；$SD = 47$）发送的消息平均要少一些，但未达到统计学显著差异。此外在 5 次任务中，团队发送的信息数量不同，但也未达到统计学显著差异（见图 9.1）。在团队中不同角色（例如飞行员 AVO、导航员 DEMPC、摄影师 PLO），发送信息的数量会有差异；当经验丰富的导航员和摄影师被告知 AVO 是合成队友或场外工作的真人飞行员时，两种情况下发送的信息数量似乎没有差别。以上结果表明，文本通信数量随不同团队条件和团队成员的经验水平而变化。

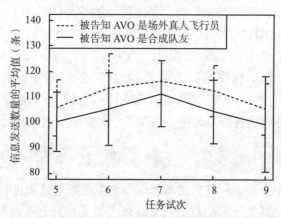

图 9.1　实验过程中发送的信息数量

注：图中标注了两类标准误差（SE），"十"表示均值的标准误，"」「"表示两种实验条件下标准误的重叠部分

　　考虑到任务性质以及在实验中被试对文本的组织能力，文本信息可以通过无数方式进行传达。例如，如果导航员想共享某个航路点及有效半径、速度和高度限制等相关信息，一种表达方式可以是"LVN 的有效半径为 5，速度限制为 200，高度限制为 1 500"，而另一种关于航路点有效半径和速度、高度限制的信息可以表达为"H–REA/er=2.5/s=100/alt=2 000"。为有效处理文本通信分析中的一些变化，我们使用规则化表达式对文本的各个方面进行规范和约束，要求在保留信息结构的同时，对任务相关信息（例如航路点名称、限制值等）进行差异化表达。因此第一条信息将修改为"_Wpt（航路点）具有 _N（单位名称）的半径、_N（单位名称）的速度限制，_N（单位名称）的高度限制"的形式，第二条信息将修改为"_Wpt（航路点）/_ 半径等于 _N（单位名称）/速度等于 _N（单位名称）/高度等于 _N（单位名称）"的形式。这是一种对信息进行规则化处理和分组以确定信息类型的方法。

　　使用这种方法对信息进行处理和统计，共得到 7 527 条规则化信息，使语料库从最初的 11 625 条信息减少了 35%。其中，包含 10 个以上相同结构的规则化信息为 2 572 条，信息总数为 11 625 条，可见大约 22% 的信息以相同结构被发送了 10 多次；包含多个（≥ 2）相同结构的规则化信息为4 992 条，占信息总数的 43%，可见约 43% 的信息结构被多次使用。因此，在发送的所有信息中，约 57% 的信息具有独特的结构。这些结果一方面证明了文本通信的可变性特征，另一方面也充分表明对于那些被重复使用的高频率信息，其结构和语法具有重要潜力。

　　在本研究中，我们发现如果仅考虑使用频率最高的前 10 种信息结构，虽然每种结构的出现率不同，但几乎所有信息都与任务相关。例如最常用的信息是表示肯定或确认（即 _Affirm；"Copy"，"Yes"，等等），在语料库中出现了 547 次。据统计，"肯定或确认"有 31 种不同的表达方式，其中"Roger"是首选，出现了 106 次；其次是"Ok"，出现了 105 次。第二常用的信息是特定的航路点名称，出现了 148 次（见图 9.2）。

总结

　　在本研究中，虽然所有的文本通信均发生在指定结构化的模拟任务环境中，但我们收集到的文本信息仍然存在较大差异，只有不到一半（43%）的信息结构被重复。在结构相对完善的任务中，这个数据确实有点令人惊讶。文本通信通常会通过重复特定的信息结构以减少信息可变性，从而有助于消除歧义，提高系统整体的通信性能；或者，系统可能会强制要求机组人员将所需信息插入预先指定的结构中，这可能妨碍系统的整体性能。考虑到与语音通信相比，文本通信的信息传播速度较慢，建议大家在传达重要信息时尽量减少打字的数量。一个可行的解决方法是尽量采用缩写和标点符号，但又可能造成歧义。

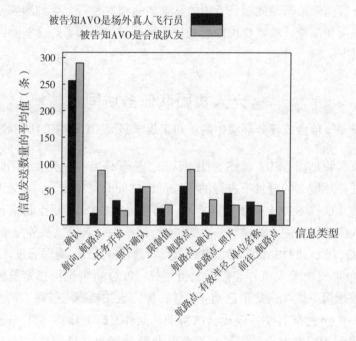

图 9.2　使用频率最高的前 10 种信息类型

文本通信与语音通信实验

　　下文介绍的实验是美国空军研究实验室（Air Force research Laboratory）某项目中的部分内容，其用一个符合认知规律的计算模型（ACT-R 模型）取代无人机飞行员，该模型是无人机地面控制站三人机组中的一名成熟的合成队友。ACT-R 认知模型架构的扩展不仅令研究者深感兴趣，而且有助于解决有关团队协同的问题（Ball 等，2010）。面对无人机地面控制任务，在人类团队或者由人类和合成队友混合组成的团队中，协同与协作的性质是什么？合成队友与人类队友互动中存在的不足，揭示了人类自动化协调需求的哪些方面？

　　在将一名合成队友加入两名人类被试中开展实验之前，研究者先对三名被试均为真人的情况进行了实验，以建立文本通信模式的基线。实验要求所有被试使用文本通信方式，并将团队协同的表现与语音通信进行比较。由于文本通信不像语音通话那样是一种瞬时信号，其可以异步进行，因此使用文本通信的队友之间的协同可能会发生改变。具体而言，会受到通信不同步的影响，目前尚不清楚此项任务中团队整体的绩效是否会受到影响，但如果协同变得更加困难，绩效也可能受到负面影响。为深入了解这些问题，我们开展了以下实验。

无人机团队任务协同

——一项合成任务环境中的认知工程学研究（CERTT UAS-STE）

该实验是在 CERT UAS-STE（认知工程学研究——无人机团队任务——合成任务环境）的背景下进行的（Cooke，Shope，2005）。该无人机合成任务环境（UAS-STE）基于美国空军"捕食者"UAS 地面控制站，任务需要由三人团队共同完成关键航路点的拍摄。团队中每名成员被分配了一个角色，即 AVO、PLO 或 DEMPC。DEMPC 负责规划任务路线，确保通过多个航路点；AVO 负责驾驶无人机并监控无人机系统；PLO 负责拍摄指定航路点的照片并监控摄像系统。这些角色相互依赖，为完成拍摄指定航路点的目标，团队中的每个角色都需要其他成员的协助。此外 CERT UAS-STE 是动态的，清晰拍摄到指定航路点的照片需要队友及时地互相共享信息。单次 UAS-STE 任务由 11 ～ 12 个目标组成，最长持续 40 min；实验中，每个团队需执行 5 次任务，任务总时间约 200 min。

CERTT UAS–STE 持续 10 多年的研究表明，在团队互动中，协调的沟通和顺畅的信息传递对于预测团队绩效非常重要，由此形成了互动团队认知理论（Cooke 等，2013）。沟通协同的基础是及时发送和接收有利于清晰拍摄到指定航路点照片所需的信息。研究者提出团队协同得分（K）作为评价指标，其计算方法基于队友之间交流关键信息的时间和顺序（Gorman 等，2010）。协调分数（K）的计算公式为从 DEMPC 将有关航路点 w 的信息（I）传递给团队到 PLO 向团队反馈（F）已准备好按要求拍摄照片之间的时间差，除以从 PLO 和 AVO 协商（N）航路点 w 的无人机飞行动态到 PLO 反馈（F）已经按要求为航路点 w 拍摄完一张很好的照片之间的时间差。

$$K = \frac{F_w - I_w}{F_w - N_w}$$

本研究在 CERT UAS-STE 任务背景下收集人类团队通过文本信息进行沟通的基线数据，文本通信是人类团队与合成队友交流时需要使用的一种通信方式。文本通信在社会中占主导地位，而且近年来在时间紧迫的军事和民用环境中开始被采用。因此，将文本与语音两种通信方式进行比较是有价值的，其重要性越发明显。很多研究表明，在时间紧迫的情况下，文本通信可能不是最好的沟通方式（Baltes、Dickson、Sherman，Bauer，LaGanke，2002；Weeks，Kelly，Chapanis，1974）。本实验旨在研究文本通信如何影响 UAS-STE 任务背景下的团队绩效和团队协同。根据之前的研究，我们假设团队在使用文本通信与语音通信时内部协同方式不同，并且后者能够更好地执行任务。

方法

被试

亚利桑那州梅萨地区的大学生和普通成人共计 23 人，自愿参加本次实验，实验总时间约 6.5 h。个人参与的报酬为每小时 10 美元，团队中表现最佳的 3 名成员每人额外获得 100 美元奖金。大多数被试者为男性，占样本总体的 75.9%。被试被随机分配到语音通信组或文本通信组，并随机分配到 3 个角色中的 1 个。每个团队由 3 名被试组成，这 3 名被试在参加实验前彼此不熟悉。

设备和材料

实验在 CERTT 实验室进行，该实验室为 UAS-STE 配置（如前所述）。文本通信组被试使用电脑键盘和定制的文本通信系统进行通信，该系统能够记录实验者的身份和时间信息。文本通信接口分为三个独立的模块，分别为接收器模块、存储模块和传输模块。当有团队成员发送信息时，接收器模块的按钮就会亮起来，以此提醒被试。接收器模块允许被试通过按住键盘上的 F10 按键读取传入消息，松开 F10 按键后，信息会显示在存储模块中。存储模块由一个窗口组成，该窗口的列表中包含以前接收到的所有信息，被试可以按住 F7 和 F8 按键滚动浏览信息。被试通过传输模块发送信息，首先在传输模块窗口键入想要发送的信息，再通过 F3、F4 和 F5 按键选择收件人，然后按 F1 键发送。该界面允许被试选择多个收件人，每条信息都带有发送时间戳（F1 按键）和接收时间戳（F10 按键），以便计算团队协同得分（K）并了解沟通的动态情况。语音通信组被试使用 David Clark 耳机和定制的对讲机系统相互交流，该系统可以记录实验者的身份和时间信息。对讲机允许被试通过按下指定按键选择一个或多个听众。

实验设计了一系列 PowerPoint 教程用于培训团队成员，还开发了自定义软件（通过局域网连接的 7 个应用程序），该软件在运行合成任务的基础上收集各种参数用于性能评分软件的输入。自定义软件的功能主要包括知识管理、测试 PowerPoint 教程信息、收集团队任务绩效的评分数据、收集被试工作负荷和情境意识的评分数据，并在通信时收集被试的人口统计学数据和偏好数据。本报告重点关注团队绩效和团队协同方面的数据。

实验流程

实验持续时间将近 7 h。AVO 在与其他成员（DEMPC 和 PLO）相邻的一个单独房间内，其通过大楼对面的一个单独入口进入大楼，在任务全部结束听取总结汇报之前，不允许与其他成员接触。正式实验前，团队成员坐在各自的工位上签署实验知情同意书，简要了解实验概况并接受任务培训。

由于每个团队在规定时间内设置的情境感知障碍情况不同，所以各团队的目标数量不同。每次任务时间为 40 min，当团队成员一致认为任务目标已经达到时则视为任务完成。每次任务完成后，被试均有机会查看团队得分以及个人得分，所有得分显示在每名被试的计算机屏幕上，并能够与之前参加实验的所有团队的平均分进行比较。

结果

团队绩效

采用任务完成情况的综合得分对团队绩效进行衡量，包括每名被试获取关键航路点的速度以及成功拍摄目标的速度。根据任务的重要性，对这些组成部分中的每一个罚分进行先验加权，并从总分 1 000 分往下减。五次任务中的每一次都分别统计绩效数据。图 9.3 是前四次任务的团队绩效得分情况。文本和语音每种通信条件各包含 10 组被试，团队绩效的差异通过 2（文本通信 vs 语音通信）×4（任务）两因素混合实验设计进行方差分析，结果表明任务因素的主效应显著，$F(3, 54) = 9.447$，$P < 0.001$。由图 9.3 可见，团队绩效在前四次任务中逐步提高，语音通信组得分始终高于文本通信组，但通信方式对团队绩效的影响差异不显著，$F(1, 18) = 0.57$，$P < 0.46$。

采用最小显著性差异（LSD）法进行两两比较的结果表明，在前四次任务中，团队绩效逐步改善，前两次任务之间（$P = 0.005$）以及第二次和第四次任务之间（$P = 0.015$）差异显著。

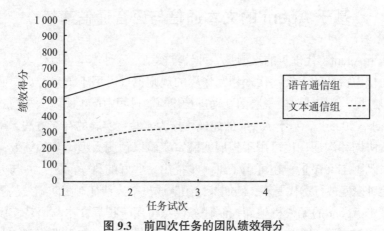

图 9.3　前四次任务的团队绩效得分

注：每次任务中团队绩效的平均值因任务而异，而不是实验条件

团队协同

文本通信需要固有时间成本（例如打字、发现信息到达等都需要时间），因此在信息发送和接收之间存在明显的时间滞后 M（文本通信 $M = 10.5$ s，语音通信 $M = 0$ s）。为了解语音通信组和文本通信组的团队协同是否存在差异，对团队协同得分进行了 2（通信方式）× 4（前四次工作负荷较低的任务）混合方差分析，结果表明，文本通信组的团队协同得分明显低于语音通信组（$P = 0.042$），但尚不能说明语音通信方式协同得"更好"，只是表明两种通信方式的协同有差异。此外，研究者还分析了一种揭示团队协同动态稳定性的指标，即赫斯特指数（Treffner，Kelso，1999），可用于确定团队在协同稳定性方面是否存在差异。对各个团队的赫斯特指数进行独立样本 t 检验发现，与语音通信团队（$M = 0.8988$，$SD = 0.061$）相比，文本通信团队的协同更加稳定（$M = 0.9527$，$SD = 0.0131$），有显著差异，$t(15) = 2.287$，$P = 0.037$。因此可以得出结论，文本和语音两种通信方式的团队协同存在差异，但尚不支持相对价值判断以得出哪种方式"更好"。

对于前四次工作负荷较低的任务，在文本通信条件下，团队协同得分的中位数为 310。回归分析结果显示，沟通滞后与团队绩效呈显著的线性相关 [$F(1, 38) = 9.06$；$P = 0.005$]，随着滞后时间的减少，团队绩效提高；并且对于绩效得分高于中位数的团队，其绩效得分与 Kappa 统计量之间存在正相

关关系 $[F(1, 13) = 4.46; P = 0.055)]$。总体而言，以上结果表明，文本通信与语音通信的团队协同方式不同，且协同方式与团队绩效呈线性相关。

基于 Agent 的文本通信与语音通信建模

基于 Agent（代理）的模型是一种计算模型，这种模型可以代表具有独特认知和行为特征的人类。代理相互作用的规则也可以用于研究宏观层面的团队认知过程，例如从对微观层面互动进行建模的过程中产生团队认知（Grimm，Railsback，2005）。基于 Agent 的建模可作为实验室实验的补充方法，用于理解团队协同和沟通；也可用于扩展实验室实验以预测大型团队的绩效，但开展起来既困难又昂贵；还可用于进一步提出一些好的科学问题，并与人类被试一起对模型进行迭代更新，例如探讨团队成员个人特征对团队绩效的影响。

基于 Agent 的无人机地面控制任务模型可用于扩展文本与语音实验，并检查使用多个聊天窗口对团队绩效的影响。该模型有 3 名人类代理（分别以绿色、蓝色和黑色人形表示）、1 个无人机代理（以黄色飞机模型表示）和 12 个需要测量和拍摄的目标（以红色十字标记表示）。在 3 名人类代理人中，DEMPC、AVO 和 PLO 各 1 名。12 个目标的位置仅提供给 DEMPC 代理，AVO 被指派负责操纵无人机，PLO 被告知为每个目标找到拍摄照片的适当位置。DEMPC 代理在模拟任务刚开始时或在收到 PLO 的反馈（即反馈最后一个目标已经被拍摄）时才向 AVO 代理发送待测坐标。AVO 利用来自 DEMPC 的信息将无人机驾驶到指定目标位置，到达目标后，AVO 通知PLO。PLO 观察无人机相对于目标的位置，并确定是否为拍摄目标照片的合适位置。如果无人机的位置不合适，PLO 会将合适的位置告知 AVO，AVO则继续驾驶无人机到相应的位置。一旦 PLO 和 AVO 就参数达成一致，PLO会将目标标记为已拍摄并告知 DEMPC，然后转向下一个目标。

3 名人类代理在模型中均具有记忆衰退的特征，其记忆衰退率"d"由实验的具体条件决定，每个代理使用一个内存变量保存其他代理发送的信息。本实验中，人类代理的记忆衰退率在文本通信条件下较低（$d = 1.5$），语音通信条件下则较高（$d = 2.5$）。记忆衰退率决定了内存的激活程度，当内存激活低于最小阈值时，代理则会忘记其他代理发送的警报或信息。内存激活程度（A）可使用以下公式计算：

$$内存激活程度 A = \frac{1}{（任务开始时间 - 内存中开始执行任务的时间）^d}$$

公式中的 d 为记忆衰退率，该公式大致基于 ACT-R 认知模型（Anderson, Lebiere，1998）。

基于代理的模型显示，在语音通信条件下，代理人在响应其他代理发送的警报时会产生滞后，滞后时间在 0 ~ 5 个模拟刻度之间；同样在文本通信条件下也存在响应滞后，滞后时间在 7 ~ 12 个模拟刻度之间。这种滞后在建模时被解释为对所接收到的信息进行编码时的延迟以及对信息响应时的延迟两者的组合。因此在语音通信条件下，延迟从零开始，因为信息编码不会有任何延迟，但在对信息进行响应时会产生延迟；而在文本通信条件下，信息编码和信息响应都会产生延迟。在这两种通信情况下，信息响应的滞后范围均设置为 0 ~ 5 个模拟刻度；但对于信息编码滞后范围的设置，使用文本通信的代理会更高，语音通信则更低。延迟还需乘以一个与聊天窗口数量有关的系数，即介于 1 和聊天窗口总数之间的随机数。因此如果聊天窗口的数量是 3 个，那么延迟将乘以一个 1 ~ 3 的随机数（最大值为 3，最小值为 1），这是一个合理的假设。在建模中，所有代理都被解释为其期望其他代理在发出警报或发送信息时能够做出确认，以便给予自己足够的提醒。当接收方代理忘记警报时，发送方代理会在一定时间（12 个模拟刻度）后重新发送信息。所有代理最多只能忘记 3 次，之后必须报告收悉信息并执行任务。总之在模型中，语音通信条件下代理对于信息编码的延迟时间较短，但具有较高的记忆衰退率；而文本通信条件正好相反，代理对于信息编码的延迟时间较长，但记忆衰退率较低。

以上基于 Agent 的模型包含语音通信和文本通信两种方式，其中文本通信方式根据聊天窗口的数量不同又包含 4 种条件（即 1 ~ 4 个聊天窗口），每种条件下被试均重复执行 100 次任务，执行任务所需的平均时间如图 9.4 所示。该模型表明，针对本实验的所有目标（12 个），被试用于任务计划、无人机驾驶和拍摄照片所需的时间逐渐增加，使用语音通信的被试完成任务最快，而使用文本通信 4 个聊天窗口的被试完成任务最慢。有趣的是，在文本通信条件下，当只有 1 个聊天窗口时，文本通信和语音通信之间无显著差异。该结果通过实证研究表明，在改变团队协同方式的基础上，文本通信对绩效产生了负面影响，但影响较小。此外，当使用的聊天窗口多于 1 个时，该模型预测使用文本通信产生的负面影响要大得多。处理同一目标，同时打开两个窗口所需的时间是仅打开一个窗口所需时间的两倍还多；同时打开四个窗口所需的时间则要六倍多。如果在时效性强的目标定位任务中（比如军事指挥）使用多个文本通信窗口，就可能带来一些致命的负面影响。未来的研究应该检验这一模型预测的有效性。

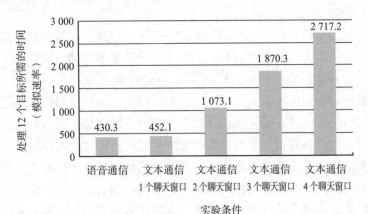

图 9.4　完成任务所需时间图

结　论

在许多军用航空环境中，电子文本通信已成为主要的通信方式，而语音通信的使用频率较低。在移动设备上使用电子文本进行沟通是人际交流的一种常见形式。很明显，语音通信和文本通信之间存在差异，但这些差异对航空环境（尤其是时效性较强的任务）中通信的影响效应尚不清楚。本章介绍了一种三管齐下的方法以解答这个问题。

首先，我们对在 CERTT UAS-STE 三人模拟任务中收集的文本通信语料库进行分析。文本与语音的不同之处在于其保留的时间更长，这为传达容易被人遗忘的信息细节提供了某些优势；然而文本通信是异步的，在 UAS-STE 任务中信息编码滞后的平均时长为 10.5 s。另外跟语音通信一样，文本通信也存在歧义。我们惊讶地发现，即使在结构良好的任务环境中，文本信息的构建也存在巨大变化。限制文本信息特定的形式或缩写样式可以减少歧义（对于机器或人类接收者），如语音通信的标准化（即简洁代码）。然而，这些限制可能会导致额外的记忆负担，从而进一步干扰团队绩效。文本信息的模糊性对团队协同和绩效的影响尚不能明确，随着时间的推移，团队合作的规律可能会不断呈现并被揭晓。

其次，我们对文本通信和语音通信进行了实证化对比研究，发现文本通信改变了团队的协同方式，并且在某些情况下与团队绩效有关。相较于文本通信，当使用语音通信时团队整体工作效率更高，但差异无统计学意义。

最后，揭示文本通信和语音通信差异的第三种方法是基于 Agent 的建模。我们开发了一个基于 Agent 的团队协同模型，然后将该模型扩展到使用多个文本窗口进行通信的情况。多个文本窗口也是在军事行动中进行通信的一个特点。该模型表明，多个文本窗口会产生指数级影响，可能会增加信息处理的时间，从而对团队绩效产生负面影响。

总体而言，在执行时效性强的任务时使用文本通信可能会削弱团队协同，而且使用多个文本窗口会加剧这一问题。允许操作人员自主选择文本通信或语音通信在当前的操作环境中是典型做法，那么就需要确定何时使用文本通信、语音通信以及怎样才能高效地将两者结合起来。尽管电子文本通信可以提供有利于某些操作的持久记录，但在时效性强的任务中使用时应慎重考虑，应充分权衡其在持久性方面的优势和在延时方面的劣势。此外，为文本通信制订统一标准可能有助于消除歧义，但不能解决信息编码滞后的问题。

致　谢

这项工作得到了海军研究办公室 N000141110844 号拨款的部分支持。

原著参考文献

Anderson, J.R., & Lebiere, C. (1998). The Newell test for a theory of cognition. *Behavioral and Brain Sciences*, 26(5), 587–601.

Ball, J., Myers, C., Heiberg, A. Cooke, N.J., Matessa, M., Freiman, M., & Rodgers, S. (2010). The synthetic teammate project. *Computational and Mathematical Organization Theory*, 16, 271–299. DOI 10.1007/s10588-010-9065-3.

Baltes, B.B., Dickson, M.W., Sherman, M.P., Bauer, C.C., & LaGanke, J.S. (2002). Computer-mediated communication and group decision making: a meta-analysis. *Organizational Behavior and Human Decision Processes*, 87(1), 156–179.

Cooke, N.J., Gorman, J.C., Myers, C.W., & Duran, J.L. (2013). Interactive team cognition, *Cognitive Science*, 37, 255–285. DOI: 10.1111/cogs.12009.

Cooke, N.J., Pedersen, H.K., Gorman, J.C., & Connor, O. (2006). Acquiring teamlevel command and control skill for UAV operation. In N.J. Cooke, H. Pringle, H. Pedersen, & O. Connor, (Eds) *Human Factors of Remotely Operated Vehicles. Volume in Advances in Human Performance and Cognitive Engineering Research Series* (pp. 287–300), Amsterdam, The Netherlands: Elsevier.

Cooke, N.J., Pringle, H., Pedersen, H., & Connor, O. (2006). Preface: Why human factors of "unmanned systems?" In N.J. Cooke, H. Pringle, H. Pedersen, & O. Connor (Eds), *Human Fac-*

tors of Remotely Operated Vehicles. Volume in Advances in Human Performance and Cognitive Engineering Research Series (p. xvii–xxii), Amsterdam, The Netherlands: Elsevier.

Cooke, N.J., & Shope, S.M. (2005). Synthetic task environments for teams: CERTT's UAV-STE. In N. Stanton, A. Hedge, K. Brookhuis, E. Salas & H. Hendrick (Eds), *Handbook of Human Factors and Ergonomics Methods* (pp. 46-41–46-46). Boca Raton, FL: CRC Press.

Cummings, M. (2004). The need for command and control instant message adaptive interfaces: Lessons learned from tactical tomahawk human-in-theloop simulations. *CyberPsychology & Behavior*, 7(6), 656–661.

Fu, W., D'Andrea, L. & Bertel, S. (2013). Effects of communication methods on communication patterns and performance in a remote spatial orientation task. *Spatial Cognition & Computation: An Interdisciplinary Journal*, 13, 150–180.

Gorman, J.C., Amazeen, P.G., & Cooke, N.J. (2010). Team coordination dynamics. *Nonlinear Dynamics Psychology and Life Sciences*, 14, 265–289.

Grimm, V., & Railsback, S.F. (2005). *Individual-Based Modeling and Ecology*. Princeton, NJ: Princeton University Press.

Hamilton, P.L., Brittain, R.D., Cooke, N.M. & Sepulveda, M. (2013). Simulated Operational Communications and Coordination Integration for Aircrew Learning (SOCIAL). *Proceedings of the AIAA Modeling and Simulation Technologies* (MST) Conference. Reston, VA: American Institute of Aeronautics and Astronautics. doi: 10.2514/6.2013-5228.

Heacox, N., Moore, R., Morrison, J., & Yturralde, R. (2004). Real-time online communications: 'Chat' user in navy operations. *Proceedings of Command and Control Research and Technology Symposium*. San Diego, CA.

Kanki, B.G., Folk, V.G., & Irwin, C.M. (1991). Communication variations in aircrew performance. *International Journal of Aviation Psychology*, 1(2), 149–162.

Kanki, B.G. & Foushee, H.C. (1989). Communication as group process mediator of aircrew performance. *Aviation, Space, and Environmental Medicine*, 60, 402–410.

Lengel, R.H. & Daft, R.L. (1988). The selection of communication media as an executive skill. *The Academy of Management Executive*, 2(3), 225–232.

Treffner, P.J. & Kelso, J.A.S. (1999). Dynamic encounters: long memory during functional stabilization. *Ecological Psychology*, 11, 103–137.

Tyvaryanas, A.P., Thompson, W.T., & Constable, S.H. (2006). Human factors in remotely piloted aircraft operations: HFACS analysis of 221 mishaps over 10 years. *Aviation, Space, and Environmental Medicine*, 77, 724–732.

Weeks, G.D., Kelly, M.J., & Chapanis, A. (1974). Studies in interactive communication: V. Cooperative problem solving by skilled and unskilled typists in a teletypewriter mode. *Journal of Applied Psychology*, 59(6), 665–674.

Wiegmann, D.A., & Shappell, S.A. (2001). *A Human Error Analysis of Commercial Aviation Accidents Using the Human Factors Analysis and Classification System (HFACS)*. Technical Report (ADA387808) for the Federal Aviation Administration, Oklahoma City, OK, Aeromedical Institute.

Weil, S.A., Duchon, A., Duran, J., Cooke, N.J., Gorman, J.C., & Winner, J.L. (2008). Communications-based performance assessment for air and space operations centers: Preliminary research. *Proceedings of the Human Factors and Ergonomics Society 52nd Annual Meeting*, Santa Monica, CA: Human Factors and Ergonomics Society, 1389–1393.

撰稿人介绍

南希・J. 库克（Nancy J. Cooke）

Nancy 是美国亚利桑那州立大学认知科学与工程学教授、亚利桑那州梅萨认知工程研究所科学主任，兼美国国家科学研究委员会人类系统集成专委会主席、人的因素和人机工程学协会执行委员会会员和美国陆军研究实验室国家研究委员会人的因素专业组成员；目前还担任美国国家科学院科学研究小组主席，负责推进认知研究领域的发展，研究方向主要包括个人／团队认知及认知工程方法学中的应用、传感器操作员威胁检测、国土安全系统、车辆远程操控、医疗保健系统和应急响应系统等。

克里斯托弗・W. 迈尔斯（Christopher W. Myers）

Christopher 毕业于美国伦斯勒理工学院认知科学系，获得哲学博士学位，目前就职于美国空军研究实验室飞行员效能局。Christopher 致力于研究"感知、注意、计划、记忆等不同的认知加工如何相互作用以产生高效的适应性行为"。其在大部分研究中假设"人的绩效是有限最优"，即当考虑到绩效受认知系统、环境和任务特征等多方面的限制时，可以认为绩效只能达到有限最优状态。Christopher 通过实证研究（例如双任务范式、眼动追踪等）和建模技术（例如计算认知过程建模和理想的操作员行为分析）考察了人类在动态环境中的认知适应性。

普拉尚特・拉吉万（Prashanth Rajivan）

Prashanth 在美国亚利桑那州立大学取得计算机科学硕士学位，目前在亚利桑那州立大学担任研究助理并在认知科学与工程系攻读博士，研究方向为模拟建模。其在攻读硕士学位期间，与 Nancy J Cooke 博士（第九章的第1作者）合作开发了"CyberCog"合成任务环境。硕士毕业后，他对"CyberCog"进行迭代，开发了基于代理的网络防御分析团队、网络战和无人机地面控制团队模型，完成了"人在环路"实验，用于研究网络防御分析背景下的团队认知和情境意识。

第十章

通过以人为中心的自动化设计
提高工作效率

埃米·R.普里切特，卡伦·M.迪赛，美国乔治亚理工学院

为提高人机系统整体的工作效率，本章描述了如何对以人为中心的自动化设计做出新的定义。首先，从顶层设计好需要由代理（人和自动化）执行的任务／功能；然后，在所有代理之间分配各项子任务／功能。下文将首先论述人机系统的整体检查，探讨自动化代理会在哪些方面对系统提出新要求，然后将以人为中心的自动化设计正式描述为一种可被分析和设计的结构，从而创建有效的人机交互。事实上，我们很难找到一种分配方式能够让自动化代理的所有期望属性均达到最大化。因此，在人和自动化代理之间设计并分配各项子任务时，需要对关键因素进行权衡。

引　言

本章中的任务／功能通常可以被定义为"系统为实现某个目标或达到某个结果所做的努力"，是有目标的活动，旨在实现系统任务或系统运行所确立的目标。此外，如果从生态学角度进行审视，任务／功能是通过对动态环境的需求做出反应得以实现的；环境则对系统功能的动态变化进行详细地描述、约束、调节和构建。因此，环境是动态变化的，可以提供需要被自动化代理感知和利用的信息，并能够约束自动化代理的行为。

任务／功能可以被视为一种结构应用于一个或多个团队。团队由单人或多人相互作用，并可与一个或多个自动化代理进行交互。因此，需要执行的总体任务、结构及其动态调整是由团队目标和环境共同驱动的。任务产生于团队中所有代理（包括人和自动化）的总体行为，即使某些代理可能看不到

自己的行为如何起作用。团队内部的任务分配对团队合作提出了额外需求，这种团队合作扩展了每个人对环境的感知，包括任务环境变化以及团队成员之间的互动。

团队的工作环境不仅包括物理结构，在许多领域还包括程序结构，它是一种安全的程序处理过程，也是远端代理之间相互协调的基础。例如，飞行员操作环境包括标准的操作程序，这些程序通过飞机座舱的功能进行物理反映。同样，程序为远端代理之间的协调提供了一种结构，这些代理之间的交互可能需要简洁而快速地解决，例如新进入空中交通管制（ATC）区域的飞行员之间的交互。与许多物理约束（例如操作温度的限制）一样，程序在非标准条件下也可能被忽略；然而，其通过社会和监管机制对系统实际运行的影响力不容忽视。

对于给定的目标和工作环境，团队总体任务的基本属性可以通过分析环境的可达性和约束条件确定（Naikar, Pearce, Drum, Sanderson, 2003）。例如，保持恒定航向和高度飞行的目标反映了飞机动态响应的功能（仪器扫描和控制输入）。然而，虽然团队的总体任务可以通过工程分析加以推断，但个体任务必须针对团队内部具体的功能分配事先做出清晰的定义。

从这个角度看，需要筹划两件事，一是给出系统总体任务和结构的操作性定义；二是从功能分配开始制订团队协作规范。操作性定义须详细描述整个团队必须达到的总体目标，该目标受任务环境中关键结构约束。团队协作规范须检查所有代理，寻求适宜的功能分配方案并确定有效的团队合作结构，包括人与自动化代理的互动。

为进一步完善，需要特别关注的是，在将系统功能分配给自动化代理时，以怎样的方式能够同时起到改善人类行为的作用。这一点须建立在团队工作设计和计算组织结构理论的基础之上。具体而言，该领域的研究包括团队结构、团队沟通与协作以及在团队信任、认知和社会行为方面的影响等，但目前的研究除了考虑智能软件代理之外，并没有考虑将人和自动化团队结合起来后可能产生的独特问题。因此，本章对人和自动化代理团队的工作进行了建模，探讨了将系统功能分配给自动化代理的具体问题。通过本章的研究，再次验证了"没有一种功能分配方式能够让以人为中心的自动化代理的所有期望属性均达到最大化"。

关于人与自动化代理功能分配的思考

自动化代理能多大程度地符合系统设计中规定的定义、模型和指标？关于自动化的定义，有学者侧重于"任务执行过程中的控制自动化"（Sheridan，1992），也有学者从人类功能分配的角度（包括认知功能）进行描述，认为自动化是"一种能够替代人类执行任务的机器"（Parasuraman，Riley，1997）。基于该定义，自动化包括告警系统、智能显示器、自动识别以及决策和规划辅助工具等（Bass，Pritchett，2008；Parasuraman，Sheridan，Wickens，2000；Pritchett，2005；Wiener，Curry，1980）。

有研究将自动化进一步描述为团队成员之一，例如 Muir（1987，1994）提出了从社会科学到自动化领域人类信任的相关模型和测量方法，修改了社会判断理论，对人类与自动化识别的交互进行了定量建模（Bass，Pritchett，2008）；Pritchett（2005）建议以相同类型的"角色"描述构建人与告警系统之间的人机交互；Sarter 和 Woods（2000）将飞行路径自动化明确描述为团队成员之一，尽管这个团队成员通常是糟糕的！"好的"自动化应能创造多样化的人机融合认知系统（Woods，1985；Woods，Hollnagel，2006），同时研究者还将功能分配与自动化及人工操作中的委派进行了隐喻比较（Miller，Parasuraman，2007）。综上，功能分配过程中将单独的人类团队工作设计与人类团队和自动化系统融合设计进行比较，在自动化研究领域有着很好的基础。

团队和组织结构设计的相关见解

很多文献都界定了团队的定义，其中被普遍接受的是团队作为两个或多个个体的集合，以相互依存的方式进行合作以实现共同目标（Salas，Dickinson，Converse，Tannenbaum，1992）。这样的团队可能是高度结构化和相互依赖的，团队成员之间可能存在不频繁的互动、也可能成员在共享团队环境中执行各自的任务。这些行为均可描述为团队合作，其中包含复杂的社会和认知因素。

团队或组织结构设计旨在确定团队或组织的结构和运行策略，包括谁拥有资源、谁采取行动、谁使用信息、谁与谁协调以及协调内容、谁与谁沟通、谁负责、谁为谁提供支持等（Szilagyi，Wallace，1990）。计算组织结构理论等方法已经建立了定量模型，通过形式模型和仿真模拟进行问题分析。这些模型适用于受过充分培训的团队在面临操作程序或知识库任务时使用，但在模型中，部分重要因素（如团队对高工作负荷和时间压力的反应）没有得到很好的关注，有关建模方法局限性的更广泛讨论可参阅相关论文（Schraagen，Rasker，2003）。与此相关的还有认知工作分析方法中的社会组织和合作分析，该分析至少考察了团队工作设计的两个方面，即团队合作形式和内容（管理职责分配和功能分配的标准）（Vicente，2003；Naikar 等，2003）。

在考察团队的具体特征时，文献报道的结果出现了矛盾，例如扁平化组织与阶层式组织的特定形式以及良好团队沟通的特点报道不一（Schraagen，Rasker，2003）。因此，工作环境越来越被认为是团队绩效的决定因素。Schraagen 和 Rasker（2003）指出"基于考虑团队成员是否必须处理环境中的意外干扰，可以对各种不同的结果进行研究"。为此，组织结构设计领域的研究方向已经转向了开放式系统，其强调环境的特征，并将团队视为一组互联的、动态交织的复杂元素，这些元素对环境具有高度响应性。

人在团队中行为的相关研究

人在团队中的行为表现也与人－自动化代理之间的功能分配有关。第一个研究是信任。在人与人构成的团队中，信任被定义为"愿意依赖团队，并在团队可能受到伤害的情况下切实采取行动"（Doney，Cannon，Mullen，1998）。有学者提出，信任的定义除了包含对自己所在团队的信任外，还涉及对其他团队的信任和伴随行为（或依赖），但两者应区别对待（Lee，See，2004）。人机系统中的信任有灵活性，受团队成员对任务环境适应能力的调节。与规范、标准相比，信任是团队内部实际履行职责的核心，团队成员可能愿意（或不愿意）依靠另一个代理自主执行本应负责的任务。

第二个研究是共享心理模型。该模型与团队知识、共享情境意识和互补心理模型的结构相似（Cooke，Salas，Cannon-Bowers，Stout，2000；Endsley，1995；Sperling，Pritchett，2006）。在众多定义中，Sperling 和 Pritchett（2006）从以下三方面给出了定义：①团队的每位成员都具备执行任务所需的知识；②每位成员都了解团队其他成员掌握的信息，以便需要查找相关信息时能够快速找到；③每位成员都知道自己需要在何时何地向团队其他成员提供哪些信息。

与不共享此类知识的团队相比，能够共享关于任务、环境、设备及团队成员知识结构等内容团队的沟通更有效，表现更好，尤其在其面临高工作负荷任务时（Cannon-Bowers，Salas，Converse，1993；Klimoske，Mohammed，1994；Rouse，Cannon-Bowers，Salas，1992；Stout，Cannon-Bowers，Salas，Milanovich，1999）。然而，共享心理模型的开发并不能保证100%成功，在一定程度上受团队结构和团队内部信息分配的驱动。

第三个研究是沟通，它与共享心理模型联系紧密。共享心理模型是通过使用不断发展的知识结构取代持续沟通，以了解团队的动态变化情况（Cannon Bowers 等，1993；Rouse 等，1992）。沟通是团队协调资源和活动的手段（Entin，Serfaty，1999），良好的沟通至关重要，糟糕的沟通则可能造成极大的破坏。2001 年，Entin 进一步提出，衡量良好沟通的关键指标是团队成员是否在接收者明确提出信息需求之前已经对对方所需信息和传递方式做好了预期准备。因此，团队结构和共享心理模型的结合使团队成员能够预测彼此的信息需求，并在一方需要的时候能够及时且不间断地提供所需信息，这对改善沟通模式非常重要（Hutchins，1992）。

第四个研究是环境导致的认知行为适应。研究表明，人类可以优先考虑并选择与环境相匹配的认知活动策略，包括即时需求（例如感知到的可用时间）和资源（例如信息可用性、相关技能等）。该过程称认知控制，在 Hollnagel 的认知控制模型中，控制策略被描述为认知控制模式（Hollnagel，1993），这些行为方面的适应延伸到了人类在团队中的互动策略。

人类团队工作设计与人 – 自动化代理功能分配的比较

与上文所述单独的人类团队工作设计相反，当前讨论的人和自动化代理之间的功能分配通常由机器的技术能力驱动。例如，按照目前的航空运输飞机技术，飞机一旦在跑道上排队，只需要飞行员启用自动驾驶仪，在起飞后收起襟翼和起落架，几小时后在着陆前放下襟翼和起落架，然后等飞机自动着陆后滑行即可。然而这些相同的操作只能在一切正常的标准条件下运行，如果出现非正常状态飞行员就需要进行人工检测并处理；此外，这些相同的操作不与空中交通管制员交互，需要飞行员手动重新格式化空中交通管制命令，才能将数据输入飞行管理系统（FMS）。因此，人类操作员在指定功能的许多方面（例如数据的监控和重新格式化）都无法发挥优势，而且会产生新的错误机制（Bainbridge，1983；Sarter，Woods，2000；Wiener，Curry，1980）。

利用以技术（如自动化水平）为中心的分类方法在人－自动化代理之间进行功能分配时会有限制（Billings，1997；Parasuraman 等，2000；Sheridan，1992）。例如，高水平的自动化可能会自动执行操作，但如果一直需要人监控，那自动化所做的贡献就很小；相反，低水平的自动化可能只意味着一个行动过程，如果人类操作员没有能力评估其有效性，那么可能会在认知方面被束缚，只能被动遵循自动化的输出结果（Pritchett，2005）。即使按照预期使用自动化代理，通过以技术（如自动化水平）为中心的分类，也无法描述人类操作员参与相关工作的情况和责任（Feigh，Pritchett，2014）。此外，与团队工作设计中试图确定最佳团队结构一样，由于组织环境的影响和工作环境的直接需求，诸如自动化水平的分类往往会出现相互矛盾的结果。

相关研究表明，需要进一步预测自动化代理如何改变人类操作员对所负责任务的执行情况以及人类的实际行为为何与设计过程预期不一致（Bainbridge，1983；Parasuraman，Riley，1997；Sheridan，1992；Weiner，Curry，1980；Woods，1985）。传统方法试图通过衡量人的绩效来考虑这些问题，但人的绩效在一定程度上受工作环境的影响。因此，在非工作环境下的任何测量都不够充分。例如，Pritchett（2005）将飞行员使用飞机座舱警报系统描述为"在警报发出时，飞行员对环境全面需求的机会主义反应"，并指出人和自动化代理之间的互动是对其共同工作环境的反应。

为了适应不断变化的任务情境和环境，部分功能分配可能是动态的，即自动化可能是自适应的（自动更改功能分配）或可适应的（允许人类操作员更改功能分配）（Kaber，Wright，Prinzel，Clamann，2005；Miller，Parasuraman，2007；Scerbo，1996）。除静态功能分配策略外，自适应自动化的动态功能分配可以以人类的实际行为、预测表现或心理生理评估等作为驱动，或用于响应被预先确定为需要变更的事件。一些自动化系统在技术方面符合这些解释，例如当压力过低时安全阀会发出咔嗒声，或者检测到一些关键事件时警报系统会启动。当前，自适应的自动化领域的研究重点是复杂的功能分配问题（Feigh，Dorneich，Hayes，2012）。同样，可适应的自动化领域也在研究有时可以连贯描述的复杂函数分配问题，这或许能够反映人类认知控制的变化（Miller，Parasuraman，2007；Pritchett，Kim，Feigh，2014a，2014b）。

在人和自动化代理之间进行功能分配所产生的适应与单独人类团队的适应不太一样，很大程度是由于自动化代理缺乏"人际交往技能"（至少目前是这样）。此外，在许多安全防范关键领域（如航空）的团队建设训练中，自动化代理无法根据团队的总体需求调整行为，无法学习此类技能（Salas，Wilson，Burke，Wightman，Howse，2006）。

人类团队工作设计与任务分配映射规则的比较

研究者提出了与团队任务分配有关的六条映射规则，与上文中所描述的人－自动化代理之间的功能分配相比，更加强调人类操作员的能力，并且指出工作的异构需求应根据操作员的能力进行分配（Rasmussen，Pejtersen，Goodstein，1994），这是第一条映射规则。长期以来，人和自动化代理的相对优势一直被用作功能分配的基础，正如著名的（有人可能认为是臭名昭著的）Fitts列表详细列出了"人更擅长的能力和机器更擅长的能力"（Fitts，1951）。虽然作者Fitts认识到在具体应用中该列表有几个问题需要特别注意，但后来的设计者往往将其作为功能分配的唯一标准或主要参考，导致由此产生的功能分配可能是零碎的、不连贯的。从更哲学的层面看，设计者仅依赖此类列表就认为人类对团队的贡献存在根本缺陷、需要自动化代理弥补其局限性，这种做法没有充分考虑人类优势的挖掘与利用，也没有考虑团队动力学因素。虽然许多人指出了这种功能分配方法导致的问题并谴责此类列表（Dekker，Woods，2002），但我们认为，基于团队和组织结构设计的相关研究在对人力和技术能力的评估方面并没有本质性缺陷，存在的不足仅是考虑了诸多因素中的一个。

通常还需要对人的能力和自动化代理的能力进行更详细的考查。例如，人的能力包括基于策略、规则或程序采取相应的行为，或者根据任务情境快速直观地采取正确行为（Feigh，Pritchett，2006）。相比之下，自动化代理的能力并不是由其是否能够适应环境定义，而是根据其是否可能处于无法运行的状态从而出现故障进行定义。

第二条映射规则是关于获取信息及采取行动的方式，这通常不作为人和自动化代理之间功能分配的方法，但在后续有关自动化对人的情境意识和决策影响的研究中会提到这一点。值得注意的是，有研究强调如果让人类操作员一直被动地接受功能分配，就会导致其在系统中的情境意识降低，对信息的寻求减少（Endsley，1996）；也有研究提出将人所承担的对系统监控的具体工作量看作绩效评估指标（Parasuraman，Mouloua，Molloy，1994）。即使人积极参与，他们也可能因缺乏信息和资源而在"认知方面受到阻碍"，人可能在没有真正对系统进行良好监管的情况下接受自动化行为，或者过度自动化影响了人对环境的判断或选择，也就是通常说的自动化偏差（Bass，Pritchett，2008；Layton，Smith，McCoy，1994；Mosier，1996）。

第三条映射规则是沟通与协调，包含以下 4 个方面。

（1）自动化的融入通常需要团队成员之间进行新的沟通和协调。例如使用新的驾驶舱自动化系统时通常需要制订新的机组资源管理策略，又如在进入自动驾驶系统后，机长和副驾驶之间需要进行明确的交叉检查。

（2）信息交换和动作执行通常被认为是自动化的目标。然而我们在早些时候注意到，沟通可以让团队中的人类成员不断反思各自的想法，从而构建共享心理模型和情境意识。相比之下，自动化界面只能显示工作环境和任务，不能创建心理共享结构。在人与自动化的交互中，人类几乎不去构建或修改机器的心理模型，同样也很少进行有助于人类自己提高绩效的沟通。

（3）高绩效团队倾向于以有意义的方式交流有用的信息，而自动化倾向于传递原始数据或命令，不包括中间解释。同样地，自动化通常以与人类信息需求相冲突的格式（或方式）提供信息，而且信息源往往各不相同（Sarter，Woods，2000；Wiener，Curry，1980）。

（4）人 – 自动化代理之间通信的时间安排通常由人工界面扫描或自动化信息通告启动。前者需要一定程度的努力，部分取决于界面的可用性；后者只在人类需要信息时才有效。

第四条映射规则是针对工作负荷共享问题进行处理，包括任务量、由人 – 自动化交互引起的团队合作与团队维护以及调整新的功能分配方式等。许多研究强调不适宜的自动化设计在不适当的时间（或水平）启动时导致工作负荷额外增加的情况（Billings，1997；Wiener，Curry，1980）。这种额外的工作负荷可能令人无法接受，但 Kirlik（1993）通过实验证明了与人 – 自动化交互相关的高工作负荷能够以某种方式促使人们通过手动操控更合理地执行指令。

与自适应自动化相关的动态工作负荷可能很难建立共享，因为人们每次适应新的功能分配时都会产生新的工作负荷。因为这个原因，研究者提出是否可以根据当前的工作负荷、绩效或关键事件进行功能分配，从而实现对未来工作负荷的管理（Hilburn，Molloy，Wong，Parasuraman，1993）。Miller和 Parasuraman（2007）将这一难题描述为自动化可能承担的工作负荷与因工作环境频繁变化所产生的不可预测性之间的权衡。他们建议，允许团队成员中的人类操作员在这种权衡中优先设置操作要点。另有研究者建议，允许人类操作员在使用过程中根据实际情况"完成自动化设计"，因为在最初设计时有些影响是很难预测到的（Rasmussen，Pejtersen，Goodstein，1994；Vicente，1999）。

第五条映射规则涉及安全性和可靠性。上文中的讨论已经涉及系统的安全性，即通过功能分配是否可以产生团队动力学的良好运作。此外，安全性问题可能会影响团队成员是否选择使用自动化，这取决于其对自动化的信任以及对完成任务的自信程度。可靠性包括团队对工作环境变化的总体反应以及在面临异常状态或意外情况时系统的鲁棒性。在此，自动化的脆弱性可能特别令人担忧：系统设计时可能需要将自动化视为一个薄弱环节，并围绕此薄弱环节进行设计。功能分配建立在对一般性可靠系统进行广泛监控的基础上，或者依赖于警报系统和辅助决策工具的间接预测。因此，以此为依据进行的功能分配是否合理就有据可查（Parasuraman，1994；Parasuraman，Riley，1997；Pritchett，2005）。

第六条映射规则涉及法规遵从性。出于监管原因，某些功能可能需要由团队中的人类操作员亲自执行，例如当其对行为的结果负有最终责任时。此外，法规通常通过对标准操作程序或工作实务进行相应的规定调整团队动力。

对人 - 自动化代理团队的工作进行建模

团队工作设计的一个共同主题是了解团队总体任务以及根据功能分配确定的团队合作方式。在有效的人机交互中，团队工作设计可能是最重要的问题。事实上，工作设计是一个多学科的问题，因为工作规范（如操作概念）必须从本质上整合经济和安全指标，考虑新技术和人的绩效带来的积极和消极影响，应允许定义系统内部的交互，并允许访问系统的协作功能。

工作设计为实现以人为中心的自动化奠定了基础。在工作设计的早期阶段，团队不可能做到"人在环路（HITL）"的测量与评估，因此所需的培训、程序和技术只能根据系统的总体功能做出规定。如果系统中的每一件事、每一个人都能完美地履行职能，那么会出现什么情况呢？答案取决于工作环境（由物理条件和法规定义）和环境中的工作团队以及两者之间的相互影响。如果某个操作概念对系统工作方式的变化非常敏感，或者要求所有操作以非常快的速度及非常精确的细节执行，那么该操作概念构建起来就很困难。例如在构建"优化剖面下降"这一操作概念时，团队不仅须了解工作内容和燃油效率下降的物理特性，还须认识到飞机性能、风剖面、交通流约束等关键变量在不同位置和时间可能是已知或部分已知，还须意识到某一具体的下降时刻可能会对飞机跟踪下降剖面的能力产生影响。

为确保工作设计规范科学，我们可以首先对工作内容进行详细建模。最好从概念上先构建人的绩效模型判别操作概念的可行性以及可能产生的附带问题。此外，还可以检查操作概念的鲁棒性和适应性，对某些进展不顺利的事情也可以针对系统对意外事件的响应进行建模和模拟。意外事件可能来自多方面，如系统的外部输入（例如意外顺风）、技术（例如雷达系统故障），或者人的表现（例如无法同时完成多个操作）。应对这些事件所涉及的工作都非常紧急，并且不断变化，因此操作概念可以设计得更加富有弹性。

工作分析的方式有多种，任务情境设计（Beyer，Holtzblatt，1988）和认知工作分析（Roth，Bisantz，2013）等方法可以给设计者提供定性分析和可视化演示。最近我们构建了一个计算框架，能够在工作设计早期进行计算建模和模拟（Pritchett，2013），首先支持对操作概念（即任务）的分析，然后可用于检查团队本身的设计（即团队内部的功能分配和团队合作）是否合理。

确保功能分配高效科学的通用要求

功能分配是在人类操作员和自动化代理之间进行工作分配，相关研究主要包括功能分配的要求以及功能分配的建模和评估方法（Feigh，Pritchett，2014；Pritchett，Kim，Feigh，2014a，2014b）。关于确保功能分配高效科学的要求，从前人的文献资料中总结出以下 5 点。

要求 1：必须为每个代理分配能够执行的功能

团队中的每个代理（包括人类操作员和自动化代理）必须能够胜任系统分配给他 / 她 / 它的每一项功能，并能够单独查看每一项功能，这个原则得到了人机优势评估理论（即"人类更擅长什么"和"机器更擅长什么"）的支持。从这个角度看，自动化可以提供人类无法执行的功能，或者在完成某些功能时的可靠性较人类更高。但大多数自动化系统都有脆弱的方面，因此需要考虑自动化系统在做预测时是否会被置于系统设置的边界条件之外，这是一个有价值的衡量指标，比如需要考虑自动化系统在对弹性极强的团队进行绩效预测时是否仍然能够做到客观准确。

在创建有效的人机交互时，我们需要进一步考虑责任和权限。除非能证明自动化在所有可预见的操作条件下都能确保安全，否则人类仍有责任对自动化行动的结果负责，这种情况称为"责任－权限双重约束"（Woods，1985）。如果人类不能清楚地监督自动化，就不得不依赖自动化。人类在不掌握评估自动化是否正确的具体依据时，往往会对自动化的信任程度过高或过低（Parasuraman，Riley，1997），这两种情况都被视为人为差错，尽管其是功能分配的基础。因此，识别责任和权限之间的不匹配也是一个有价值的衡量指标，这意味着在人类对自动化的信任和依赖方面存在潜在担忧。

要求2：每个代理必须能够履行总体功能

我们有必要对每个代理是否能够在实际操作条件下执行总体功能进行衡量。对于人类操作员而言，任务负荷预测（在可能的情况下尽量预测）是一个有价值的指标。为了充分解决与功能分配相关的任务负荷问题，对人类操作员的任务负荷进行评估时必须全面考虑人工操作需要的活动，包括信息收集、判断等认知活动，监控自动化的活动以及所有明确的手动操控。此外，衡量指标不仅要考虑总体任务量或平均任务量，还应考虑任务量的峰值期和饱和期。

此外自动化以人为中心，对角色分工须保持一致。一致性功能分配的特征之一是从下往上检查，每个代理的功能可以共享并建立在明显的、共同的结构之上（例如信息共享和知识基础共享），并且该特征防止了不同代理之间的行为冲突；特征之二是从上往下检查，这些功能总体上有助于实现任务目标，其方式不仅对人类操作员而言显而易见，而且可以根据任务情境进行有针对性的协调和调整。因此从本质上讲，功能分配的一致性是一个重要指标，对其进行分析是必不可少的。

要求3：功能分配必须通过合理的团队合作得以实现

每种不同的功能分配都有独特的团队合作，包括人－机交互和人－人协作，团队合作的影响须从以下两个角度考虑，即每个代理是否能够单独执行他/她/它的团队合作活动，以及每个代理是否能够同时执行指定的任务和团队合作活动。

优秀的团队成员能够预测彼此的信息需求，并能够及时不间断地提供信息。然而，自动化往往是笨拙的，其可能会不合时宜地中断团队正在执行的工作，因为其无法判断其他团队成员是否会因中断而受益。因此，功能分配导致代理之间相互中断工作的可能性是一个需要着重分析的问题。在某些情况下，例如自动化输出的时间不合时宜，这类中断可能是不适当的；另一些情况下，不同的功能分配可能需要代理中断彼此的工作，因为其功能是相互交织的。

要求4：功能分配必须支持工作的动态变化

对功能分配的分析应考虑以下内容，即分配给不同代理的功能有交叉，需要进行有效的协调，或者在一个代理等待另一个代理时导致系统空闲或者工作负荷累积，或者一个代理不合时宜地打断另一个代理，或者执行规定的程序可能与其他工作需求相冲突，或者自动化可能被置于边界条件之外。这些问题在上文中已经讨论过，此处重复阐述是为了强调动态功能分配的重要性。

此外，当人类操作员可以选择与环境和自身能力相匹配的策略（行动方案）时，就能具备工作弹性。人类操作员适应环境的能力反映出其从信息、知识和可用时间等方面平衡需求和可用资源（Feigh，Pritchett，2006）。然而，这种适应可能会受过度规定（或禁止）功能分配的限制，特别是在人-机交互对人类的活动有决定性影响的情况下。过度规定的功能分配一般体现在应急措施或不使用自动化的情况下（Feigh，Pritchett，2010；Parasuraman，Riley，1997）。因此，我们还应该分析和提升功能分配的性能，以便与人类适应环境的良好能力相匹配。

同样，以人为中心的自动化应该能提升人类对稳态工作环境的维持能力。功能分配可能会加剧内在环境的不可预测性，例如通过限制人类操作员检查环境的能力，或者以此方式进行功能分配，即一个代理触发另一个代理的需求。事实上，可预测性的保持和动态分配功能之间存在着一种权衡（Miller，Parasuraman，2007）。因此人类预测自身活动的能力具有内在价值，应该加以培养。

要求5：功能分配应是经过深思熟虑的设计决策结果

操作概念的变化可能是渐进的，并受到当今技术、程序、人员和/或政策的限制；一般情况下，操作概念的变化可能代表着通用工作内容、任务和工具间关系的重大创新。无论是哪种情况，设计者都需要评估系统整体的经济指标和安全指标，并对技术的潜在贡献（或者限制）及人的绩效、监管政策和程序进行考量。因此，以人为中心的自动化设计不仅要考虑每一个代理的经验，还要考虑人类操作员和自动化代理整个团队综合努力的成本和性能。

结论：以人为中心的完美自动化是不可能的

　　在早期的一项研究中，我们使用计算建模和模拟的方法对四种功能分配模式进行检查，从使用数据链的全自动驾驶（FA1）到逐渐减少的自动化条件，再到飞行员通过设置自动驾驶仪目标控制轨迹（FA4）（Pritchett，Kim，Feigh，2014a、2014b）。在这些模拟中，我们还假设人类操作员（本文指的是飞行员）可能表现出三种不同的模式，即机会主义、战术性和战略性认知控制模式（CCM）。图 10.1 反映了"自动化程度最高"的 FA1 和"自动化程度最低"的 FA4 的指标子集，100% 的"自动化"指标表示最理想且完美的"自动化"，即在每一个指标上都能达到 100%。然而，实际情况是某种功能分配方式如果在某些指标方面得分较高，就会在其他指标方面得分较低。自动化程度越高的功能分配需要与飞行员进行的互动越好、频率也越少，但飞行员对任务的预测性可能较差，导致其完成任务的连贯性较低且被中断的次数也越多。自动化程度较低的功能分配使飞行员完成任务的连贯性更高并

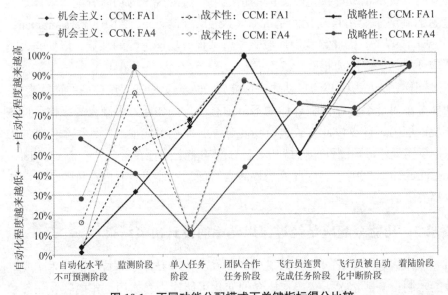

图 10.1　不同功能分配模式下关键指标得分比较

　　注：在飞行员行为分别遵循机会主义、战术性和战略性认知控制模式（CCM）的条件下，飞行员和自动驾驶系统之间从 FA1 到 FA4 不同自动化水平功能分配的关键指标得分。FA1：自动化程度最高，FA4：自动化程度最低

且更具备可预测性，代价是飞行员需要手动完成更多的工作。此外，所有的功能分配都假设飞行员可以执行监控活动，我们预测飞行员将采用机会主义、战术性和战略性三种认知控制模式（CCM）。

最后，在这种情况下，所有功能分配都完成了目标任务。这反映了航空业的一种常见情况，即代理可以通过对任务环境的适应和响应完成既定任务。设计以人为中心的自动化所面临的挑战是如何进行团队工作设计，如何确定操作概念和功能分配，如何使功能分配内在的关键权衡达到恰当平衡，以降低工作负荷，同时保持飞行员完成任务的连贯性和可预测性，并减少任务中断。

原著参考文献

Bainbridge, L. (1983). Ironies of automation. *Automatica*, 19(6), 775–779.

Bass, E.J., & Pritchett, A.R. (2008). Human-automated judgment learning: A methodology to investigate human interaction with automated judges, *IEEE Transactions on Systems, Man and Cybernetics. Part A: Systems and Humans*, 38, 759–776.

Beyer, H., & Holtzblatt, K. (1998). *Contextual Design: Defining customer centered systems*. San Francisco, CA: Kaufmann.

Billings, C.E. (1997). *Aviation Automation: The search for a human-centered approach*. Mahwah, NJ: Lawrence Erlbaum.

Cannon-Bowers, J.A., Salas, E., & Converse, S. (1993). Shared mental models in expert team decision-making. In N.J. Castellan, Jr. (Ed.), *Current Issues In Individual and Group Decision Making* (pp. 221–246). Hillsdale, NJ: Erlbaum.

Cooke, N.J., Salas, E., Cannon-Bowers, J.A., & Stout, R.J. (2000). Measuringteam knowledge. *Human Factors*, 42, 151–173.

Dekker, S.W.A., & Woods, D.D. (2002). MABA-MABA or Abracadabra? Progress on Human–Automation Co-ordination. *Cognition, Technology and Work*, 4(4), 240–244.

Doney, P.M., Cannon, J.P., & Mullen, M.R. (1998). Understanding the influence of national culture on the development of trust. *The Academy of Management Review*, 23(3), 601–620.

Endsley, M.R. (1995). Toward a theory of situation awareness in dynamic situations. *Human Factors*, 37, 32–64.

Endsley, M.R. (1996). Automation and situation awareness. In R. Parasuraman & M. Mouloua (Eds) *Automation and Human Performance: Theory and applications* (pp. 163–181). Mahwah, NJ: Erlbaum.

Entin, E.E., & Entin, E.B. (2001). Measures for Evaluation of Team Process and Performance in Experiments and Exercises. *Proceedings of the 6th International Command and Control Research and Technology Symposium*, Annapolis, MD.

Entin, E.E. & Serfaty, D. (1999). Adaptive team coordination. *Human Factors*, 41(2), 321–325.

Feigh, K.M., Dorneich, M.C., & Hayes, C.C. (2012). Toward a characterization of adaptive systems: A framework for researchers and system designers. *Human Factors*, 54, 1008–1024.

Feigh, K.M., & Pritchett, A. (2006). Design of multi-mode support systems for airline operations. In *Proceedings of the International Conference on Human Computer Interaction in Aviation* (HCI-Aero 2006). Seattle, WA.

Feigh, K.M., & Pritchett, A.R. (2010). Modeling work for cognitive work support system design in operational control centers. *Journal of Cognitive Engineering and Decision Making*, 4, 1–26.

Feigh, K.M., & Pritchett, A.R. (2014). Requirements for effective function allocation: A critical review. *Journal of Cognitive Engineering and Decision Making*, 8, 23-32. doi: 10.1177/1555343413490945.

Fitts, P.M. (1951). *Human Engineering for an Effective Air Navigation and Traffic Control System.* (Ed.) Washington, DC: National Research Council.

Hilburn, B., Molloy, R., Wong, R., & Parasuraman, R. (1993). Operator versus computer control of adapative automation. In Proceedings of the International Symposium on Aviation Psychology.

Hollnagel, E. (1993). *Human Reliability Analysis: Context and control.* London, UK: Academic Press.

Hutchins, E.L. (1992). The technology of team navigation. In J. Galegher, R.E. Kraut, & C. Egido (Eds) *Intellectual Teamwork: Social and technological foundations of cooperative work* (pp. 191–220). Hillsdale, NJ: Lawrence Erlbaum.

Kaber, D.B., Wright, M.C., Prinzel, L.J., & Clamann, M.P. (2005). Adaptive automation of human-machine system information-processing functions. *Human Factors*, 47(4), 730–741.

Kirlik, A (1993). Modeling strategic behavior in human-automation interaction: why an "aid" can (and should) go unused. *Human Factors*, 35(2), 221–242.

Klimoske, R., & Mohammed, S. (1994). Team mental model: Construct or metaphor? *Journal of Management*, 20, 403–437.

Layton, C., Smith, P.J., & McCoy, E. (1994). Design of a cooperative problemsolving system for enroute flight planning: An empirical evaluation. *Human Factors*, 36, 131–142.

Lee, J.D. & See, K.A. (2004). Trust in automation: Designing for appropriate reliance. *Human Factors*, 46(1), 50–80.

Miller, C.A., & Parasuraman, R. (2007). Designing for flexible interaction between humans and automation: Delegation interfaces for supervisory control. *Human Factors*, 49(1), 57–75.

Mosier, K.L. (1996). Myths of expert decision making and automated decision aids. In C.E. Zsambok and G. Klein (Eds) *Naturalistic Decision Making* (pp. 319–330). Mahwah, NJ: Lawrence Erlbaum.

Muir, B.M. (1987). Trust between humans and machines, and the design of decision aids. *International Journal of Man-machine Studies*, 27, 527–539.

Muir, B.M. (1994). Trust in automation: I. Theoretical issues in the study of trust and human intervention in automated systems. *Ergonomics Special Issue: Cognitive Ergonomics*, 37(11), 1905–1922.

Naikar, N., Pearce, B., Drumm, D., & Sanderson, P.M. (2003). Designing teams for first-of-a-kind, complex systems using the initial phases of cognitive work analysis: Case study. *Human Factors*, 45(2), 202–217.

Parasuraman, R., Mouloua, M., and Molloy, R. (1994). Monitoring automation failures in human-machine systems. In M. Mouloua and R. Parasuraman (Eds), *Human Performance in Automated Systems: Current research and trends* (pp. 45–49). Mahwah, NJ: Erlbaum.

Parasurman, R., & Riley, V. (1997). Humans and automation: Use, misuse, disuse, abuse. *Human Factors*, 39(2), 230–253.

Parasuraman, R., Sheridan, T.B., & Wickens, C.D. (2000). A model for types and levels of human interaction with automation. *IEEE Transactions on Systems, Man and Cybernetics,* 30(3), 286–297.

Pritchett, A.R. (2005). Reviewing the roles of cockpit alerting systems, In D. Harris and H.C. Muir (Eds), *Contemporary Issues in Human Factors and Aviation Safety* (pp. 47–80). Burlington, VT: Ashgate Publishing.

Pritchett, A. (2013). Simulation to assess safety in complex work environments. In J.D. Lee and A. Kirlik (Eds), *The Oxford Handbook of Cognitive Engineering* (pp. 352–366). Oxford: Oxford University Press.

Pritchett, A.R., Kim, S-Y., & Feigh, K.M. (2014a). Modeling human–automation function allocation. *Journal of Cognitive Engineering and Decision Making*, 8, 33–51. doi: 10.1177/1555343413490944.

Pritchett, A.R., Kim, S-Y., & Feigh, K.M. (2014b). Measuring human–automation function allocation. *Journal of Cognitive Engineering and Decision Making,* 8, 52–77. doi: 10.1177/1555343413490166.

Rasmussen, J., Pejtersen, A., & Goodstein, L. (1994). *Cognitive Systems Engineering*. New York: Wiley.

Roth, E.M., & Bisantz, A.N. (2013). Cognitive work analysis. In J.D. Lee & A. Kirlik (Eds), *The Oxford Handbook of Cognitive Engineering* (pp. 240–260). Oxford: Oxford University Press.

Rouse, W.B., Cannon-Bowers, J.A., & Salas, E. (1992). The role of mental models in team performance in complex systems. *IEEE Transactions on Systems, Man and Cybernetics*, 22(6), 1296–1308.

Salas, E., Dickinson, T.L., Converse, S.A., & Tannenbaum, S.I. (1992). Toward an understanding of team performance and training. In R.W. Swezey and E. Salas (Eds), *Teams: Their training and performance* (pp. 3–29). Norwood, NJ: Ablex.

Salas, E., Wilson, K.A., Burke, C.S., Wightman, D.C. & Howse, W.R. (2006).Crew resource management training research, practice, and lessons learned. In R.C. Williges (Ed.) *Reviews of Human Factors and Ergonomics,* Volume 2. Santa Monica, CA: Human Factors and Ergonomics Society.

Sarter, N.B. and Woods, D.D. (2000). Team play with a powerful and independent agent: a full-mission simulation study. *Human Factors*, 42(3), 390–402.

Scerbo, M.W. (1996). Theoretical perspectives on adaptive automation. In R. Parasuraman & M. Mouloua (Eds), *Automation and Human Performance: Theory and applications.* (pp. 37–63). Hillsdale, NJ: Erlbaum.

Schraagen, J.M., & Rasker, P. (2003). Team design. In E. Hollnagel (Ed.), *Handbook of Cognitive Task Design* (pp. 753–786). Mahwah, NJ: Lawrence Erlbaum.

Sheridan, T.B. (1992). *Telerobotics, Automation and Human Supervisory Control.* Cambridge, MA: MIT Press.

Sperling, B.K., & Pritchett, A.R. (2006.) Information distribution to improve team performance in military helicopter operations: An experimental study, *Interservice/Industry Training, Simulation, and Education Conference (I/ITSEC).*

Stout, R.J., Cannon-Bowers, J.A., Salas, E., & Milanovich, D.M. (1999). Planning, shared mental models, and coordinated performance: An empirical link is established. *Human Factors*, 41(1), 61–71.

Szilagyi, A.D., & Wallace Jr., M.J. (1990). *Organizational Behavior and Performance* (5th Ed.). New York: HarperCollins.

Vicente, K.J. (1999). Cognitive Work Analysis: *Toward safe, productive, and healthy computer-based work.* Boca Raton, FL: CRC Press.

Vicente, K. (2003). *Cognitive Work Analysis: Toward safe, productive and healthy computer-based work.* Mahwah, NJ: Erlbaum.

Wiener, E.L., and Curry, R.E. (1980). Flight-deck automation: Promises and problems. *Ergonomics*, 23(10), 995–1011.

Woods, D. (1985). Cognitive technologies: the design of joint human–machine cognitive systems. *AI Magazine*, 6(4), 86–92.

Woods, D.D. & Hollnagel, E. (2006). *Joint Cognitive Systems: Patterns in cognitive systems engineering.* Boca Raton, FL: CRC Press.

撰稿人介绍

卡伦·M. 迪赛（Karen M. Feigh）

Karen 是美国乔治亚理工学院航空航天工程助理教授，拥有乔治亚理工学院航空航天工程学士学位、英国克兰菲尔德大学航空学硕士学位和乔治亚理工学院工业与系统工程博士学位；曾从事空中交通管制仿真研究，在航空公司和部分运营控制中心开展人种学研究，为空中交通管制塔台和 NextGen（下一代空中交通管理系统）设计了专家系统，擅长"人在环路"实验验证。Karen 的研究方向为自适应自动化设计以及对不同认知状态的测量，具体包括航空公司运营、航空运输系统、无人机和微型飞行器地面控制站、任务控制中心、指挥控制中心等系统的自适应自动化设计和认知状态测量。

埃米·R. 普里切特（Amy R. Pritchett）

Amy 是美国乔治亚理工学院认知工程专业副教授，同时就职于航空航天工程系和工业与系统工程系；分别于 1992、1994、1997 年获得麻省理工学院航空航天专业学士、硕士和理学博士学位，持有初级飞机和滑翔机飞行员执照。Amy 主持了多项由美国工业界、国家航空航天局（NASA）和联邦航空管理局（FAA）赞助的科研项目，担任 NASA 航空安全项目主任，负责项目的规划和执行，并且在科学技术办公室（OSTP）航空科学技术小组委员会、商业航空安全小组（CAST）和航空安全信息分析共享系统（ASIAS）执行委员会等多个委员会任职。她在《人的因素》《飞机杂志》《空中交通管制》等学术期刊和会议论文集上发表论文 170 余篇，获美国航空无线电技术委员会（RTCA）颁发的威廉·H. 杰克逊奖（William H. Jackson Award），同时获美国航空航天学会（AIAA）颁发的奖学金。Amy 是《认知工程与决策》杂志主编，是美国联邦航空局研究、工程和发展咨询委员会（REDAC）委员，并担任 REDAC 人的因素分委会主席。

第十一章

通过"资源自适应人机对话管理"增强直升机飞行员辅助系统的功能

费利克斯·迈瓦尔德，阿克塞尔·舒尔特，德国慕尼黑联邦国防军大学

引　言

　　飞行系统研究所（IFS）负责监督一项为期 20 年的研究项目，该项目旨在设计一款基于航空知识的辅助系统，在飞机导航过程中提供一种新的人与自动化协同的可选方式。目前已经证明该辅助系统可以克服传统自动化理论纯技术驱动带来的人的因素问题（Prévôt, Gerlach, Ruckdeschel, Wittig, Onken，1995；Schulte, Stütz，1998）。该系统被称为双模式认知自动化（DMCA），从设计原则衍生出的自动化代表了一种认知系统工程方法。该方法通过在合适的情况下提供适宜的提示、警告和决策辅助应对工作负荷过大引发的问题，同时有助于飞行员积极地参与人机交互。

　　传统航空自动化系统的设计几乎完全采用人因工程中的感觉运动任务，即在飞行员驾驶飞机的同时，连续采集相关飞机信号并进行处理。例如，飞机装备了用于采集飞行状态、自动驾驶仪数据和飞行管理系统（FMS）信息等专门的传感系统。这类传感系统的配备很有必要，有助于避免飞行员在连续执行大量高难度任务时工作负荷过高。研究者提出了"监督控制"（简称监控）概念（Sheridan，1992），对人机交互中需要飞行员人工处理的任务进行了很好的描述，主要包括飞行员对态势的感知和理解、做出行动规划和适当决策，以及解决与任务相关的所有问题。一般而言，这些都是高级认知任务，需要飞行员按顺序处理，并对心理能力和认知资源有很高的要求

（Wicken，Hollands，2000）。

负责特定操作但缺乏全面视角的低权限技术专家在工作过程中如果能使用简单的自动化功能，就会感到非常方便。人机分工的传统做法是将系统的主要任务分配给人完成。然而，随着自动化程度的提高和复杂性的增加，人类操作员承担的系统监控任务也变得越来越复杂。在某些情况下，人类操作员可能会不可避免地出现工作负荷过高的风险，其工作负荷可能远远超出预期，从而丧失态势感知和控制能力（即不能完成主要任务）。但是操作员可能并不知道自动化系统功能与主要任务需求之间的差异，因此对这方面的关注变得至关重要。特别是在所谓的"自主"系统中，设计者越来越倾向于将权限从人类操作员转移给日益复杂的自动化系统。人类操作员尽管从一开始确实减轻了工作负荷，但将承担的系统监控和管理任务也越来越多，从而增加了额外的认知负荷。在某种程度上，人类操作员无法监督这种复杂的自动化系统。

对于自动化系统的传统缺陷，科学界众所周知（Billings，1997；Sarter，Woods，Billings，1997）。为了克服这些缺点，Billings（1997）提出了"以人为中心"的自动化原则。该建议以及其他因素启发了研究者在工作流程中引入一种新型自动化（Onken，Schulte，2010）。由此，复杂的自动化系统将不再处于容易出错和需要人类监督控制的状态，而会以认知代理的形式和人类操作员密切合作。为实现这一目标，课题组围绕"如何设计协作式辅助系统"开展研究。这种辅助系统应与操作员的认知资源（或脑力资源）相适应，因此我们选择军用直升机飞行员辅助系统作为应用示例，在高工作负荷的任务环境下，由直升机驾驶舱机组人员操控无人机，包含有人–无人团队协同任务（MUMT，Strenzke，Uhrmann，Benzler，Maiwald，Rauschert，Schulte，2011）。

在对资源自适应人机对话管理进行详细阐述之前，将首先介绍认知和协作自动化设计的总体概述。

双模式认知自动化（DMCA）

下文将介绍利用 DMCA 方法实现以人为中心的自动化导航和控制功能（Onken，Schulte，2010）。本质上，DMCA 意味着认知代理可以被单独委派任务，也可以与人类用户合作共同完成任务。以下解释中最重要的是，对于监控任务，本研究只考虑由人类用户参与操作的自动化。自动化作为系统固有部分完成指定工作，那些不被人类操作员明确关注的自动化功能在本研究中不予考虑，例如稳定性增强系统和调速器等。在关注双模式概念之前，首先简要介绍认知自动化。

认知自动化概念

与传统自动化不同，认知自动化指的是一种自动化设计，其结合了可实现更高认知能力的系统架构、信息处理方法和算法，例如任务规划、问题解决和决策，这些都是系统功能的一部分。这种自动化能够在必要（或适当）的时候从人类操作员那里领受更高级的认知任务。迄今为止，由于技术认证问题，在航空电子系统开发中，我们只能使用一些保守的自动化设计方法（Jarasch，Schulte，2008）。

为了系统地推导出上述有关高级认知能力的概念，研究者基于 Jens Rasmussen 在 1983 年提出的 SRK 行为分类系统（Skill-Rule-Knowledge，技能－规则－知识）构建了人类认知三层次模型（Onken，Schulte，2010）。对于认知自动化而言，最令人感兴趣的话题是对高层次（即概念层，也就是 Rasmussen 在 1983 年提出的知识层）的行为进行思考，因为人们在遇到不可预见（或未知）的情况时，只有依靠高层次能力才能帮助自己正确地分析形势、思考行动目标（很可能是抽象目标）并规划行动过程，从而做出理性的决定，使人类操作员能够以灵活的方式执行任务，而不像传统自动化那样呆板。传统自动化系统总是在事先设计好的方案框架内运行，在不可预见的情况下可能无法与用户充分互动（软件的脆弱性），这些系统在用户输入时会表现出刻板的行为模式，可能并不适合当时的情况。而且如 Billings（1997）描述，机器行为可能无法被用户看到或理解（不透明）。

原则上，认知自动化是解决这些问题的一种很有前途的方法，尽管并不能保证完全解决（Schulte，Meitinger，2010）。实现认知自动化的潜在方法有人工智能（AI）算法、软计算或机器学习方法、智能（多）代理系统和 Soar 等基于认知架构的方法（Russell，Norvig，2003；Mitchell，1997；Wooldridge，2009；Laird，Newell，Rosenbloom，1987）。飞行系统研究所（IFS）已经开发了第二代认知系统架构，以便为应用程序开发人员提供可访问的人工智能算法（Putzer，Onken，2003；Brüggenwirth，Schulte，2012）。如今，IFS 开发的认知系统架构是大多数 ACU（人工认知单元）的基础框架（Rauschert，Schulte，2012；Uhrmann，Schulte，2012）。

"双模式"自动化概念

根据认知自动化的双模式概念（Onken，Schulte，2010），ACU（人工认知单元）应作为附加组件以两种不同方式集成到传统的自动化系统中，与人类操作员建立委托式关系（模式1，图11.1中的SC）或合作关系（模式2，图11.1中的CC）。

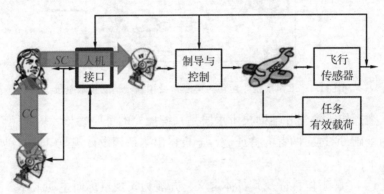

图11.1　将ACU引入自动化导航和控制系统示意图

注：SC＝监督控制，CC＝协同控制

人类操作员和ACU之间委托式关系的详细规范覆盖范围较广。一方面是所谓的"（完全）自主系统"，关于人机系统的设计，目前技术自主的概念还不够全面、定义不清，并且可能具有误导性（Onken，Schulte，2010），因为在授权和监督过程中往往没有充分考虑必要的用户交互。另一方面，人们可以采用系统方法进一步明确机器自动化与人类用户的委托关系（Miller，Funk，Dorneich，Whitlow，2002；Miller，Parasuraman，2007）。认知自动化的第二种模式是ACU与人类用户协作，称为协同控制。Onken和Schulte（2010）将这种模式与Rasmussen在1983年提出的基于知识的辅助系统概念互相联系。在此基础上，研究者开发了一系列原型，最重要的有CASSY（驾驶舱辅助系统，Prévôt等，1995）和CAMA（军用飞机机组辅助系统，Walsdorf，Onken，1999），这两个原型在慕尼黑联邦国防军大学（UBM）成功进行了实地测试。通过各国研究人员的共同努力，有关固定翼机飞行助理（Banks，Lizza，1991）、旋翼机飞行助理（Miller，Guerlain，Hannen，1999）等驾驶辅助系统以及Taylor（2001）、Onken和Schulte（2010）的研究，均为双模式自动化理论的形成做出了卓越贡献。

图11.2是由任务目标定义的工作系统示例。该工作系统中，驾驶辅助技

术手段在概念层面上与人类操作员一样属于系统操控者，在执行系统功能层面上与人类操作员同等重要，不再是单纯的技术支持。

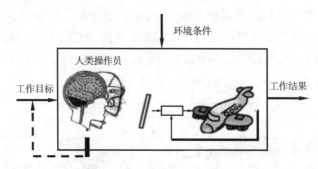

图 11.2　工作系统（包含人类操作员和驾驶辅助技术手段）

人类操作员和驾驶辅助技术手段是系统操控的重要参与者。我们以工作系统为基础，通过对两者的特征进行分析得出了系统设计规范（即设计要求），具体如下。

（1）了解工作目标及其具体含义，并能为实现目标而主动工作。

（2）了解操作员的认知状态（包括意图、行动、注意力分配、工作负荷、认知资源或脑力资源等）。

（3）为实现目标而积极规划任务、选择方法。

（4）了解并高效部署操作支持手段。

此外，我们还要求团队内部（即人类用户和辅助系统）加强合作。根据这一核心要求，"协同控制"的概念应运而生。团队合作的行为规则需按照人机合作的基本要求进行描述（Onken，1994；Onken，2002；Onken，Schulte，2010），主要包括以下 4 方面。

（1）在所有正常情况（即设计期间可预见的情况）下，人类操作员通过使用给定的操作支持手段完成工作。

（2）辅助系统应能理解任务形势，并在必要时引导操作员关注最紧急的任务（第一个基本要求）。

（3）如果人类操作员在完成任务时工作负荷过高，辅助系统应及时采取措施将任务变换为人类操作员可以正常处理的情况（第二个基本要求）。

（4）如果存在人类操作员不能完成但确实非常重要且不可忽略的任务，辅助系统则应该接管这些任务，或将其分配给适当的操作支持手段（第三个基本要求）。

然而，接受、操作以及定义工作目标的权限应始终归属人类操作员。根据 Onken 和 Schulte（2010）的观点，在技术系统领域对自主性的定义是唯一且一致的，这意味着出于道德和其他原因，机器决不能被授予自主性。

自适应自动化概念

正如上述设计要求描述的内容，辅助系统应获得人类用户特定认知状态的有关知识并能够正确理解人类用户的状态（例如当前正在进行的任务、注意力分配、操控动作、工作负荷、过度需求、认知资源或脑力资源等），才能控制自身的辅助干预策略。人类用户特定认知状态的概念可以在自适应自动化术语中找到（Kaber，Riley，Tan，Endsley，2001；Inagaki，2003；Scerbo，2007）。自适应自动化表示一种人 – 自动化交互概念，其中自动化功能能够根据可用的认知资源或主观工作负荷进行调整（Sheridan，1992）。自适应自动化的一个关键方面是在线测量以确定人类操作员的认知状态。

Schulte 和 Donath（2011）研究了在无人机导航任务中使用辅助系统缓解飞行员工作负荷过高的问题。在该研究中，飞行员需要在有人机 / 无人机编队任务（MUM-T）中使用传统自动化管理 3 架无人机，即在通过指定航路点时需依靠飞行管理系统（FMS）进行导航。实验基于飞行模拟器进行，通过增加任务负荷，使受试者表现出自适应策略（self-adaptive strategies，SAS）（Sperandio，1978）。图 11.3 显示了受试者可能表现出自适应策略的工作负荷区域，受试者在这些区域通过投入更多的脑力资源才能将工作绩效保持在可接受范围内。

Schulte 等（2011）研究了通过使用手动交互协议和眼动凝视测量观察受试者是否表现出自适应策略。Donath（2012）提供了观察到的手动交互序列的隐马尔可夫模型（HMM），其中隐藏状态表示所选指标任务的子任务，开发方法为机器识别人类操作员的任务绩效奠定了基础。在辅助系统检测到人类操作员的任务绩效偏差或者发现操作员已表现出自适应策略的情况下，操作员的高工作负荷状态能够从行为观察中检测到。在检测工作负荷过高的问题时，单个 HMM 与用户的特定工作负荷状态是相关联的。

下一节将介绍使用认知任务模型、操作员观察和脑力资源预测等方法设计 MUM-T 任务中的直升机飞行员辅助系统，即军用旋翼飞行助理（MiRA）。

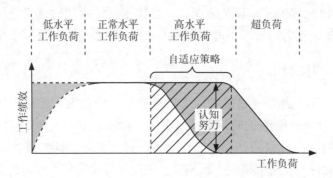

图 11.3　受试者可能表现出自适应策略的工作负荷区域

注：人类操作员的工作绩效取决于主观工作负荷，可以通过使用自适应策略得到扩展

资源自适应辅助系统

MiRA 系统的设计遵循双模式认知自动化（DMCA）方法（Onken, Schulte, 2010）。在本节将讨论该辅助系统的总体架构以及系统干预对人类操作员工作负荷的影响，介绍通过"资源自适应人机对话管理"增强 MiRA 系统功能的思路，并为飞行模拟器的集成研究提供数据支撑。

MiRA 系统的总体架构

MiRA 与人类飞行员进行交互，其设计规范遵循分层法。设计者从最抽象的层面思考，决定将 MiRA 设计为一种协同控制的辅助系统（即 DMCA 的模式 2）。这意味着 MiRA 将成为工作系统中作战力量的一部分，以实现军用运输直升机的任务目标。

任务规划和任务模型是 MiRA 设计的重要组成部分，有助于深入了解工作目标（Strenzke 等，2011）。当任务规划模块生成整个任务的完整流程后，任务模型进一步将完整流程分解为单个任务（Ruckdeschel, Onken, 1994），这两个步骤的运行都需要系统提供具体任务的相关知识。虽然任务规划会随着总体任务的变化而不断更新，但任务模型能够使用交互监控和眼动跟踪技术保持与实际执行的任务同步。任务的总体目标是组成任务模型的重要部分，用于分析系统功能与总体目标相违背的行动过程（如违反特定情况许可或系统设置）。在违背总体目标的情况下，MiRA 会考虑干预，干预措施发布时间是根据设计要求决定的，如有必要，MiRA 会引导人类操作员关注最紧迫的任务；再者，如果人类操作员的工作负荷过高，MiRA 将灵活调整使其保持在适当水平。在这两种情况下，MiRA 将主动启动资源自适应管理人机对话。重要的是，在启动人机对话时，辅助系统必须掌握人类操作员当前的认知状态和可用资源，下一节将对相关内容进行更深入地解释。

MiRA 系统的干预和工作负荷

按照 Schulte（2012a）的观点，人类操作员只要处于正常的工作负荷区域就能够顺利执行任务。只要其在不犯错、不存在过度需求的情况下完成任务，辅助系统就不会施加干预（图 11.4 中的区域Ⅰ）。如果出现了计划之外的意外事件，情况可能会发生变化，这将导致工作负荷增加（区域Ⅱ）。这时，根据设计要求的第 1 项和第 2 项，辅助系统将进行干预，以便将工作负荷降低到可控制水平（区域Ⅲ，最后是区域Ⅳ）。

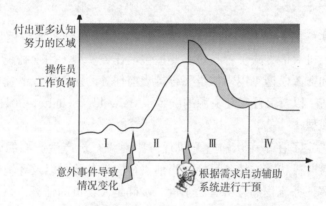

图 11.4 辅助系统干预对操作员工作负荷的影响

然而，如果人类操作员在识别辅助系统所提供的支持或以某种方式与辅助系统交互时，必须投入额外的认知资源，那么由于资源需求的增加，其工作负荷首先可能增加而不是下降（图 11.4 中的区域Ⅲ）。在极端情况下，人类操作员不可能具备足够的自由认知资源，其需要以最佳方式从辅助系统提供的支持中受益。Wiener（1989）将那些可能引起不利影响的自动化称为"笨拙的自动化"。

为解决这个问题，我们研发了一种方法，旨在最大限度地减少飞行员在感知和处理辅助系统所提供的信息时投入的认知资源（图 11.4 中的区域Ⅲ）。因此，我们根据 North 和 Riley（1988）以及 Wickens（2002）的思路提出了一种认知资源模型，使 MiRA 系统能够估量人类操作员在当前任务情况下的工作负荷和剩余心理能量。资源模型的总体思路是建立任务与"需求向量"的联系，量化用于信息收集（视觉／听觉、空间／语言）、信息处理（认知空间、认知语言）和反应生成（手动、语音）的脑力资源使用情况。然后使用 Wickens（2002）的"冲突矩阵"，通过叠加人类操作员对当前任务的需求向量计算当前的总资源需求，该方法也适用于对工作负荷进行预测。在辅助系统启动人机对话的情况下，对话界面会出现"选择代码（空间／模拟或语言）"和"显示模式（视觉／听觉）"选项，每个选项都与唯一的需求向量相对应。通过将相关的需求向量与当前任务的向量叠加，辅助系统则会自主选择显示选项，这有助于将人类操作员的额外工作负荷降至最少，从而使资源冲突最小化。最佳的可用交互模式可以最大限度地减少对飞行员脑力资源的额外需求，即由自动化导致的额外需求。

核心思路

我们实施的思路是根据飞行员的剩余认知资源动态调整信息传递方式（尤其是人机对话方式），其核心要素包括任务模型（用于确定飞行员的当前任务）和资源模型（用于估量飞行员当前任务的认知资源消耗、资源冲突和工作负荷）以及最佳交互资源的确定（Maiwald，Schulte，2011）。

任务模型

我们确定了在军用运输直升机任务中对飞行员产生影响的所有外部因素，包括直升机状态、任务目标、当前飞行和任务阶段以及环境条件等。对直升机整体任务流程的分析有助于进一步确定飞行员的任务，系统将这些数据汇总成一幅完整的态势图后，就可以确定飞行员当前应该执行的任务。为此，我们开发了任务典型情况模型，其中的过渡状态网络是在德国陆军飞行员知识获取实验的基础上开发。

为了使标准化任务模型具有动态特征，预先计划的任务与飞行员正在执行的实际任务必须同步。因此，研究者对人机交互方式进行了分析，如视觉交互（通过眼动跟踪进行测量）、手动交互和语音交互。在这种情况下，我们可以假设通过对人类操作员的眼动、手动和语音交互进行观察，辅助系统能够对操作员实际执行任务的情况做出判断。在该模型中，手动交互包括手动操作显示器上实时显示的页面、按钮、当前系统设置（例如起落架）以及操纵杆状态，视觉交互则是通过与对象相关的眼动测量技术提供。

资源模型

接下来，我们发现实际任务与资源模型是相关联的，资源模型则是基于 Wickens 的多元资源理论（Wickens，Hollands，2000），通过使用八维需求向量对所需的认知资源进行估计（Wickens，2002）。每一个需求向量都代表着某个任务对操作员提出的需求，这些需求以信息获取、信息处理和信息反馈等形式表示。数据则是通过在德国陆军飞行员中开展知识获取实验而收集。在实验中，飞行员必须对任务不同时期的个人资源需求进行 Likert 五级评分。为了尽可能消除这些模型的主观影响，我们开展了实验室实验，以便将预测的不同任务情况下的资源冲突与客观测量的飞行员绩效更好地匹配（Maiwald，2013）。在实验基础上，我们应用机器学习方法（即遗传算法）对初始资源模型进行优化调整以适应其测量的飞行员绩效（Maiwald，Schulte，2012）。

表 11.1 使用"接近拾取区域"和"更改地图的缩放比例"作为示例任务对需求向量进行了详细解释。为了估计当前的资源利用率，研究者提出了一种改进的视听认知心理运动（VACP）资源模型（Aldrich，Craddock，McCracken，1984），该模型使辅助系统能够确定人类操作员完成当前任务时剩余的认知资源。

表 11.1　两种示例任务的需求向量

任务	信息获取				信息处理		对信息的反应	
	视觉/空间	视觉/语言	听觉/模拟	听觉/语言	认知/空间	认知/语言	手工	语音
接近拾取区域	3	2	2	0	2	2	3	0
更改地图的缩放比例	1	0	0	0	2	0	1	0

此外，资源模型包含了一些与任务和资源冲突有关的指标，可用于估计飞行员当前的工作负荷。为此，通过参考前人将当前任务的需求向量成对应用于改进工作负荷指数模型（$W/$ 指数，Wickens，2002）的方法，我们将改进后的指标应用于 $W/$ 指数模型，消除了对可并行检查的任务数量的限制。在需要并行考虑 n 个任务时，我们建立了一个数量为 k 的成对冲突变量 TKW_i（$i \in \{1, \cdots, k\}$）。其中：

$$k = \frac{n!}{2 \times (n-2)!} \tag{11.1}$$

这些成对冲突变量 TKW_i 可以表示为行向量 $TKW = \{TKW_1, TKW_2, \cdots, TKW_k\}$。对总体工作负荷的估计可计为成对冲突变量的几何和，公式如下：

$$\text{Workload} \approx \text{Conflict} = \sqrt[2]{(TKW_1)^2 + \cdots + (TKW_k)^2} = \sqrt[2]{\sum_{m=1}^{k} TKW_m^2} \tag{11.2}$$

最佳交互资源的确定

为了最大限度地减少飞行员在感知辅助系统发起的警告或与辅助系统提供的支持进行交互时额外投入认知资源，我们对飞行员当前的任务和由此产生的工作负荷水平（即资源的利用）进行了研究。首先，我们利用四种不同代码和模式，即"选择代码(空间/模拟或语言)"和"显示模式(视觉/听觉)"，假设性提出在飞行员执行任务时所有可能的交互方式（例如，由辅助系统发起的人机对话）。其次，我们将每一种可能的任务组合都参考改进后的 W/指数和视听认知心理运动（VACP）资源模型对资源利用率进行了评定。由此，我们研究了以下 4 种可能的交互方式，即视觉 – 空间（例如视觉显示器上的图形符号）、视觉 – 语言（视觉显示器上的文本消息）、听觉 – 模拟（编码听觉信息）和听觉 – 语言（语音合成）。最后，我们在辅助系统中生成需要飞行员投入最少额外工作负荷的交互资源启动与飞行员的对话。

原型实现

为了实现 MiRA 功能，我们根据认知加工过程模型开发了一个模块化结构（Putzer, Onken, 2003）。认知过程包括从外部环境获取数据、对数据进行解读、目标确定（即任务情境判断）、计划和决策、待执行任务的日程安排以及动作控制和执行 6 个子过程，这些子过程会保持持续运行。

MiRA 的模块设计需与认知过程的各个阶段相适应，如图 11.5 所示，这种设计使我们能够为辅助系统和嵌入式资源模型使用单独的组件和模块，两者关注的侧重点不同。

MiRA 的功能被设计为扮演两个不同角色支持人类操作员，即关联辅助和报警辅助（Onken, Schulte, 2010）。关联辅助是指辅助系统在不关注人类操作员认知状态的情况下向其连续提供决策辅助，例如持续给予速度和航向等飞行参数的建议等；而报警辅助只在需要的时候才会提供，旨在当 MiRA 和飞行员之间出现差异时立即向飞行员传达事实情况，让其及时注意到差异。辅助系统能够根据上述资源模型的原型，通过部署不同的代码和模式，以资源自适应的方式呈现问题并提供咨询。

然而在上述代码和模式组合中，并非所有的形式都适合通过人机对话吸引飞行员的注意力以传达所需的提示和告警。表 11.2 汇总了代码和模式的可行组合。如果在特定情况下，资源模型指定的最佳代码和模式组合并不适用于实际交互，则选择第二最佳可用交互资源。

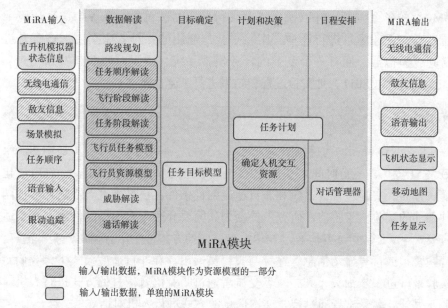

图 11.5　军用旋翼机飞行助理 MiRA 的模块结构（包括飞行员资源模型）

表 11.2　MiRA 对感知资源的辅助干预措施示例

辅助干预措施（示例）	信息显示方式			
	视觉 – 模拟（VA）	视觉 – 语言（VV）	听觉 – 符号（AS）	听觉 – 语音（AV）
违反时间限制	可用	可用		可用
违反安全临界高度		可用	可用	可用
存在离地面太近的危险		可用	可用	可用
起落架设置不正确		可用	可用	可用
应答器设置不正确		可用	可用	可用
违规进入过境通道		可用		可用
通信中信息遗漏		可用		可用
规划状态信息		可用		可用
下一航段航向通知	可用	可用		可用
速度、航向、高度通知	可用	可用		

实验评估

　　为了评估 MiRA 的功能，特别是在自适应自动化方面的优势，我们项目组在 2011 年开展了一次"人在环路（HITL）"评估。MiRA 属于 MUM-T 任务研究内容中的一部分，该研究首次实现了一个完整的功能原型，包含

DMCA 的各个方面，并以德国陆军飞行员为测试对象，在虚拟仿真环境中通过真实任务场景进行评估。实验平台是通用的并排双座军用运输直升机驾驶舱模拟器，拥有一个复杂的任务模拟系统，用于原型的开发和集成。Strengzke 等（2011）对实验过程和结果进行了全面概述。

实验方法

8 名受试者，均为德国陆军飞行员，男性，平均年龄 37 岁（最小 28 岁，最大 51 岁），飞行时间 830 ~ 5 100 h，平均飞行时间为 1 815 h。在自动化模式方面，实验包含自适应和非自适应两种条件，每名受试者都需要参加两种条件的实验。实验前，研究人员会为其简要介绍人机界面的性质。在自适应模式下，8 名受试者均通过 MiRA 自适应的方式使用语音输出、文本消息、音频警报或符号显示信息等途径与飞行员通讯。在非自适应模式下，我们对实验条件进一步细分，其中 4 名受试者通过听觉语音信息的方式进行人机对话，另外 4 名受试者通过视觉文本信息的方式进行人机对话。

实验任务持续时间为 30 ~ 45 min，主要目标是将部队从友军补给区运送到敌方空投区，飞行员必须使用开放时间不同的通道从友军领土过境到敌方领土并及时返回。

指挥官（由不在执行飞行任务的飞行员担任，PNF）有权控制 3 架无人机，无人机负责侦察任务，如考察直升机路线和着陆点。在主要任务（即在空投区投送部队）完成之后还有一项后续任务，后续任务指令只在机组人员完成主要任务后才会下达。后续任务包括第二次运送部队（在敌方领土内）或营救坠机的飞行员（从敌方领土到友军领土）。整个实验的视频文档均被完整记录（Schulte，2012b）。

出于验证 MiRA 原型的实验目的，以下章节仅讨论与飞行员有关的内容，关于 PNF 无人机任务管理相关结果参见 Strengzke 等（2011）发表的论文。实验中，我们让机组人员在敌方领土地面以上（AGL）、150 英尺（45.72 m）以下的高度进行操作，该高度是一个关键的安全参数，该要求的违反会增加对敌防空火力暴露的可能性。

实验结果

我们统计了受试者在实验过程中超出既定高度［即 150 英尺（45.72 m）］的累积值，以此作为绩效考核指标之一。对自适应和非自适应模式均进行了计算，采用 t 检验比较这两种模式的差异，结果表明，与非自适应模式相比，在自适应模式中受试者的累积高度偏差减少了 50% 以上（图 11.6），当以资源自适应的方式传输信息时，受试者的工作绩效显著提高 [$t(4) = 2.17$，$P = 0.048$，$n = 4$]。每次任务完成后，受试者完成 NASA-TLX 量表（即美国航空航天局任务负荷指数量表），对辅助系统不同自动化模式下的任务负荷及系统整体的任务负荷进行主观评估。为了确保不同个体之间的可比性，对所有受试者的 NASA-TLX 评分进行标准化。

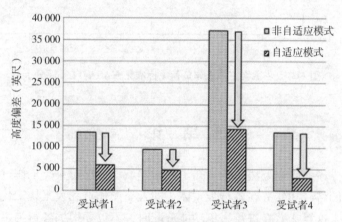

图 11.6 自适应与非自适应模式下的高度偏差累积值

如图 11.7 所示，在非自适应模式下，仅通过视觉文本信息进行人机对话的受试者的主观工作负荷水平平均为 42.6%，而在资源自适应模式下，受试者的主观工作负荷水平明显降低，平均为 30.6%。双侧 t 检验结果表明，这两种模式下的主观工作负荷水平差异显著，$t(32) = 2.06$，$P = 0.047$，$SD = 9.97$，$n_1=12$，$n_2=22$。此外在非自适应模式下，仅通过听觉语音信息进行人机对话的受试者的主观工作负荷水平平均为 38.9%，与资源自适应组的 30.6% 相比，显著性较弱，$t(32)=1.87$，$P=0.07$，$SD=10.2$，$n_1=12$，$n_2=22$。

对 MiRA 系统整体任务负荷进行主观评价的结果表明，受试者认为在资源自适应模式下辅助系统提供了最佳支持，统计学差异边缘显著，$t(14)=1.95$，p=0.07。在仅通过视觉文本信息进行人机对话的条件下，受试者对资源自适应模式与非自适应模式进行两两比较，结果表明，资源自适应模式有更好的支持，$t(10)=5.06$，$P < 0.001$。但在仅通过听觉语音信息进行人机对话的条件下，受试者对资源自适应模式与非自适应模式进行两两比较时，差异无统计学意义。

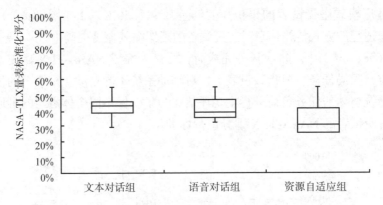

图 11.7　受试者主观工作负荷（标准化 NASA-TLX 评分）

结　论

　　本章描述的研究方法源于认知工效学领域。通过对人类工作过程的整体考虑，我们将认知任务在各行为主体（即人类操作员和人工认知代理）之间重新分配。这意味着在进行人机功能分配时，不仅要根据各行为主体的优劣势将任务固定分配给人类操作员或自动化代理，还要根据任务执行的实时情况实现功能分配的动态调整。在这种情况下，自适应自动化能够通过提高系统的总体性能显现优势。Onken 和 Schulte（2010）在双模式认知设计方法中对相关原则进行了全面描述，这一概念为如何将人工认知代理集成到人机系统中以及如何进行原型设计提供了指导。

　　在本章中，我们根据 DMCA 的指导原则设计 MiRA 系统，这是一个基于航空知识的飞行驾驶辅助系统，适用于军用直升机飞行员。在这项研究中，MiRA 的自适应能力得到增强，为此，我们提出对飞行员的当前认知负荷及剩余认知资源进行估计。基于我们建立的资源模型，辅助系统能够根据飞行员的剩余资源发起最适宜的人机对话方式，可以防止飞行员超负荷工作，从而最大限度地提高系统的整体性能。

　　本研究使用双座军用运输直升机驾驶舱模拟器，证明了 MiRA 和 MUM-T 系统的作战效益。对自适应辅助系统功能的总体评估表明，使用资源自适应模式可以显著降低与高度相关的潜在威胁。受试者反馈在资源自适应模式下得到了辅助系统的最佳支持，而且此时的主观工作负荷最小。最后，MiRA 被认为是一名有助于提高任务绩效和系统安全的电子化机组人员。在未来工作中，我们将通过实验进一步验证本研究提出的资源模型原型，特别是需求向量。此外，我们会将研究成果推广应用于民用飞机领域，例如民用紧急直升机任务。在这种情况下，我们打算按照 Schulte 和 Donath（2011）提出的人类行为模型开发一种混合方法以增强基于模型的任务预测能力。

原著参考文献

Aldrich, T.B., Craddock, W., & McCracken, J.H. (1984). *A computer analysis to predict crew workload during LHX ScoutAttack Missions.* TR No. ASI479- 054-84 (B). Fort Rucker, AL: Anacapa Sciences, Inc, USA.

Banks, S.B., & Lizza, C.S. (1991). Pilot's associate: A cooperative, knowledgebased system application. *IEEE Expert,* 6(3), 18–29.

Billings, C.E. (1997). *Aviation Automation—The search for a human-centered approach.* Mahwah, NJ: Lawrence Erlbaum.

Brüggenwirth, S., & Schulte, A. (2012). COSA2—A cognitive system architecture with centralized ontology and specific algorithms. In *Proceedings of IEEE International Conference on Systems, Man, and Cybernetics* (IEEE SMC 2012), 307–314. Seoul, Korea.

Donath, D. (2012). *Verhaltensanalyse der beanspruchung des operateurs in der multi-UAV-führung ("Behavior analysis of operator workload in multi-UAVguidance").* Dissertation at the University of the Bundeswehr Munich.

Inagaki, T. (2003). Adaptive automation: Sharing and trading control. In Hollnagel, E. (Ed.), *Handbook of Cognitive Task Design* (147–169). Mahwah, NJ: Lawrence Erlbaum.

Jarasch, G., & Schulte, A. (2008). Satisfying integrity requirements for highly automated UAV systems by a systems engineering approach to cognitive automation. In *Proceedings of 27th Digital Avionics Systems Conference,* 5.C.4-1–5.C.4-12, St. Paul, MN, USA.

Kaber, D.B., Riley, J.M., Tan, K.W., & Endsley, M.R. (2001). On the design of adaptive automation for complex systems. *International Journal of Cognitive Ergonomics,* 5(1), 37–57.

Laird, J.E., Newell, A., & Rosenbloom, P.S. (1987). Soar: An architecture for general intelligence. *Artificial Intelligence,* 33(1), 1–64.

Maiwald, F. (2013). *Maschinelle beanspruchungsprädiktion zur ressourcengerechten adaption eines pilotenassistenzsystems ("Machine prediction of workload for the sake of resource-oriented adaptation of a pilot assistant system").* Dissertation at the University of the Bundeswehr Munich.

Maiwald, F., & Schulte, A. (2011). Mental resource demands prediction as a key element for future assistant systems in military helicopters. In Harris, D. (Ed.), *Engineering Psychology and Cognitive Ergonomics, Human-Computer Interaction International 2011, Lecture Notes in Computer Science, 6781* (582–591). New York: Springer.

Maiwald, F., & Schulte, A. (2012). Adaptation of a human resource model by the use of machine learning methods as part of a military helicopter pilot associate system. In *Proceedings of Human Factors and Ergonomics Society,* 56(1), 970–974, Boston, MA.

Miller, C.A., Funk, H.B., Dorneich, M., & Whitlow, S.D. (2002). A playbook interface for mixed initiative control of multiple unmanned vehicle teams. In *Proceedings of 21st Digital Avionics Systems Conference.* 7.E.4-1–7.E.4-13, Irvine, CA.

Miller, C.A., Guerlain, S., & Hannen, M.D. (1999). The rotorcraft pilot's associate cockpit information manager: acceptable behavior from a new crew member. Paper presented at 55th American Helicopter Society Annual Forum. Montreal, Canada.

Miller, C.A., & Parasuraman, R. (2007). Designing for flexible interaction between humans and automation: Delegation interfaces for supervisory control. *Human Factors*, 49(1), 57–75.

Mitchell, T.M. (1997). *Machine Learning.* New York: McGraw-Hill.

North, R.A., & Riley, V. (1988). W/INDEX: A predictive model of operator workload. In G.R. McMillian, D. Beevis, E. Salas, M.H. Strub, R. Sutton, R., & L. van Breda (Eds), *Applications of Human Performance Models to Systems Design.* Defense Research Series, Vol. 2, 8190, New York: Plenum Press.

Onken, R. (1994). Basic requirements concerning man–machine interactions in combat aircraft. Workshop on Human Factors/Future Combat Aircraft.Ottobrunn, Germany.

Onken, R. (2002). Cognitive co-operation for the sake of the human-machine team effectiveness. *The Role of Humans in Intelligent and Automated Systems. NATO RTO-Meeting Procedures MP-088,* HFM-084. Warsaw, Poland.

Onken, R., & Schulte, A. (2010). *System-Ergonomic Design of Cognitive Automation—Dual mode cognitive design of vehicle guidance and control work systems. Studies in Computational Intelligence, Vol. 235.* Heidelberg: Springer.

Prévôt, T., Gerlach, M., Ruckdeschel, W., Wittig, T., & Onken, R. (1995). Evaluation of intelligent on-board pilot assistance in in-flight field trials. Paper presented at 6th IFAC/IFIP/IFORS/IEA symposium on analysis, design and evaluation of man-machine systems. Cambridge, MA.

Putzer, H., & Onken, R. (2003). COSA—A generic cognitive system architecture based on a cognitive model of human behaviour. *Cognition, Technology & Work,* 5(2), 140–151.

Rasmussen, J. (1983). Skills, rules, and knowledge; Signals, signs, and symbols, and other distinctions in human performance models. *IEEE Transactions on Systems, Man and Cybernetics*, 13(3), 257–266.

Rauschert, A., & Schulte, A. (2012). Cognitive and cooperative assistant system for aerial manned-unmanned teaming missions. *Supervisory Control of Multiple Uninhabited Systems—Methodologies and Enabling Human-Robot Interface Technologies.* NATO RTO Task Group HFM-170 Report, 8.1–8.17.

Ruckdeschel, W., & Onken, R. (1994). Modelling of pilot behaviour using petri nets, *15th International Conference on Application and Theory of Petri Nets. Lecture Notes in Computer Science, 815,* 436–453, London: Springer.

Russell, S., & Norvig, P. (2003). *Artificial Intelligence: A modern approach.* Upper Saddle River, NJ:

Prentice Hall.

Sarter, N.B., Woods, D.D., & Billings, C.E. (1997). Automation surprises. In G. Salvendy, (Ed.), *Handbook of Human Factors and Ergonomics* (2nd edition, pp. 1926–1943), New York: Wiley.

Scerbo, M.W. (2007). Adaptive automation. In R. Parasuraman, & M. Rizzo (Eds), *Neuroergonomics: The brain at work* (pp. 239–252). New York: Oxford University Press.

Schulte, A. (2012a). *Kognitive und kooperative automation zur führung unbemannter luftfahrzeuge ("Cognitive and cooperative automation in management of unmanned aircraft").* Paper presented at: *Zweiter Interdisziplinärer Workshop Kognitive Systeme: Mensch, Teams, Systeme und Automaten—Verstehen, Beschreiben und Gestalten Kognitiver (Technischer) Systeme.* Duisburg, Germany.

Schulte, A. (2012b). Video documentation *"Dual-Mode Cognitive Automation in Manned-Unmanned Teaming Missions"* (http://www.youtube.com/watch?v=_Cx2sFOy0KU, accessed July 25, 2014).

Schulte, A., & Donath, D. (2011). Measuring self-adaptive UAV operator's load shedding strategies under high workload. In D. Harris (Ed.), *Engineering Psychology and Cognitive Ergonomics, Human–Computer Interaction International 2011, Lecture Notes in Computer Science, 6781*, 342–351, New York: Springer.

Schulte, A., & Meitinger, C. (2010). Introducing cognitive and co-operative automation into UAV guidance work systems. In M. Barnes & F. Jentsch (Eds), *Human-Robot Interaction in Future Military Operations. Series Human Factors in Defence* (pp. 45–170), Aldershot: Ashgate.

Schulte, A., & Stütz, P. (1998). Evaluation of the Crew Assistant Military Aircraft (CAMA) in simulator trials. Paper presented at *NATO RTO System Concepts and Integration Panel*. Symposium on Sensor Data Fusion and Integration of Human Element. Ottawa, Canada.

Sheridan, T.B. (1992). *Telerobotics, Automation and Human Supervisory Control*, Cambridge, MA: MIT Press.

Sperandio, A. (1978). The regulation of working methods as a function of workload among air traffic controllers. *Ergonomics*, 21, 193–202.

Strenzke, R., Uhrmann, J., Benzler, A., Maiwald, F., Rauschert, A., & Schulte, A. (2011). Managing cockpit crew excess task load in military manned-unmanned teaming missions by dual-mode cognitive automation approaches. *AIAA Guidance, Navigation and Control Conference*. doi: 10.2514/6.2011-6237, Portland, OR, USA.

Taylor, R.M., Bonner, M.C., Dickson, B., Howells, H., Miller, C.A., Milton, N., Pleydell-Pearce, K., Shadbolt, N., Tennison, J., & Whitecross, S. (2002). Cognitive cockpit engineering: Coupling functional state assessment, task knowledge management, and decision support for context-sensitive aiding. In M. McNeese & M. Vidulich (Eds), *Cognitive Systems Engineering in Military Aviation Environments: Avoiding cogminutia fragmentosa!* A report produced under the auspices of The Technical Cooperation Programme, Technical Panel Human Factors in Aircraft Environments (HSIAC-SOAR-2002-01). 253–312. Wright Patterson Air Force Base: Human Systems Information Analysis Center.

Uhrmann, J., & Schulte, A. (2012). Concept, design and evaluation of cognitive task-based UAV guidance. *International Journal on Advances in Intelligent Systems,* 5(1), 145–158.

Walsdorf, A., & Onken, R. (1999). Intelligent crew assistant for military transport aircraft. Paper presented at *NATO RTO Meeting Sensor Data Fusion and Integration of the Human Element,* Ottawa, Canada.

Wickens, C.D. (2002). Multiple resources and performance prediction. *Theoretical Issues in Ergonomics Science,* 3(2), 159–177.

Wickens, C.D., & Hollands, J.G. (2000). *Engineering Psychology and Human Performance* (3rd edition). Upper Saddle River, NJ: Prentice Hall.

Wiener, E.L. (1989). Human factors of advanced technology ("glass cockpit") transport aircraft. *NASA Technical Report 177528.* Moffett Field, CA, NASA Ames Research Center.

Wooldridge, M. (2009). *An Introduction to Multiagent Systems.* Chichester, UK: Wiley.

撰稿人介绍

费利克斯·迈瓦尔德（Felix Maiwald）

Felix 于 2005 年从德国伊尔梅瑙工业大学工程计算机科学专业硕士毕业，研究方向为多媒体信息和通信系统。2006 年以来，他一直是慕尼黑联邦国防军大学飞行系统研究所研究员，主要从事认知辅助系统和自适应自动化方面的研究。他为军用直升机飞行员开发了一种基于知识的飞行员辅助系统，并完成现场测试。2013 年 8 月，获得资源自适应对话管理工程博士学位。

阿克塞尔·舒尔特（Axel Schulte）

Axel 在德国慕尼黑联邦国防军大学（UBM）获得航空航天工程学士学位（1990 年，控制工程专业）和工程学博士学位（1996 年，航空人因专业）。1995—2002 年，他担任航空业系统工程师和项目经理，参与军用飞机飞行员辅助系统、任务管理系统和驾驶舱航空电子等领域的多个研究项目。2002 年以来，他一直担任 UBM 航空航天工程系飞机动力学终身教授和飞行系统研究所所长，研究方向为飞行/军事任务管理中的认知自动化与人机协同以及无人机任务系统的人机自动化集成。2010 年起，Axel 担任麻省理工学院人与自动化实验室客座教授。

第十二章

跑道侵入应对能力预测：
一项基于飞行员个体特征的研究

凯瑟琳·范·本瑟姆，克里斯·M.赫德曼，加拿大卡尔顿大学

跑道事故已经成为全球航空业面临的焦点问题，每年给航空公司造成的经济损失大约为 10 亿美元（霍尼韦尔航空航天集团，2009 年报道）。跑道侵入是指未经许可或未经授权的飞机、人员、车辆、设备等进入（或穿越）飞机起降区域或滑行区域，大多数情况下是其他飞机，也可能有车辆或野生动物（有时野生动物的体积很大或数量很多），严重危及飞行安全。因此，提高飞行员对跑道侵入的检测及规避能力是确保跑道安全的重要措施之一。本章围绕通用航空飞行员在着陆时遭遇跑道侵入的问题开展研究，具体实验场景为飞行员在高仿真塞斯纳 172（Cessna 172）飞行模拟器上着陆时，突然发现一架选错道面的飞机正向本机跑道迅速靠近。本章重点探讨飞行员年龄、专业知识和基本认知能力等个体特征与其对跑道侵入应对能力之间的关系。

跑道侵入事件的普遍性

尽管有周密的计划，飞行员在飞行过程中还是会经常遇到意外事件。研究人员在一项数据库分析中发现，5% 的意外事件是由其他飞机引起，其中部分涉及跑道侵入（Kochan, Breiter, Jentsch, 2004）。美国联邦航空管理局 2010 年报道，美国每年发生近 1 000 起跑道侵入事件，这一数字还不包括在没有塔台管制的机场发生的侵入事件。美国国家运输安全委员会（NTSB）于 2012 年将提高机场地面安全列入"最重要事务清单"。NTSB 强调防止跑道侵入是机场地面运行最关键的问题之一，并呼吁将飞行员培训作为一项常态化措施以减少跑道侵入事件的发生及影响。同样地，加拿大运输安全委员会（TSB）也于 2012 年起定期发布"最重要事务清单"以加强对航空安

全的关注，其中跑道碰撞风险是加拿大航空面临的四大安全威胁之一，已多次被列入风险清单。有迹象表明，自从加拿大航空启动"最重要事务清单"以来，跑道侵入次数得到了更加规范化的统计并呈现出增加趋势，因此加拿大运输安全委员会呼吁加强应对措施。

通航飞行员 VS 跑道侵入事件

　　与其他飞行员相比，通航飞行员发生跑道侵入事件的比例更高。美国联邦航空管理局（FAA）在2010年发布的《年度跑道安全报告》中指出，人为失误是大多数跑道侵入事件的诱因。据统计，针对设有塔台管制的机场，77%由飞行员因素造成的侵入事件归咎于通航飞行员的人为失误。与商业飞行员相比，当跑道上出现侵入事件时通航飞行员可能更加被动，主要原因在于通航飞行员驾驶的飞机可能更简单、驾驶舱中的自动警告系统更少，而且通航飞行员主要是在没有塔台管制的机场飞行，机场上能够跟踪跑道交通的"电子眼"更少。据说通航的许多仪表飞行任务完全依靠飞行员操作（Veillette，2009）。因此，检测跑道侵入事件的责任完全落在飞行员身上。

　　每个通航飞行员接受飞行技能审查和培训的具体内容不同。按照《联邦航空条例》第61部分飞行审查的相关规定，飞行员每两年接受一次与所持执照类型相匹配的技能审查和培训，审查的具体内容由飞行员关注的问题和考官（即飞行审查员）关注的问题共同组成（FAA，2006）。FAA文件没有明确规定技能审查必须将着陆过程中飞行员对跑道侵入的检测和规避能力作为一项评估内容。因此，飞行审查员和飞行员需要达成共识，将对跑道侵入的应对能力纳入审查内容。从本质上讲，通航飞行员技能审查的有效性一定程度地取决于飞行员对自身驾驶技能的主观评估。因此，飞行员驾驶技能自我评估应作为通航飞行员技能审查的一部分。在除美国之外的许多国家，例如加拿大对飞行员的考核方式比较灵活，包括提供自学计划、参加交通部要求的研讨会等多种方式。在这些国家，鉴于大多数持有私人飞行执照的飞行员不需要每两年接受一次严格的技能审查，因此飞行员对跑道侵入等突发事件的应对能力可能很少受到官方重视。

跑道侵入应对能力的预测因素

　　通常情况下，与交通警告和平视显示器相关的研究经常会涉及跑道侵入，但这类研究不会详细探讨飞行员个体特征与飞行绩效之间的关系；另外，围绕飞行员个体特征与飞行绩效两者关系的研究通常也不会专门关注跑道侵入事件。下文将对跑道侵入相关研究进行简要介绍。

飞行员对跑道侵入事件的检测

当需要评估某项驾驶舱新技术在避免交通冲突方面的作用时，研究者通常会使用跑道侵入作为实验场景（Jones，Prinzel，2006；Wickens，Long，1995）。例如，Jones 和 Prinzel（2006）开展的研究旨在评估驾驶舱告警信息（视觉和听觉）对飞行员检测跑道侵入事件的影响，该研究基于飞行模拟平台创建的实验场景与通航飞行员面临的跑道侵入场景非常相似。研究者邀请 16 名通航飞行员作为被试参加实验，按照目视飞行规则和仪表飞行规则对飞行员等级进行分组（即目视飞行 / 低等级飞行员、目视飞行 / 高等级飞行员、仪表飞行 / 低等级飞行员、仪表飞行 / 高等级飞行员），所有被试被分为 4 组，每组 4 名。实验分为两个阶段，第一阶段实验场景为飞机准备着陆时，一架"意外"飞机突然出现在飞行员将要降落的跑道上等待起飞。实验结果表明，对于意外的跑道侵入，2 名飞行员一直未发现，8 名飞行员在驾驶舱告警之前发现，1 名飞行员在驾驶舱提供告警信息（即跑道地图）时发现，另外 5 名飞行员在驾驶舱提供告警信息之后立即观察窗外环境而发现。第二阶段的实验场景为飞机准备着陆时，一架"意外"飞机突然出现在飞行员需要穿越的交叉跑道上。实验结果表明，在装配有六种基本仪表（高度表、空速表、升降速度表、地平仪、罗盘和转弯侧滑仪）的驾驶舱内，当面临穿越场景中的跑道侵入时，80% 以上的飞行员未能从视觉信息中发现跑道侵入，11% 的飞行员做出了适当的复飞响应（Jones，Prinzel，2006）。

Wickens 和 Long（1995）开展了一项模拟飞行研究，实验场景同样是在飞机准备着陆时引入意外的跑道侵入，用于考察平视显示器（HUD）与下视显示器（HDD）中共形符号与非共形符号的功能差异。这里的共形符号是指两个或以上的符号 / 图形在设计整合时互相利用、互相衬托。32 名飞行员作为被试参加了本项研究，其中 14 名为持有私人飞行执照（最基本的飞行员执照）的飞行员，另外 18 名为认证飞行教练、商业飞行员或更高等级的飞行员。实验结果表明，飞行员对宽体喷气式客机侵入的检测出现了延迟，主要原因是受到了平视显示器认知隧道效应（Wickens，Long，1995）的影响。如果一个人身处认知隧道，视野只能局限在非常窄的地方，对面临的问题不能全面判断。平视显示器将重要信息投影在飞机挡风玻璃上，容易造成飞行员因注意力锁定在正前方而导致认知隧道效应，进而限制了对舱外环境的感知能力（Jarmasz，Herdman，Johannsdottir，2005）。

飞行员个体特征与飞行绩效

有文献指出，飞行员年龄、专业知识和基本认知能力等个性特征与飞行绩效相关，因此推测这些个性特征可能与飞行员着陆时对跑道侵入的应对能力也存在相关关系。通过对美国国家运输安全委员会（NTSB）数据库进行分析发现，在通航飞行员群体中，年长飞行员发生事故的风险较年轻飞行员（< 35 岁）更高（Li，Baker，Qiang，Grabowski，McCarthy，2005；Bazargan，Guzhva，2011；国家运输安全委员会，2011）。其中，Li 等（2005）的研究发现，年长飞行员（≥ 65 岁）发生事故的风险几乎是对照组（25 ~ 34 岁）的 3 倍。Bazargan 等（2011）对 1983—2002 年通航飞行员事故进行统计发现，年长飞行员（≥ 65 岁）较年轻飞行员更容易发生致命性事故，而且令人惊讶的是，飞行小时数最少的飞行员最不可能发生致命坠机事故。需要注意的是，飞行员年龄和专业知识之间可能存在交互作用，这给我们理解年龄与事故风险的相关性增加了困难。另外，研究者通过模拟飞行实验也验证了年长飞行员发生重大事故的风险呈增加趋势（Adamson 等，2010；Morrow，Leiber，Yesavage，1990；Taylor，O'Hara，Mumenthaler，Rosen，Yesavage，2005；Van Benthem，Herdman，Brown，Barr，2011；Yesavage 等，2011）。

基于飞行员年龄和基本认知能力对飞行绩效进行预测

研究人员对通航飞行员的年龄、基本认知能力及飞行绩效进行了大样本量的纵向分析和横向对比，结果发现，在模拟飞行任务中，年轻飞行员的飞行绩效往往明显优于年长飞行员（Taylor，Kennedy，Noda，Yesavage，2007；Yesavage，Taylor，Mumenthaler，Noda 和 O'Hara，1999；Yesavage 等，2011）。Yesavage 等（1999）以 100 名年龄较大（50 ~ 69 岁）的飞行员为样本群体进行分析，发现飞行员的模拟飞行绩效整体有所下降；回归分析表明，年龄因素可用于解释飞行员完成"冲突回避"和"进近着陆"两个动作得分总体变异的 22%。Taylor 等在随后的研究（N=118，年龄 40 ~ 79 岁）中发现，工作记忆、视觉记忆、运动协调和目标追踪等四项基本认知能力可用于解释飞行员模拟飞行绩效总体变异的 45%；除以上认知因素外，飞行员年龄对模拟飞行绩效也有显著影响（Taylor，O'Hara，Mumenthaler，Yesavage，2000）。Taylor 等（2005，2007）通过进一步研究指出，与年轻飞行员相比，年长飞行员在 ATC 信息收听与应对、交通回避、驾驶舱仪表扫描以及进近和着陆等方面的绩效更低，特别是年龄因素可用于解释"冲突回避"和"进近着陆"两个动作得分总体变异的 28%，略高于 Yesavage 等报告的结果。

Coffey 等的研究发现，对于驾驶舱内外的关键事件，年长飞行员较年轻飞行员错过的更多（Coffey，Herdman，Brown，Wade，2007）。他们在研究中邀请 7 名年轻飞行员［年龄（24.4±4.1）岁］和 7 名年长飞行员［年龄（65.7±5.4）岁］基于塞斯纳 172（Cessna 172）飞行模拟器完成模拟飞行实验，根据飞行员对驾驶舱内外关键事件的识别情况（即变化检测能力）对其进行评分。实验结果表明，年长飞行员错过的关键信息更多，年龄效应是一个可能的解释。

研究者进一步探讨了飞行员情境意识与飞行绩效的关系。情境意识通常被描述为在一定时间和空间内对环境中的相关刺激进行感知整合，然后选定有效刺激建立心理模型并用于预测未来环境的变化（Endsley，1988）。情境意识对于飞行员检测并正确应对跑道侵入事件非常关键。在一项模拟飞行任务中，研究者使用 Endsley 于 2000 年提出的情境意识全面评估技术（Situation Awareness Global Assessment Technique，SAGAT）对飞行员的情境意识进行测量，结果发现，与年轻飞行员［年龄（40±7.1）岁］相比，年长飞行员［年龄（59.4±7.6）岁］的情境意识较差（Van Benthem 等，2011）。能否正确识别跑道侵入事件是考察飞行员能否正确感知环境刺激的典型例子之一。研究表明，飞行员年龄和基本认知能力可用于预测其对跑道侵入事件的检测情况和处置结果。

基于飞行员专业知识水平对飞行绩效进行预测

飞行员的专业知识水平通常以总飞行小时数和飞行员等级为指标进行衡量，一般情况下，专业知识水平越高，飞行绩效越好。Cause 等邀请 24 名飞行员［年龄（44.3±13.6）岁］作为被试，通过模拟飞行实验发现总飞行小时数对飞行员在强烈横风条件下做出是否着陆的决策以及着陆飞行绩效（飞行轨迹偏差）均具有显著的预测作用。此外，飞行员在着陆决策时是否能做出正确选择也可以通过其在 2-back 工作记忆任务中的成绩及其冲动行为倾向进行预测（Cause，Dehais，Pastor，2011）。飞行员等级是评价飞行员专业知识水平最可靠的指标，关于这一点大家已形成共识（Taylor 等，2007；Yesavage 等，2011）。飞行员等级与飞行员在空中更好地执行指令以避免与其他飞机的潜在冲突呈正相关（Taylor 等，2011）。通过一系列纵向研究发现，当考察年龄对飞行绩效总分的影响时，飞行员等级未见明显的交互效应

（Taylor 等，2005、2007；Yesavage 等，2011）。综上，文献表明，以总飞行小时数或飞行员等级为衡量指标的专业知识水平，可能与飞行员对跑道侵入的应对能力有关；而且在考察年龄对飞行绩效总分的影响时发现，专业知识水平与年龄存在交互效应，而飞行员等级与年龄无交互效应。

基于飞行员主观自评对飞行绩效进行预测

飞行员自我评价是飞行绩效评价的一种重要方式，因此我们有必要研究飞行员自我评价与飞行绩效之间的关系。情境意识和工作负荷是飞行员自评常用的两个指标，有关这两个指标主观自评的文献较飞行绩效客观评价相关文献要少得多，特别是涉及通航飞行员应对突发事件的应急处置更少（Vidulich，1988；Vidulich，Crabtree，McCoy，1993）。尽管如此，研究者已经发现飞行员主观自评与飞行绩效及冲突回避结果具有明确的相关性。

研究者通过有关驾驶舱显示模式的实验发现，工作负荷与通航飞行教练的飞行绩效及其对显示模式的偏好有关。美国航空航天局任务负荷指数量表（简称 NASA-TLX 量表）由 Hart 和 Staveland 于 1988 年开发，是一种常用的工作负荷主观测量工具。在 NASA-TLX 量表中，"工作负荷最小需求"与飞行员在"预测冲突"任务中取得最佳绩效时显示器的显示模式存在相关性（Morpew，Wickens，1998）。Takallu 等通过实验考察了驾驶舱显示模式和符号类型对飞行绩效的影响，被试由 18 名通航飞行员组成，所有被试按专业知识水平（以飞行员等级和总飞行小时数为衡量指标）分为低、中、高三组，三组被试的平均年龄分别为 44 岁、38 岁和 56 岁。实验发现，一些导航类符号由于包含的信息量太少而导致飞行员绩效下降。此外，实验采用 NASA-TLX 量表测量到的工作负荷评分与飞行路径偏差得分存在相关性（Takallu，Wong，Bartolone，Hughes，Glaab，2004）。当飞行绩效较低时，飞行员主观自评的情境意识也较低，两者是一致的（SART，Taylor，1990）

飞行模拟研究：探讨跑道侵入应对能力的预测因素

本研究是我们开展的通航飞行员个体特征和飞行绩效相关性研究工作中的一小部分。108 名被试（均为持有飞行执照的在飞飞行员）被邀请参加实验，其中 15 名由于未采集量表数据被视作无效被试，其余 93 名被试的年龄为 19 ~ 81 岁（平均年龄 46.5 岁），所有被试均在过去两年内有过飞行经历并有最新的健康证明。所有被试按专业知识水平（以飞行员等级和总飞行小时数为衡量指标）分为四个组，即飞行学员、持有私人飞行执照的初级飞行员、持有私人飞行执照并有附加评级的中级飞行员、持有私人飞行执照并有高级评级（航空运输、商业和军事）的高级飞行员。表 12.1 列出了各组被试的年龄、总飞行时间和最近 1 年内的飞行指挥时间，包括平均值和分布范围。单因素方差分析显示，随着飞行等级的提高，飞行员的总飞行时间和最近 1 年内的飞行指挥时间显著增加，但各组间的年龄差异无统计学意义（$P > 0.1$）。

表 12.1　被试基本情况

分组（N）	年龄（岁）	总飞行时间 *	最近 1 年内的飞行指挥时间 *
1. 飞行学员（13）	40.1（22 ~ 59）	49.2（5 ~ 144）	6.1（0 ~ 20）
2. 初级飞行员（35）	48.8（19 ~ 81）	242.0（56 ~ 815）	17.0（0 ~ 87）
3. 中级飞行员（有附加评级）（27）	48.8（19 ~ 69）	681.3（90 ~ 3 160）	29.7（1 ~ 99）
4. 高级飞行员（18）	43.3（20 ~ 79）	2 035.0（161 ~ 8 000）	82.2（0 ~ 308）

注："*"表示各组之间有显著差异，$P < 0.05$。

　　模拟飞行实验基于塞斯纳 172（Cessna 172）飞行模拟器。该模拟器的仪表和控制装置与微软飞行模拟器（Microsoft® Flight simulator X）集成，驾驶舱前方有三个弧形大屏幕，可提供大约 120° 的水平视野和 45° 的垂直视野。所有被试在正式实验前先填写知情同意书、人口学信息和飞行经验调查问卷，然后进行充分的练习，确保熟练掌握实验内容和操作要求。正式实验时，被试需要先在低难度条件下完成三种模式的飞行任务，然后在高难度条件下再完成三种模式的飞行任务。任务难度通过地形和交通流量进行操控，跑道侵入场景出现在高难度条件下飞机着陆时。在低难度条件下，地形平坦，飞行员最多与两架飞机互动；在高难度条件下，地形多为山地，而且飞行员需要与四架飞机互动，具体的互动需求与任务模式相关。在所有的任务模式下，被试均需要通过无线电通信报告自己的代号、飞机类型和详细的位置信息，并需要尽量记住每一架与本机有互动的飞机所提供的信息。

模拟跑道侵入实验结果

　　高难度条件下的飞行模式为"连续起飞"（touch and go），即飞机着陆时刚接触到地面就立刻加油门起飞，在最后进近时，被试突然发现跑道的远端闯入了一架"违规"飞机（跑道侵入）正迎面而来。整个实验不给被试提供可能发生这种情况的警告，以确保其是一个真正意外的事件。被试为了应对跑道侵入事件，必须快速地连续完成三项关键任务，第一项是正确感知环境刺激并做出正确的解释；第二项是基于对环境刺激的理解快速选择所需程序，以避免"违规"飞机继续靠近；第三项是必须及时确定有效的规避行为并迅速采取行动。研究人员根据飞行员对"违规"飞机做出的反应、采取规避行动的时间以及最终的处置结果计算每名飞行员的跑道侵入应对能力得分，由研究人员打分并记录。在实验过程中飞行员做的任何反应都可以通过每隔一秒记录飞机的位置和坡度信息而得到间接记录。本实验对飞行员的跑道侵入应对能力评分范围为 0 ~ 10 分，0 分表示完全没有注意到侵入，10 分表示及时注意到侵入从而有足够的时间进行无线电通话并操控飞机机动以确保安全。根据飞行专家和安全专家的意见，确定 6 分为风险划分点，即如果得分≤ 6 分，则表示飞行员对跑道侵入的处置结果较差、风险很高。可能有人会说以 6 分作为风险划分点太过乐观了，因为除非飞行员的分数达到 9 分或 10 分，否则风险就很高。跑道侵入应对能力评分规则详见表 12.2。

表 12.2　跑道侵入应对能力评分规则

评分项目	得分（分）	解释
无线电通话	0 ~ 1	0= 没有 / 延迟无线电通话
		1= 有足够时间进行无线电通话
发现跑道侵入的时间	0 ~ 3	0= 未发现跑道侵入
		1= 发现跑道侵入的时间太晚
		2= 及时发现跑道侵入
		3= 第一时间发现跑道侵入
采取规避行动的时间	0 ~ 3	0= 未采取规避行动
		1= 采取规避行动的时间太晚
		2= 及时采取规避行动
		3= 及时充分地采取规避行动
规避行动的效果	0 ~ 3	0= 擦边通过或碰撞
		1= 分离 / 规避不良
		2= 分离 / 规避充分
		3= 高质量分离 / 规避

注：得分≤ 6 分，表示飞行员对跑道侵入的处置结果较差、风险很高；以 6 分作为风险划分点对实验结果进行解释，不用于统计分析。

基本认知能力测试

驾驶能力认知评估工具（DCAT）是一种针对高龄驾驶员的认知筛查工具，本研究采用其中三项子测试，即运动控制能力测试（DCAT1）、视觉注意力测试（DCAT2）和驾驶情境意识测试（DCAT6）。各项子测试测得的标准分数能够反映驾驶员的反应时、注意力范围、视觉 – 空间工作记忆、短时记忆以及对简短视 – 听画面快速决策的能力。研究表明，DCAT 测试可作为预测高龄驾驶员绩效的指标（DriveABLE，1997），因此我们选其为预测复杂飞行任务绩效的潜在指标。DriveABLE 的研究表明，虽然驾驶汽车和驾驶飞机存在明显差异，但通过 DCAT 测量的工作记忆、注意力范围、反应时和决策等基本认知能力在这两个领域是共通的。据了解，在与通航飞行员相关的航空研究中，目前 DCAT 首次被采用作为基本认知能力测量工具。

工作负荷和情境意识的主观评估

NASA-TLX 的修订版（Hart，Staveland，1988）可用于评估被试在完成难度较大的任务时对工作负荷的感知。在修订版的 NASA-TLX 中，工作负荷分为 7 个具体条目，分别为体力需求、脑力需求、时间需求、任务绩效、努力程度、挫败感和整体工作负荷（原量表中没有），目前各条目得分没有加权。各条目评分表的长度均为 100 mm，评分等级从原量表的 21 个减少到 10 个。由于大多数飞行员并不熟悉该量表，因此在测试时以书面形式提供了每个条目的定义。主观情境意识采用卡尔顿大学 ACE 实验室专门为航空任务设计的七点量表，该量表以前人的研究（Hou，Kobierski，Brown，2007）为基础进行修订，共 11 个条目，涵盖飞行过程中涉及的情境意识的各个方面，包括环境感知（导航）、任务感知、时间感知、优先事项感知、最佳飞行策略感知、本机和其他飞机的相对位置感知、未来态势感知以及情境意识总体评分等，详见表 12.4。

研究结果

实验结果显示，半数以上的被试（48/93=51.61%）在跑道侵入应对能力方面的得分≤ 6 分，表明飞行员在应对跑道侵入时出现不良结果的风险很高。常见不良结果包括本机与"违规"飞机之间的距离小于安全间隔，或本机未采取规避行动就继续降落到原来的跑道。14 名飞行员（占被试总数的15%）属于高风险，其未能发现跑道侵入事件或未采取任何规避行动，也没有采取必要的复飞动作。下文将进一步分析飞行员的个体特征与跑道侵入应对能力得分之间的关系。

年龄、专业知识、基本认知能力和跑道侵入应对能力的相关性

图 12.1 描述了飞行员年龄、专业知识和跑道侵入应对能力得分之间的关系，93 名飞行员按年龄分为 6 组（每 10 岁为一组，最年轻组为＜ 30 岁，最年长组为＞ 69 岁），按专业知识分为低水平和高水平两组（将飞行学员和初级飞行员合并为低水平组，将拥有附加评级的中级飞行员和高级飞行

员合并为高水平组）。由此可见，飞行员年龄与跑道侵入应对能力得分之间的关系并非线性相关（$r = 0.09$，$P = 0.25$），普遍的趋势是在低水平专业知识组中，最年轻组和最年长组的飞行员表现相似且较差；在高水平专业知识组中，最年长组和次年轻组的飞行员表现相似且较差。由于最年长组仅包含3名飞行员，所以对于这些描述性的发现应谨慎解释。进一步分析发现，年龄（六组）和跑道侵入应对能力得分之间存在显著的三次非线性关系，$F(3,89) = 1.97$，$P = 0.12$。

图 12.1 呈现了专业知识对跑道侵入应对能力的影响。图中 6 分位置的水平线表示风险划分界线，线上方表示发生不良结果的风险较低，线下方表示风险较高。需要注意的是，在低水平专业知识组中，所有年龄组飞行员的得分都位于高风险区域（$\leqslant 6$ 分）。低水平专业知识组包括飞行学员和初级飞行员，高水平专业知识组包括拥有附加评级的中级飞行员和高级飞行员（ATP航空运输飞行员、商业和军事飞行员等）。从表 12.3 可以看出，飞行员等级与跑道侵入应对能力得分显著相关；单因素方差分析显示飞行员等级存在显著的组间效应，$F(3, 89) = 9.05$，$P = 0.001$，$\eta P2 = 0.23$。如图 12.1 所示，高水平专业知识组除了次年轻组和最年长组外，其他各组的平均分均超过 6 分；低水平专业知识组按年龄分组后各组的平均分均低于 6 分。本研究的样本量偏少，两因素方差分析（年龄分组 /6 水平 × 飞行员等级分组 /4 水平）的结果说服力不够，但数据趋势可以表明飞行员等级和飞行指挥时间与跑道侵入应对能力得分显著相关，年龄和飞行员等级之间的交互作用不显著（$P = 0.46$）。

为探讨飞行员基本认知能力对跑道侵入应对能力的影响，我们开展了DCAT 测试分数与跑道侵入应对能力的相关性研究。如表 12.3 所示，选定的三项子测试（DCAT1、DCAT2、DCAT6）与跑道侵入应对能力得分之间均无显著相关。为了更深入地探讨年龄对跑道侵入应对能力的影响，我们分别计算了年龄和三项子测试的交互作用，其中 DCAT 6（驾驶情境意识测试）达到了边缘显著，$r = 0.20$，$P = 0.053$。该交互效应显示，年轻飞行员对跑道侵入事件的应对能力不受 DCAT 6 得分低于预期水平的不利影响。但对于年长飞行员而言，DCAT 6 得分低于预期水平往往会导致其跑道侵入应对能力得分更低。

为揭示飞行评级较低的飞行员表现较差的可能原因，我们进一步对飞行员等级和三个认知子测试进行了二次相关分析，结果表明视觉注意力测试（DCAT 2）与飞行员等级呈显著正相关关系（$r = 0.26$，$P = 0.014$）。

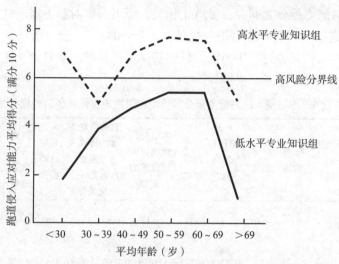

图 12.1　跑道侵入应对能力平均得分（按年龄和专业知识分组）

表 12.3　跑道侵入应对能力得分与飞行员个体特征及基本认知能力的相关性

	年龄	飞行员等级	最近 1 年内的飞行指挥小时数	总飞行小时数	运动控制能力 DCAT 1	空间注意广度 DCAT 2	驾驶情境意识 DCAT 6	年龄 × DCAT6（交互效应）
跑道侵入应 r 值	0.108	0.41	0.14	0.10	0.01	0.10	0.02	0.20
对能力得分 P 值	0.304	< 0.001	0.196	0.496	0.940	0.335	0.865	0.053

工作负荷、情境意识主观自评和跑道侵入应对能力的相关性

表 12.4 和表 12.5 呈现了自评量表各条目与跑道侵入应对能力得分之间的相关系数。结果表明，情境意识主观自评中的条目"飞行员能够意识到其他飞机会影响本机最佳飞行策略"与跑道侵入应对能力得分显著相关（$P <$ 0.001）。表 12.4 中，关于"其他飞机对本机最佳飞行策略影响的感知"，除了高难度任务条件外，还包含低难度任务条件（飞越平坦的地形，最多与两架飞机互动），以确保飞行员主观自评的范围并不单纯是高难度任务中的跑道侵入场景。从结果可以看出，在高难度任务条件下，跑道侵入应对能力得分与"其他飞机对本机最佳飞行策略影响的感知"两者之间存在显著正相关（$r = 0.30$，$P = 0.003$)，但在低难度条件下两者的相关性未达到显著水平（$r = 0.16$，$P = 0.13$），仅呈现出正相关趋势。另外，"优先事项感知"和"本机与其他飞机相对位置的感知"两个条目的情况与之类似，与跑道侵入应对能力得分的相关性未达到显著水平（分别为 $P = 0.08$、0.088），因此未纳入后续建模。从表 12.5 可以看出，NASA-TLX 量表中脑力需求条目评分与跑

道侵入应对能力得分之间存在显著正相关，即飞行员对脑力需求的主观评分越高，其跑道侵入应对能力得分也越高（$P=0.048$）。脑力需求条目评分是指飞行员对执行任务过程中所需的脑力活动工作量的主观自评，主要包括计算、观察、记忆、思考、决策等。

表 12.4　跑道侵入应对能力得分与情境意识主观自评各条目的相关性

		环境感知（导航）	任务感知	时间感知	最佳飞行策略感知	优先事项感知	本机与其他飞机相对位置的感知	其他飞机对本机最佳飞行策略影响的感知（低难度条件）	未来态势感知	其他飞机活动感知	其他飞机位置感知	情境意识总体评分
跑道侵入应对能力得分	r 值	−0.08	0.08	−0.01	−0.11	0.19	0.18	0.30（0.16）	0.16	0.09	0.08	0.09
	P 值	0.471	0.428	0.953	0.3090	0.080	0.088	0.003（0.13）	0.13	0.379	0.427	0.413

表 12.5　跑道侵入应对能力得分与工作负荷主观自评的相关性

		脑力需求	体力需求	时间需求	挫折感	努力程度	任务绩效	整体工作负荷
跑道侵入应对能力得分	r 值	0.21	0.02	0.07	−0.06	0.10	0.12	−0.03
	P 值	0.048	0.859	0.499	0.545	0.327	0.273	0.792

跑道侵入应对能力预测模型

我们对实验数据再进行多元逐步线性回归分析，以确定与跑道侵入应对能力得分显著相关的因素是否有助于建立预测模型。为深入分析飞行员等级（4 个水平）和年龄（6 个水平）之间的交互作用，首先将飞行员等级、年龄及交互作用添加到空模型中，再在模型中添加年龄和 DCAT 6 的交互作用，然后依次添加情境意识和工作负荷的主观评估结果，得到的最终模型如表 12.6 所示。由于年龄以及年龄和飞行员等级的交互作用在最终的回归模型中无显著影响（$t < 1$），因此被剔除。

在上述回归模型中，飞行员等级、脑力负荷自评、其他飞机对本机最佳飞行策略影响的自评以及年龄和 DCAT 6 的交互作用共同解释了跑道侵入应对能力得分总变异的 29%，$F(6, 86) = 5.87$，$P < .001$。从表 12.6 中的标准化 β 系数可以看出，如果在高难度条件下飞行员对脑力需求水平以及其他飞机对本机最佳飞行策略所产生影响的自我评估分值较高，那么其最终得到的跑道侵入应对能力得分也会较高。此外，等级较高的飞行员得到的跑道侵入

应对能力得分也会相应增高。从非标准化系数可以得出，如果飞行员等级每提升一个级别（例如从飞行学员到初级飞行员），那么其取得的跑道侵入应对能力得分则相应增加 1.24 分；同样地，当情境意识和脑力需求条目的自评分值每提高一个级别，跑道侵入应对能力得分则分别增加 0.56 分和 0.35 分。从年龄和 DCAT 6（驾驶情境意识测试）的交互作用可以看出，随着年龄增长，认知测试和跑道侵入应对能力得分之间的正相关性增强，对于年长飞行员而言，如果 DCAT 6 得分超出预期年龄得分越多，那么其所得的跑道侵入应对能力得分就会越高，但对于年轻飞行员则不然。

表 12.6　跑道侵入应对能力得分的显著预测因子

线性回归系数			
预测因子	非标准化系数（标准误）	标准化 β 系数	t 值
飞行员等级	1.24（0.36）	0.32	3.44**
年龄 ×DCAT6 的交互作用	0.039	0.02	2.10*
情境意识主观自评：其他飞机对本机的影响	0.56(0.23)	0.24	2.46*
工作负荷主观评估：对任务的脑力需求	0.35(0.18)	0.19	1.86*

注："*" 显著水平 $P < .05$；"**" 极其显著水平 $P = 0.001$

总　结

本章重点讨论了基于飞行员个体特征预测跑道侵入应对能力。结合文献研究和本章的实验结果可以发现，飞行员的年龄、专业知识和基本认知能力与其在飞机着陆时对突发性跑道侵入事件的应对能力密切相关。飞行员年龄与跑道侵入应对能力得分的关系并非线性相关，且年龄与飞行员等级和基本认知能力之间存在交互作用。从年龄和基本认知能力（DCAT 6 子测试）之间的交互作用可以看出，年龄较大且 DCAT 6 子测试得分低于自身年龄标准的飞行员，在跑道侵入应对能力得分方面较低。DCAT 6 子测试要求被试在完成汽车模拟驾驶任务时对场景中的相关视觉和听觉信息进行快速整合，从而做出正确的驾驶决策。正如上文所述，被试在 DCAT 6 子测试中完成汽车模拟驾驶任务所需的注意力分配、信息选择和感知运动机制，与其完成模拟飞行任务时正确应对跑道侵入事件的认知机制之间存在明显的相似性。本章通过实验研究首次提出，作为一种针对高龄驾驶员的认知筛查工具，DCAT可能在航空领域也同样适用；但鉴于 DCAT 测试是专为老年人群设计且应用效果也仅在老年人群中验证过，因此对于年轻飞行员的测试分数应谨慎解读。

飞行员等级显然是预测跑道侵入应对能力的重要因素，这一点可以从线性回归分析的结果得以证明。飞行员等级与年龄存在交互效应，使年龄和跑道侵入应对能力得分呈现倒 U 形曲线。如图 12.1 所示，在低水平专业知识组中，平均分的最低值出现在最年长飞行员组，次低分出现在最年轻飞行员组；在高水平专业知识组中，平均分的最低值仍然出现在最年长飞行员组，但次低分与最年长组相似，最年轻组（< 30 岁）的平均分与中年组（40 ~ 49 岁）相似。高水平的专业知识似乎让最年轻组的飞行员产生优势，但这种优势并没有出现在最年长组飞行员中。年龄最大、评级最高的飞行员组得分较低，其平均得分位于高风险区，似乎没有像最年轻组飞行员那样从高水平的专业知识中获益。这些实验结果与以往研究结果相一致，表明年龄与飞行员绩效的关系通常不受飞行员等级的影响（Taylor 等，2007；Yesavage 等，2011）。这些研究结果未来还需要通过年龄更大的年长飞行员样本量进行验证。

飞行员等级、总飞行时间和最近 1 年内飞行指挥时间之间的正相关关系可能对高等级飞行员取得高分起到一定的积极作用。在 DCAT 2（视觉注意力）子测试中，评级越高的飞行员得分越高。该测试能够反映飞行员快速筛选相关刺激、抑制无关刺激，并从短时记忆中快速提取相关刺激位置信息的能力。如果飞行员在 DCAT 2 子测试中的成绩较好，那么其在应对突发性跑道侵入事件时必定具备优势。

飞行员主观评估指标中的"其他飞机对本机最佳飞行策略的影响"和"模拟飞行任务的脑力需求"也是预测跑道侵入应对能力的重要因素。由于飞行员自我评估在通航飞行员技能审查中占据重要地位（联邦航空管理局，2006），因此本研究重点考察了飞行员情境意识和工作负荷自我评估对突发事件应对能力的预测作用。研究结果表明，飞行员能否正确评估飞行过程中的脑力需求以及对其他飞机可能产生的影响是否具有良好的态势感知，这两个因素可用于预测其跑道侵入应对能力。以上结果支持这种观点，即自我意识可以帮助飞行员了解自己在遭遇突发性跑道侵入时可能面临的风险以及在飞行过程中风险可能发生的变化。

综上所述，当着陆过程中遭遇突发性跑道侵入时，低等级的年轻组飞行员以及年长组飞行员最有可能出现糟糕的结果。本章还报告了一项新发现，即将 DCAT（DriveABLE，1997）测试用于衡量飞行情境中飞行员的基本认知能力，测试结果可用于预测老年飞行员的跑道侵入应对能力。未来的研究将扩大样本量进一步验证这些发现，并深入探索更多可用于预测跑道侵入应对能力的认知机制，为制订跑道侵入安全策略和计划提供支持。重点关注的问题还包括事先确定哪些飞行员最可能从跑道侵入安全策略中受益，以便在跑道侵入事件突然发生时及时向高风险人群提供辅助决策信息，这样可以提高成本效益比。

致　谢

　　本研究的部分经费由加拿大社会科学和人文研究委员会的 K·范·本特姆奖学金和加拿大渥太华 J·詹姆斯·麦克基研究生奖学金资助，研究需要的实验设备得到了加拿大创新基金会和安大略创新信托基金会的资助，安妮·巴尔和安德鲁·斯台普斯在仿真工程专业知识方面提供了大力帮助，作者在此一并表示感谢！

原著参考文献

Adamson, M.M., Samarina, V., Xu Xiangyan, Huynh, V., Kennedy, Q., Weiner, M., & Taylor, J.L. (2010). The impact of brain size on pilot performance varies with aviation training and years of education. *Journal of the International Neuropsychological Society,* 16, 412–423. doi:10.1017/S1355617710000111.

Bazargan, M., & Guzhva, V.S. (2011). Impact of gender, age and experience of pilots on general aviation accidents. *Accident Analysis and Prevention*, 43, 962–970, doi:10.1016/j.aap.2010.11.023.

Causse, M., Dehais, F., & Pastor, J. (2011). Executive functions and pilot characteristics predict flight simulator performance in general aviation pilots. *The International Journal of Aviation Psychology*, 21, 217–234.

Coffey, E., Herdman, C.M., Brown, M., & Wade, J. (2007). Age-related changes in detecting unexpected air traffic and instrument malfunction. *Proceedings of the 14th International Symposium on Aviation Psychology* (pp. 139–142), Columbus, OH.

DriveABLE Testing Ltd (1997). *Evaluations for At-Risk Experienced Drivers.* Edmonton, Alberta: DriveABLE Testing Ltd.

Endsley, M.R. (1988). Situation awareness global assessment technique (SAGAT). *Proceedings of the National Aerospace and Electronics Conference* (NAECON), 789–795. New York: IEEE.

Endsley, M.R. (2000). Theoretical underpinnings of situation awareness: A critical review. In M.R. Endsley & D.J. Garland (Eds), *Situation Awareness Analysis and Measurement.* Mahwah, NJ: LEA.

Federal Aviation Administration (2006). *Conducting an effective flight review.* Retrieved from http://www.faa.gov/pilots/training/media/flight_review.pdf.

Federal Aviation Administration (2010). *Annual runway safety report.* Retrieved from http://www.faa. gov/airports/runway_safety/news/publications/media/ Annual_Runway_Safety_Report_2010.pdf.

Hart, S.G., & Staveland, L.E. (1988). Development of NASA-TLX (Task Load Index): Results of empirical and theoretical research. In P.A. Hancock & N. Meshkati (Eds), *Human Mental Work-load* (pp. 139–183). Amsterdam: Elsevier.

Honeywell Aerospace. (2009). *Honeywell smart runway and smart landing: reducing the risk of run-way incursion and excursions.* Retrieved April 15, 2011 from www.honeywellrunwaysafety.com. © 2009 Honeywell International Inc.

Hou, M., Kobierski, R., & Brown, M. (2007). Intelligent adaptive interfaces for the control of multiple UAVs. *Journal of Cognitive Engineering and Decision Making*, 1(3), 27–28, 362.

Jarmasz, J., Herdman, C.M., & Johannsdottir, K.R. (2005). Object-based attention and cognitive tunneling. *Journal of Experimental Psychology: Applied*, 11, 3.

Jones, D.R., & Prinzel, L. (2006). Runway incursion prevention for general aviation operations. In *25th Digital Avionics Systems Conference, 2006 IEEE/ AIAA* (pp. 1–12). Retrieved from http:// ntrs.nasa.gov/archive/nasa/casi.ntrs. nasa.gov/20060053285_2006255399.pdf.

Kochan, J.A., Breiter, E.G., & Jentsch, F. (2004, September). Surprise and unexpectedness in flying: database reviews and analyses. In *Proceedings of the Human Factors and Ergonomics Society Annual Meeting*, 48, 3, pp. 335–339, SAGE Publications.

Li, G., Baker, S.P., Qiang, Y., Grabowski, J.G., & McCarthy, M. L. (2005). Drivingwhile-intoxicated history as a risk marker for general aviation pilots. *Accident Analysis and Prevention,* 37(1), 179–184, doi:10.1016/j.aap.2004.04.005.

Morphew, M.E., & Wickens, C.D. (1998). Pilot performance and workload using traffic displays to support free flight. In *Proceedings of the Human Factors and Ergonomics Society Annual Meeting*, 42, 52–56, Santa Monica, CA.

Morrow, D., Leiber, V.O., & Yesavage, J. (1990). The influence of alcohol and aging on radio communication during flight. *Aviation, Space, and Environmental Medicine*, 61, 12–20.

National Transportation Safety Board (2011). *Runway safety.* Retrieved from http://www.ntsb.gov/ safety/mwl-4.html.

National Transportation Safety Board (2012). *NTSB most wanted list: Improve safety of airport sur-face operations.* Retrieved August 20, 2012 from http:// www.ntsb.gov/safety/mwl_2012_fact_ sheet/airport_operations.pdf.

Takallu, M., Wong, D., Bartolone, A., Hughes, M., & Glaab, L. (2004). Interaction between various terrain portrayals and guidance/tunnel symbology concepts for general aviation synthetic vision displays during a low en-route scenario. In the *23rd Digital Avionics Systems Conference, 2004. DASC 04., 1,* 4–B, Salt Lake City, UT.

Taylor, R.M. (1990). Situational Awareness Rating Technique (SART): The development of a tool for aircrew systems design. *AGARD, Situational Awareness in Aerospace Operations*, 17, (SEE N 90-28972 23-53).

Taylor, J.L., Kennedy, Q., Adamson, M. M., Lazzeroni, L.C., Noda, A., Murphy, G.M., & Yesavage,

J.A. (2011). Influences of APOE epsilon 4 and expertise on performance of older pilots. *Psychology and Aging*, 26(2), 480–487, doi:10.1037/a0021697.

Taylor, J.L., Kennedy, Q., Noda, A., & Yesavage, J.A. (2007). Pilot age and expertise predict flight simulator performance—A 3-year longitudinal study. *Neurology*, 68, 648–654.

Taylor, J., O'Hara, R., Mumenthaler, M., Rosen, A., & Yesavage, J. (2005). Cognitive ability, expertise, and age differences in following age-traffic control instructions. *Psychology and Aging*, 20, 17–33.

Taylor, J.L., O'Hara, R., Mumenthaler, M.S., & Yesavage, J.A. (2000). Relationship of CogScreen-AE to flight simulator performance and pilot age. *Aviation Space and Environmental Medicine*, 71, 373–380.

Transportation Safety Board of Canada. (2012). *Risk of collisions on runways.* Retrieved April 1, 2013 from http://www.bst-tsb.gc.ca/eng/surveillancewatchlist/ aviation/2012/air_2.asp.

Van Benthem, K., Herdman, C.M., Brown, M., & Barr, A. (2011, May). The relationship of age, experience and cognitive health to private pilot situation awareness performance. *Proceedings of the 16th International Symposium on Aviation Psychology*, Dayton, Ohio.

Veillette, P.R. (2009). The single-pilot question. *Business & Commercial Aviation,* 104(5), 61.

Vidulich, M.A. (1988). The cognitive psychology of subjective mental workload. *Advances in Psychology*, 52, 219–229.

Vidulich, M.A., Crabtree, M.S., & McCoy, A.L. (1993). Developing subjective and objective metrics of pilot situation awareness. In *Proceedings of the 7th International Symposium on Aviation Psychology* (pp. 896–900). Columbus, Ohio.

Wickens, C.D., & Long, J. (1995). Object versus space-based models of visual attention: Implications for the design of head-up displays. *Journal of Experimental Psychology: Applied,* 1, 179.

Yesavage, J.A., Jo, B., Adamson, M.M., Kennedy, Q., Noda, A., Hernandez, B., & Taylor, J.L. (2011). Initial cognitive performance predicts longitudinal aviator performance. *Journals of Gerontology Series B: Psychological Sciences and Social Sciences,* 66B, 444–453, doi:10.1093/geronb/ gbr031.

Yesavage, J.A., Taylor, J.L., Mumenthaler, M.S., Noda, A., & O'Hara, R. (1999). Relationship of age and simulated flight performance. *Journal of the American Geriatrics Society*, 47(7), 819–823.

撰稿人介绍

克里斯·M. 赫德曼（Chris M. Herdman）

　　Chris 是加拿大卡尔顿大学认知科学和心理学教授，也是可视化与仿真中心（VSIM）科学主任，领导着一个由科研人员和仿真工程师组成的跨学科研究团队。该团队是连接基础研究和应用研究的创新型团队，大力倡导学术界、工业界和政府机构之间加强合作。Chris 在模拟仿真、认知工程、注意力、工作负荷分析、情境意识的实验设计和评估方面拥有超过 25 年的研发经验。

凯瑟琳·范·本瑟姆（Kathleen Van Benthem）

Kathleen 拥有职业治疗学士学位和健康研究硕士学位，目前是加拿大渥太华卡尔顿大学认知科学研究所博士生，研究方向是飞行员个体特征对模拟飞行绩效的影响。她在 2011—2013 年国际航空心理学研讨会上介绍了情境意识、跑道侵入管理及飞行审查员对年轻和年长飞行员能力看法等方面的研究内容。Kathleen 对政策制订有着浓厚的兴趣，认为航空心理学的研究成果可以对航空标准和监管产生重要影响，因此将自己的博士研究目标确定为充分了解飞行员在整个职业生涯中的工作表现，并让年长飞行员尽可能长时间地安全飞行。

第三部分
训练与选拔

第十三章

合成任务环境与三元模型

约翰·M. 弗拉克，美国莱特州立大学

温斯顿·班尼特，斯科特·M. 加尔斯特，美国空军研究实验室

在将认知研究的理论和成果应用于高效能操作训练系统时，符号学的两种视角（即二元视角和三元视角）可为其提供有益信息。三元视角为认知科学提供了一个更全面的框架，该框架对于设计基于虚拟环境的各类训练系统都具有极高的价值。那么，将"三元模型"引入认知系统的做法，无论是给理论研究还是实践应用都带来了严峻挑战。本章将围绕这些挑战进行讨论，并探讨如何应用合成任务环境帮助研究人员应对挑战。

符号学

认知科学的理论背景及其在社会技术系统设计中的应用深受符号学的影响。符号学通常被描述为符号科学，也可描述为构建意义的科学，即符号学的焦点问题是如何将意义赋予某种符号或表征。瑞士语言学家索绪尔（Ferdinand Saussure）和美国哲学家、逻辑学家皮尔斯（Charles Sanders Peirce）奠定了现代符号学的理论基础，两位被称为符号学理论的奠基人，分别从两个不同的角度处理符号学问题（Eco，1979；Morris，1971）。

索绪尔的二元符号观

作为语言学之父，索绪尔根据符号/标志和认知主体/观察者之间的二元关系构建符号体系，如图 13.1 所示。索绪尔的关注点主要在字母表和语言的演变，其从赋予符号意义的角度看待符号学问题，例如书面语言或口头语言。这一框架与计算机隐喻的认知分析非常吻合，因此被认为是认知科学的第一波浪潮，并为信息处理方法的认知设计奠定了基础。在这种情况下，认知主

体被认为是符号处理器，研究的重点在于探索内部信息处理的制约因素（例如信道容量和信道编码），并对内部信息的约束条件进行表征，以便在设计认知工作时能充分考虑这些约束条件（例如避免有限的工作记忆容量过载）。

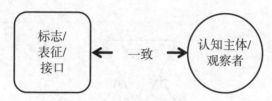

图 13.1　索绪尔的符号学二元模型

在将二元模型应用于设计社会技术系统时，研究人员很自然地会关注系统界面符号或表征等表面特性与人类操作员的反应或解释之间的一致性，然后根据界面的表面特性和信息处理需求之间的一致性提出研究假设。经典例子包括早期的形状编码、用于研究不同控件之间的可辨别性以及刺激 – 反应相容性、用于研究显示信息的空间拓扑与操作员行为反应空间拓扑之间的一致性（Jenkins，1947；Fitts，Seeger，1953）。相较于前期对信息处理制约因素的关注（例如并行与串行处理），最近研究者开始关注显示信息的组织或聚类（例如整体显示与分离式显示）（Wickens，Carswell，1995）。在这些情况下，对备选表征相对有效性的假设通常采用由相关信息过程假设驱动的通用实验室任务进行测试。

皮尔斯的三元符号系统

皮尔斯是美国实用主义创始人。符义学（Semantics）和符形学（Syntactics）是皮尔斯符号学的两个重要组成部分，前者研究符号（或表征）的意义，后者研究符号（或表征）之间的形式关系和组合规则。除此之外，他还关注信念和行为的符号实用学（简称符用学），关注人们对世界的信念如何才能成为取得成功的基础。为解答这一问题，皮尔斯在符号学体系中引入了第三个组成部分，即符用学（Pragmatics）。符用学可理解为"解释者"，即理解符号（或表征）之间关系的人。其根据自己的经验、知识和文化背景解释符号（或表征）之间的联系。从本质上讲，第三个组成部分反映了符号（或表征）的使用情境和实际应用，被称为问题域或自然生态（Problem domain）。通过增加第三个组成部分，符号学系统相应地增加了两种新的关系；而且，与二元系统关注符号和认知主体期望间的一致性不同，三元系统考虑符号和源域之间的结构映射以及认知主体对行为的信念与该行为在源域中的实际后果之间的对应关系，如图 13.2 所示。皮尔斯符号学三元模型强调了符号、关系和问题域之间的密切关系，认为符号与对象之间的关系取决于解释者的观点和背景（即问题域），因此符号学研究应该从解释者的角度出发，了解符号和对象之间的关系。

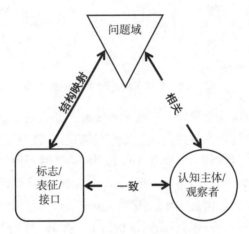

图 13.2　皮尔斯符号学三元模型

在三元模型中，符号学从解释符号的用途转变为适应问题域的需求。与其说符号（或表征）代表环境中的"刺激"，不如说其只是一种媒介，将刺激转移到问题域。对于利用三元模型设计出的三元系统，最终测试标准不在于符号（或表征）是否符合认知主体的期望和信念，而在于认知主体的期望和信念是否支持与问题域的成功交互。因此，模型关注点应从研究人机界面表面特性相关的语法转移到研究与问题域深层结构相关的语义；而且，比较务实的设计目标应该是通过训练和 / 或界面设计塑造认知主体的期望，从而确保主体能够与问题域进行有效交互。

值得注意的是，在三元符号系统中，以用户为中心的考虑（即围绕人机界面和认知主体期望之间的一致性进行考虑），仍然是符号系统的重要组成部分；而且，三元模型还提出了很多以用户为中心的问题，比如呈现信息的结构与目标问题域相关约束功能之间的关系（Flach，Dominguez，1995）。在三元模型背景中，界面设计对认知主体的心智模型从被动"匹配"转变为主动"塑造"，从而支持系统针对目标问题域采取有效的行动。

三元模型

正如物理学家所知，当在两个相互作用物体的空间运动建模中引入第三个物体时，建模工作将明显变得更加困难，这也是符号学二元模型广受青睐的原因之一。使用二元框架的相关图像引导研究实际上是对通信信道的研究，这时的认知问题可被简化为开环的符号处理问题，仅受到内部信息处理限制，如图 13.3 A 所示。在这种情况下，研究思路则为识别刺激和反应之间的简单因果关系，处理起来更加容易。因此在单纯信息处理阶段，允许使用简单的由信息处理模型驱动的实验室任务。完成一般实验室任务时通常不需要特殊知识，可以邀请普通被试作为研究对象，所以开展大样本研究是可行的，并且可以通过强大的统计推断方法对效果进行评估。

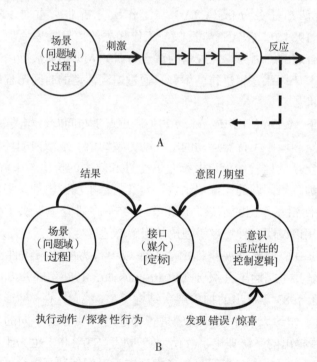

图 13.3　基本动力学特性图示

注：图 A 为开环（即因果关系二元模型），图 B 为闭环（即自组织三元模型）

与通信信道隐喻相反，符号学三元模型揭示了感知和行为之间存在动态闭环耦合，如图 13.3 B 所示。这反映了溯因推理的逻辑形式，即信念的"测试"

依据是根据其行为而产生的实际结果。"符号"界面具有双重功能，在行为/控制层面，比较行为结果和意图之间的差异，即发现错误；在感知/观察层面，比较行为结果和预期之间的差异，即发现惊喜。这能导致一种自组织的动态，即认知主体在塑造行为的同时也被其产生的结果所塑造。为理解三元系统的动力学特性，我们有必要了解与工作域或问题域（即深层结构）相关的约束条件以及这些约束条件与认知主体心智模型（即在观察和控制方面的内部约束）之间潜在的相互作用。下文将讨论一些有关三元符号系统的启示。

认知任务与工作域分析

正如图 13.3B 三元符号系统反映的那样，将生态学视角纳入研究框架是构建三元模型的必要步骤。因此，确定深层生态学结构是先决条件，这是工作域分析的目标（Vicente，1999；Naikar，2013）。为了说明这一点，很好地区分认知任务分析（CTA）与工作域分析非常重要（Fleishman，Quaintance，1984）。CTA 通常反映与工作相关的信息处理活动，从二元视角看是完全合理的，因为二元视角的重点是研究人类主体大脑内部的认知活动。CTA 是基于因果逻辑进行的解释，通过追溯活动的时间历程以探寻根本原因或原动机。

相比之下，WDA（工作域分析）的关注重点是与问题域相关的功能约束，主要包括航空领域中飞行器运动的空气动力学约束、空域内的环境因素（例如天气）、空域的监管约束以及衡量安全性和效率的价值约束等。WDA 的目标是更好地理解问题的"深层结构"，其是基于场逻辑理论提出的，行为是各约束条件相互作用的结果。Kirlik（1995）在研究中提供了一个很好的教学案例，用以说明这种场逻辑理论如何解释适应性行为。

WDA 的一个重要进展是提出"工作域中行为的约束条件出现在多个抽象的功能层次和组织级别"（Rasmussen，1986；Leveson，2011）。Rasmussen 于 1983 年提出的抽象层次结构（AH）提供了一种形式体系，用于指导在对工作约束的手段-目的进行描述时，要考虑不同的功能层次。Leveson 教授提出的系统理论事故模型和过程（STAMP）也为跟踪多个层次的控制回路提供了指南。很明显，考虑到实际工作环境是一个非常庞大的社会-政治-组织环境，Rasmussen 和 Leveson 提出的工作分析方法需要被加强关注。

具有代表性的实验设计

对于二元模型的研究，实验任务和自变量的选择通常是由内部信息处理阶段的模型驱动。即使是在高保真模拟环境中（例如飞行模拟器）进行的研究，大多也只是采用次要任务（例如记忆搜索或探针反应）挖掘相关内部机制。

然而，三元模型的重点在于如何借助问题域的深层结构塑造系统性能。因此，需要精心选择有利于反映深层结构的实验任务和自变量。这就要求评估背景具有工作域的代表性特征，例如可参考 Kirlik 在 2006 年发表的系列论文，其探讨了人类操作员与自动化技术交互研究中有代表性的实验设计。工作域的代表性特征并不仅仅意味着操作按钮、刻度盘等界面接口功能正常（例如确保能在高仿真飞行条件下完成模拟飞行），还涉及对问题域的动态性研究。因此，三元模型要求实验场景尽量接近系统实际工作的情况。例如，在对基于新技术的下一代空域管理系统进行评估时，评估的重点应包含能够代表未来飞行生态的内容（例如空中交通流量、监管约束、信息技术和飞机性能等方面）。

除了需要谨慎选择实验任务场景外，选择有代表性的被试也非常重要。例如，我们不能简单地选择一位刚开始学心理学的本科生完成实验，不能期望普通被试能够在逼真的空中交通条件下完成模拟飞行任务。因此，使用三元模型时要求谨慎挑选具有适当技能和经验的被试，以配合解决实验提出的研究假设。因此，下文介绍被试应具备的基本任务能力。

基本任务能力

随着相关训练应用和科研工作的深入，研究者提出了基本任务能力（MECs）的构成（Alliger, Beard, Bennett, Jr., Colegrove, 2012; Alliger, Beard, Bennett, Jr., Colegrove, Garrity, 2007）。在二元模型中，基本任务能力侧重于对一般信息约束条件的识别；而在三元模型中，则关注"任务相关"能力、技能、经验和知识，侧重于工作的深层结构，即在特定工作域取得成功要素。对比二元模型和三元模型，关键区别在于后者强调了一系列"学习经验"的规范和基本原理，这些经验对成功完成任务所需的能力、技能和知识至关重要。例如关于空战，Colegrove 和 Alliger（2002）将基本任务能力定义为"通过提供充足的飞行员、机组人员、操作员和团队，获得高水平的个人、团队及团队间协作的能力，以实现在不利的战场环境下成功完成空战任务的目标"。与三元模型相一致，从基本任务能力的结构可以看出，其在本质上将认知主体的特性（即意识）与工作域（即环境或经验）的特定需求相联系，从而为设计训练场景、制订训练目标、定义"训练目标是否达成"的评估标准提供了三元基础。

生态界面

塑造操作员内在能力模型的方式有两种，一种是训练，旨在使操作员的能力结构更好地与特定问题域的深层结构相一致，从而引发更有成效的行为；另一种是设计有效的人机界面（Bennett，Flach，2011；Rasmussen，Vicente，1989）。其中，生态界面设计（EID）为传统的二元模型提供了一种三元替代方案，倾向于强调与人类自然存在的通用型内部模型的匹配（例如刻板印象），而不是塑造内部模型，使其能更好地符合特定工作域的实际需求。EID方法的重点是设计必要的约束显示信息（例如配置视觉图形），确保这些信息能够映射到工作域底层的深层结构。在这种情况下，界面设计的重点从关注能力限制转向关注信息组块等技能，这允许操作员越过某些约束条件以满足复杂任务的需求（Chase，Simon，1973；Ericsson，Charness，1994）。例如对国际象棋的研究表明，新手专注于单个"棋子"，高手专注于棋子攻击空间（Reynolds，1982），高手记忆棋子位置并快速专注优势备选路径的能力反映的是信息组块技能。因此，生态界面的结构旨在使操作员倾向于以支持创造性思维或专业知识（即分块）的方式组织信息。

跨学科合作

三元模型面临的主要挑战是，该体系不适用于单一的学科视角，涉及范围常用术语有系统体系、联合系统和社会技术系统（Sage，Cuppan，2001）。目前，没有一门独立的社会技术科学学科可以构建三元模型。构建三元模型需要多专业学科的切实合作，包括领域专家（回答"应该做什么"）、技术专家（回答"什么是技术上可行的"）、心理学和生理学专家（回答"什么是人类能够做到的"）、社会专家（回答"什么是集体能够做到的"）和文化专家（回答"什么是社会可以接受的"）等。由于语言和价值体系的冲突，多学科研究团队的管理存在很大的困难。这些团队的成功取决于整合各种观点的共同组织框架（例如认知系统工程）、聚力解决紧迫的现实需求问题（例如第二次世界大战期间控制论和原子研究项目）。

合成任务环境

上文阐述了在符号系统中增加第三个组成部分会带来一些新的研究问题，这让研究人员很感兴趣。围绕新的研究问题，一个重要的转变是有必要将特定工作域的深层结构纳入实验环境。幸运的是，高仿真模拟器和虚拟环境等技术为实现这一目标提供了方法手段。这些技术使研究人员能够构建或利用合成环境，以相对较高的仿真度对特定工作域的深层结构进行准确表征。合成环境不仅能够将自然工作域的丰富性带入实验室，还能够提供更加丰富的操控任务（例如探测低概率事件）和固定的任务场景（例如重复固定的初始条件，给多名被试呈现完全相同的场景），这在自然环境中是不可能做到的。此外，在实验室任务场景中，研究者通常被允许按需对所有自变量和因变量（例如操作员绩效）进行操控和测量，这在自然环境中也是不可能做到的。关于实验室场景中可能存在的困难，研究者在讨论分布式合成环境下基于模拟器训练的有效性时进行了直接描述（Schreiber, Schroeder, Bennett, Jr., 2011）。

测量问题

对于从事合成任务环境研究的工作人员，在多个抽象层次方面同时测量不断变化的环境特性和操作员的能力表现充满机遇和挑战。传统研究专注于一般信息处理任务，其面临的最大挑战之一是如何将实验室观察到的统计学显著差异与特定工作域的实际差异联系起来。实验室对反应时间的显著影响能转化为实际操作中的有效差异吗？合成任务环境提供了一种从经验方面解决该问题的方法，即在合成任务环境中，可以同时测量微观层面的性能差异（例如对特定显示事件的反应时间）和更宏观层面的功能差异（例如任务成功或失败）（Schreiber 等，2009）。

通过对抽象层次结构进行比较，我们可以提供经验证据以证明微观层面的差异（例如具体行动或设计方案方面的差异）是否与宏观层面的绩效相关。例如，飞行员对告警信息的反应时间可能与其对该类型信息的接触次数有关。因此，关于反应时间的问题可以借助经验解决。在合成任务环境中，我们可以实现在多个层面同时测量多个指标，这样的测量机会有助于在实践和理论间架起一座桥梁，利于研究者将经验应用于评估微观层面比较细微的差异，从而促进理论和实践的共同进步。这座桥梁对于分析复杂的非线性系统尤其重要，对非线性系统的探究需要有更加深入的洞察力，而洞察力通常取决于微观层面定量变化与宏观层面定性变化之间的经验联系（Shaw，1984）。

使用合成任务环境进行研究的一个重大挑战是数据过载问题，这可能导致实验测量不能发现任何有价值的结果。根据经验，我们大胆猜测许多基于合成任务环境的研究项目可能都有大量数据被存档，但这些数据并没有被系统全面地分析。因此，为了充分利用好合成环境提供的宝贵数据，对以往的数据进行搜索和总结可能是至关重要的。数据搜索时必须以有关工作域深层结构、所需领域特定能力以及对人类认知的一般约束等理论为指导，解决方案是对问题进行巧妙划分并使用收敛运算分离出嵌入复杂系统中的信号（例如与基本属性相关的模式）。在合成任务环境生成的数据中，搜索模式必须以复杂系统的基本理论为指导，尤其是认知系统理论。因此，加强基础理论研究对于深入了解可能与功能相关的经验联系至关重要。

结　论

本章希望留给读者的基本观点是从二元符号学视角到三元符号学视角的转变并不是一个简单的二加一问题，视角的转变需要解释逻辑的根本变化，即从因果模型到基于交互约束场的逻辑模型（Dekker，2011）。这需要从基于行为的工作模型（即任务分析）转变为基于约束的工作模型（即工作域分析），需要更多地关注理论结构和实证研究的外推生态效度（即实验结果的普遍代表性和适用性），需要将研究者的设计视角从以用户为中心（即匹配用户期望，例如内部模型）转变为以使用为中心（即塑造用户期望），通过塑造用户的期望使系统更符合特定领域的实用需求，从而为先进技术的应用提供结合点。

我们利用合成任务环境应对三元视角带来的挑战，但并不是用合成任务环境这个术语指代特定类型的技术（例如虚拟现实）。其实，合成任务环境的构建恰恰反映了一种从总体功能需求解决问题的研究思路，是对巴斯德象限（Stokes，1997）反映的基础科学和技术创新价值观的承诺，即三元视角致力于研究一种用于提高社会技术系统性能的严格的科学方法（如未来的空域系统），该方法具有明确的实际用途。虽然任何观察（无论是自然观察还是实验观察）都必然是还原论的思维方式，但合成任务环境面临的根本挑战是"确保对系统性能有影响的所有约束条件完整，在此情况下如何对问题进行巧妙划分"，难点在于根据指定工作环境中的复杂功能动力学特性实现一定程度的控制，并得出合理的结论。

原著参考文献

Alliger, G.M., Beard, R., Bennett, W., Jr., & Colegrove, C.M. (2012). Mission essential competencies: an integrative approach to job and work analysis. In M.J. Wilson, W. Bennett, Jr., S.G Gibson, & Alliger, G.M. Alliger (Eds). *The Handbook of Work Analysis in Organizations: The methods, systems, applications, & science of work measurement in organizations.* Mahwah, NJ: Taylor Francis.

Alliger, G.M., Beard, R., Bennett, W., Colegrove, C.M., & Garrity, M. (2007). *Understanding Mission Essential Competencies as a Workload Requirement.* Air Force Research Laboratory, Human Effectiveness Directorate, Warfighter Readiness Research Division. Wright-Patterson, AFB, OH: AFRL-HE-AZTR-2007-0034.

Bennett, K.B., & Flach, J.M. (2011). *Display and Interface Design: Subtle science, exact art.* Boca Raton, FL: CRC Press.

Chase, W.G., & Simon, H.A. (1973). The mind's eye in chess. In W.G. Chase (Ed.). *Visual Information Processing.* New York: Academic Press.

Colegrove, C.M., & Alliger, G.M. (2002). Mission essential competencies: Defining combat mission readiness in a novel way. Paper presented at the NARO RTO Studies, Analysis and Simulation Panel (SAS) Symposium. Brussels, Belgium. (April).

Dekker, S. (2011). *Drift into Failure.* Burlington, VT: Ashgate Publishing. Eco, U. (1979). *A Theory of Semiotics.* Bloomington, IN: Indiana University Press.

Ericsson, K.A., & Charness, N. (1994). Expert performance: Its structure and acquisition. *American Psychologist,* 48, 725–747.

Fitts, P.M., & Seeger, C.M. (1953). S-R compatibility: Spatial characteristics of stimulus and response codes. *Journal of Experimental Psychology,* 46, 199–210.

Flach, J.M., & Dominguez, C.O. (1995). Use-centered design. *Ergonomics in Design,* July, 19–24.

Fleishman, E.A., & Quaintance, M.K. (1984). *Taxonomies of Human Performance: The description of human tasks.* Orlando, FL: Academic Press.

Jenkins, W.O. (1947). The tactual discrimination of shapes for coding aircraft-type controls. In P.M. Fitts (Ed.), *Psychological Research in Equipment Design.* Army Air Force, Aviation Psychology Program, Research Report 19.

Kirlik, A. (1995). Requirements for psychological models to support design. In J. Flach, P. Hancock, J. Caird, & K. Vicente (Eds), *Global perspectives on the Ecology of Human-Machine Systems.* (pp. 68–120). Mahwah, NJ: Erlbaum.

Kirlik, A. (Ed.). (2006). *Human–Technology Interaction. Methods and models for cognitive engineering and human-computer interaction.* Oxford, UK: Oxford University Press.

Leveson, N.G. (2011). *Engineering a Safer World.* Cambridge, MA: MIT Press.

Morris, C. (1971). *General Theory of Signs.* Paris: Mouton.

Naikar, N. (2013). *Work Domain Analysis.* Boca Ratan, FL: CRC Press.

Rasmussen, J. (1986). *Information Processing and Human-Machine Interaction. An approach to cognitive engineering.* New York: North-Holland.

Rasmussen, J. & Vicente, K. (1989). Coping with human errors through system design: Implications for ecological interface design. *International Journal of Man-Machine Studies*, 31, 517–534.

Reynolds, R.I. (1982). Search heuristics of chess players of different calibers. *American Journal of Psychology,* 95, 373–392.

Sage, A.P., & Cuppan, C.D. (2001). On the systems engineering and management of systems of systems and federations of systems. *Information, Knowledge Systems Management,* 2(4), 325–245.

Schreiber, B.T., Bennett, W., Jr., Colegrove, C.M., Portrey, A.M., Greschke, D.A., & Bell, H.H. (2009). Evaluating pilot performance. In K.A. Ericsson (Ed.), *The Development of Professional Expertise: Approaches to objective measurement and designed learning environments.* New York: Cambridge University Press.

Schreiber, B.T., Schroeder, M.P., & Bennett, W., Jr. (2011). Distributed mission operations within-simulator training effectiveness. *International Journal of Aviation Psychology,* 21, 254–268.

Shaw, R. (1984). *The Dripping Faucet as a Model Chaotic System.* Santa Cruz, CA: Arial Press.

Stokes, D.E. (1997). *Pasteur's Quadrant—Basic science and technological innovation.* Washington, D.C.: Brookings Institute Press.

Vicente, K.J. (1999). *Cognitive Work Analysis: Toward safe, productive and healthy computer-based work.* Mahwah, NJ: Erlbaum.

Wickens, C.D., & Carswell, C.M. (1995). The proximity compatibility principle: 1st psychological foundation and relevance to display design. *Human Factors,* 37(3), 473–494.

撰稿人介绍

温斯顿·班尼特（Winston "Wink" Bennett, Jr）

Wink 于 1995 年获得德克萨斯农工大学工业组织心理学博士学位，目前担任美国俄亥俄州莱特 – 帕特森（Wright Patterson）空军基地战备研究部技术顾问，同时也是美国空军研究实验室研究员和美国心理协会会员。近年来，Wink 主要研究方向为军事训练（包括实战化训练和虚拟训练）与绩效 / 环境的融合集成，旨在提高飞行员在训练筹划准备和执行任务方面的熟练度。他还带领团队开发了一系列绩效评估方法，用于监测和定期评估个人（或团队）在实战化训练及模拟仿真训练中的任务绩效，或用于评估游戏培训、工作设计和工作重组等产生的效果。Wink 在多个专业委员会和期刊任职，他是《军事心理学杂志》副主编，同时担任另外三本心理学专业杂志的特约编辑或审稿人，近期联合主编了《工作设计手册》和《技能发展与衰退》（教材）两本力作。他与多个心理学研究团队开展深入合作，推进了国际军事、工业和学术研究人员之间的学术交流，其学术贡献被广泛认可。

约翰·M. 弗拉克（John M. Flach）

John 于 1984 年获美国俄亥俄州立大学实验心理学博士学位。毕业后至 1990 年担任伊利诺伊大学助理教授，曾在机械与工业工程系、心理学系和航空研究所联合任职；1990 年至今一直任职于莱特州立大学心理学系，其中 2004—2013 年担任心理学系主任。现在任教授，负责给研究生和本科生教授实验认知心理学和人的因素专业课程。John 对认知协调和认知控制问题很感兴趣，并致力于将研究成果广泛应用于航空、医学、公路安全和辅助技术领域，具体研究方向包括视觉运动控制、人机界面设计和决策等。John 还与 Rich Jagacinski、Kevin Bennett 等学者合著了多本著作，内容包括认知控制理论、人机界面设计和人机系统设计的生态学方法等。

斯科特·M. 加尔斯特（Scott M. Galster）

Scott 是美国俄亥俄州莱特-帕特森（Wright-Patterson）空军基地第 711 人力效能联队应用神经科学部飞行员效能局负责人，负责各项研发工作的战略规划、开发和执行，主管核心技术攻关，其牵头的决策神经科学项目研究内容从微观（比如识别压力反应的遗传因素）到宏观（比如让分布式团队发挥出最佳绩效）都有涉及。Scott 是一名实验心理学家，他在复杂自动化系统人机交互、多领域作业人员（个人及团队）的任务绩效以及无人自主系统的监督控制等问题方面拥有丰富的经验。Scott 是"感知-评估-增强"实验范式的创始人，该范式广泛用于第 711 人力效能联队飞行员效能局，适用于对飞行员完成任务时的状态进行感知和评估，并及时提供有针对性的增强技术以确保飞行员成功完成任务。他还参与了多项有关人机对抗行为分层感知与识别以及复杂系统中信任度（包括人-人之间、人-机之间）测量的项目。Scott 拥有美国天主教大学（CUA）应用实验心理学博士学位，由美国国家航空航天局提供奖学金资助。他是人的因素和人机工程学协会成员，包括地方协会、国家级协会以及美国科学研究荣誉学会（Sigma Xi）。

第十四章

提高飞行员对复杂情况和意外情况的处理能力：认知适应训练的新趋势

玛丽-皮埃尔·福内特，马尔蒂·波吉，让-伊夫·乔拉斯，科琳娜·鲁姆斯，弗朗索瓦·达西斯，法国军事生物医学研究所

提高飞行员在航空活动中对复杂情况和意外情况处理能力的需求分析

复杂情况和意外情况管理

在过去十年里，现代军事行动和武器装备日益呈现出复杂化和多样化特点，致使军事作业人员面临许多新挑战，特别是飞行员需要增强对航空复杂情况和意外情况的处理能力。这两类情况不能单纯依靠飞机系统通过快速关联检测和简易处置程序进行自动化处理，需要飞行员加强专业化训练，不仅包括对经常性或偶发性情况的预测处理，还需要加强飞行员对所学知识和技能进行适应性、创造性应用的能力。如果飞行员的适应能力太弱，就有可能出现急性应激反应导致其在空中面临无效反应风险从而危及安全。

法国国防航空事故调查委员会在 2004 年和 2006 年的相关报告中指出，飞行员在处理复杂情况和意外情况方面存在不足，正确理解各项约束条件的利害关系对其可能具有挑战性，他们在面临这些情况做出决策时难以对所有的相关约束条件进行全面考虑。总之报告指出，飞行员在飞行过程中很难及时识别异常情况，从而很难以良好的精神状态和敏锐的感知能力应对这些异常。

研究（Casner, Geven, Williams, 2013）以航空公司民航飞行员为被试，在给定的两种场景中应对突发事件，场景一模拟航空公司日常培训所使

用的熟悉环境，场景二模拟飞行中可能发生的意外场景。结果表明，对于大约 1/3 的飞行员而言，当发生后一种突发事件时，其应对受到了严重阻碍。Bourgy（2012）以战斗机飞行员为被试，在一项模拟器研究中也有类似的发现，即在面临不可预见的意外情况时只有 2/3 的战斗机飞行员能够使用自适应解决方案，其他 1/3 不能正确应对突发故障，最终以仓促危险的方式进行弹射从而导致不尽人意的结局。

因此，为飞行员制订针对性的训练计划，为其提供有助于应对复杂情况和意外情况的理论知识和实用工具，是一项至关重要的工作。

适应能力，一种横向技能

在航空航天、核工业、医学等高风险工作环境中，高效和安全是极其重要的因素。因此，当面临意外情况时如何保持高效和安全是这些行业关注的焦点。工作人员不仅要能对预期情况进行有效管理，还必须具备较强的适应能力，确保足以应对不可预见的意外情况。研究者（Weick，Sutcliffe，2001；Hollnagel，Woods，Leveson，2006）围绕高可靠性组织和弹性工程概念开展了系列研究，致力于通过构建适宜的组织条件达到增强员工适应能力的目标。Bigley 等的研究表明，在开展适应能力训练的过程中，有必要将预期动态（让受训者对可能遇到的常规情况做好准备）与适应动态（让受训者做好准备应对实际遇到的特殊情况）结合起来共同实施训练（Bigley，Roberts，2001；Hollnagel，Woods，2006；Weick，Sutcliffe，Obstfeld，1999）。

显然，一个团队的适应能力主要取决于其管理结构，但很大程度地也受到团队内部成员专业知识和自主性的影响，需要充分考虑团队和个人 / 集体这两个层面之间的衔接。例如，法国航空航天学院（AAE，2013）以"面临意外情况时的航空运输飞行员"为题组织了一次座谈会，分别从团队、集体和个人层面探讨能够有效管理航空复杂情况和意外情况的方法。

在这种背景下，"适应能力"已倾向于成为一种横向的专业技能，代表着综合能力，取决于个性特征、认知技能和特定领域的知识（White 等，2005），可解释为"个人改变或适应不同任务，社会和环境特征的能力、技能、性格、意愿或动机"（Polyhart，Bliese，2006）。拥有良好的适应能力有助于人们在紧急情况、危机情况、不确定不可预测的情况或者有压力的情况下更有效地做出反应，对新任务做出创造性的反应或领悟，更好地适应文化或人际环境（Pulakos，Arad，Donovan，Plamondon，2000）。

强化认知适应技能：迈向新模式

就认知技能而言，适应能力指的是"认知适应"。这是一种迅速激活并创造性地使用原有知识技能，以便在面临变化或挑战时保持情绪稳定并及时做出有效反应的能力。认知适应的过程包括收集情境线索、调整注意模式和策略、激活相关知识和启发式以及从事情的结果中吸取经验并不断学习（Polyhart，Bliese，2006；Schunn，Reder，1998），其中，启发式是一种基于经验和规则的问题解决方法，它强调基于简单规则快速且直观地做出复杂决定或推论。更具体地讲，认知适应还需掌握其他技能，比如对于某种情况，能够掌握相关的方方面面，即使这些方面并不是最重要的；能够以创造性和适应性的方式调用所需的知识技能；能够随机应变，做好随时改变主意的准备。不同学科对操作员的适应能力有不同的落脚点，组织行为学尝试促进适应能力，职业心理学重在测量和预测适应能力，应用认知心理学和工效学则重点关注在阐述适应机制的基础上对其进行维持和强化训练，以便更好地满足任务要求。

认知适应机制（或条件）的模型是制订针对性训练计划以提高复杂情况和意外情况管理能力的主要依据。在该模型中，认知控制被摆在中心位置，指的是个体有意识地检查自身认知加工是否有效的过程。有关认知适应模型的优缺点以及一些新的训练模式将在本章进行探讨。新的训练模式强调个体在认知过程中心理状态的重要性，强调开放式思维和积极认同与接受在认知适应过程中的核心作用，这为认知适应建模提供了新思路。最后，本章讨论了认知适应训练新模式对提高飞行员应急处理能力（针对复杂情况和意外情况）的影响。

认知控制增强训练

通过增强认知控制以提高认知适应能力

认知和临床心理学研究表明，认知和情绪适应基于认知控制（Hoc，Amalberti，2007；Ochsner，Gross，2005）。认知控制是一种元认知功能，主要负责监督个体行为表现和思维过程的相关性，并在必要时对其做出修改。

认知控制主要包含以下 3 个方面：

（1）执行功能：负责保持或转移注意力，负责坚持某一目标或临时对目标进行调整并抑制自动反应（Miyake 等，2000；Suchy，2009）。执行功能可用于解释不同个体在工作中的决策表现及情绪调节方面的差异（Del Missier，Mäntylä，Bruin，2012；P. G. Williams，Suchy，Rau，2009）。

（2）元认知知识和技能。

（3）自我反思能力：即为了观察、评估、纠正自身活动而勇于自我批判的能力。

许多训练项目都是通过增强以上三种认知控制能力从而最终实现决策能力或压力管理能力的提升。

决策能力增强训练项目

基于认知控制增强原则开展决策训练，至少包含以下五类情况。第一类以掌握一般性决策方法为基础，这些方法起到"检查列表"的作用，提醒操作员在决策过程中需注意的关键点，并督促其时刻检查是否遗忘了任何一个步骤（Li，Harris，2008）；第二类旨在帮助操作员在特定情况下做出决策，该类训练会给操作员提供一套通用的启发式或决策规则，而不提供系统完整的决策方法（参见启发式规则训练，Sauer，Burkolter，Kluge，Ritzmann，Schüler，2008）；第三类为操作员提供了一套规范化的提问方案，有利于其观察在某种情境下认知过程和操作绩效的相关性（参见批判性思维教学，Helsdingen，van den Bosch，van Gog，van Merriënboer，2010）；第四类训练的目的不是教授操作员预先确定的内容或问题，而是让操作员充分熟悉自反性，以引导其对实践行为进行批判性思考（参见决策培训，Chauvin，Clostermann，Hoc，2009）；第五类训练旨在增强操作员的执行功能，这是加强认知控制能力的必要措施（参见注意力管理训练，如注意力转移训练，Burkolter，Kluge，Sauer，Ritzmann，2010）。

减压训练项目

"认知改变策略"是一种有意识的情绪调节方法（Gross，2002），广泛应用于认知行为治疗（CBT），主要涉及改变个体对情境的看法并抑制自动化思维，而自动化思维通常情况下不能进行周全的考虑（Clark，Beck，2010）。许多研究已经证明 CBT 和相关认知改变技术对压力管理和负面情绪管理非常有效，无论是心理疾病患者（Butler，Chapman，Forman，Beck，2006）、健康人群（Herwig 等，2007），还是特殊职业人群（Richardson，Rothstein，2008）。

在军队，CBT通常用于治疗创伤后应激障碍，只有少数研究报道过引入CBT训练预防压力。R. A. Williams等（2004）的研究表明，有抑郁风险的海军新兵在持续接受9次CBT训练（每次45 min）后，其社会适应性（以归属感、孤独感、解决问题的应对方式和依恋为衡量标准）得到改善，但抑郁症状和自身感知到的压力实际上并没有减轻。他们（2007）在另一项研究中进一步将有抑郁风险和无抑郁风险的海军新兵进行对比，得到了类似的结果。与对照组相比，在高压力军事任务期间，接受CBT训练组的更多新兵成功完成了任务。Cohn和Pakenham（2008）对陆军新兵进行了"短程"CBT训练（两次，每次40 min），结果发现"短程"CBT训练有助于帮新兵建立积极心态、减少痛苦，对调整心理状态有积极作用。

加强认知控制：一种成本高昂且有局限性的策略

上述有关决策和压力管理的训练项目通过训练操作员在认知决策过程中保持思维过程和思维内容一致，从而提升其应对复杂情况的能力。但目前提出的方法仍有局限性，显然不同的启发式或提问方案通常不能适用于所有情况，由此导致了两方面问题。

（1）如何确保操作员能够根据具体情况选择最适宜的启发式或方案？

（2）对于预定方案中未考虑到的情况，操作员该如何应对？

在复杂程度较低、操作员较熟悉的训练项目中，或在教练明确指出优先事项和相关重点的情况下（Burkolter等，2010），操作员能够事先知道需要其进行认知控制的相关内容，因此可以专注于"如何更好地完成认知控制"。然而在复杂情况和意外情况以及一些真实的场景中，操作员很难根据先前的知识或线索快速准确地确定应该将注意力和控制力集中在哪些方面。此时，"控制什么？"成为了关键问题。

此外，认知控制会加重注意力和执行资源的负担从而导致认知超负荷，增加操作员的压力感和疲劳感，进而可能会产生适得其反的效果（Li，Harris，2008；Sauer等，2008）。由于认知资源有限，操作员会对认知控制内容进行选择，但其选择的内容可能与任务并不相关，解决这种情况的方法是提高操作员的执行功能（Burkolter等，2010）。然而，部分作者质疑这些能力是否易于训练（Jaeggi，Buschkuehl，Jonides，Perrig，2008），而且飞行员群体可能存在训练的天花板效应。因此在复杂情况和意外情况下，认知适应需要的似乎不仅仅是认知控制。

认知适应能力训练的新趋势

近年来，认知心理学和临床心理学领域的应用发展为理解认知适应机制、探索复杂情况下的认知适应训练原则开辟了新途径。认知适应训练以认知控制增强为基础。有关思维倾向的研究表明，心理状态会影响思维过程和质量。有关正念的研究也关注到了同样的研究方向，强调开放式思维、积极认同与接受对促进适应能力的积极作用。下面列举一个例子，简要回顾近期在高压力职业环境中开展的正念训练。

运用整合思维提高认知适应能力的训练

思维倾向

什么是复杂情况，什么是意外情况，人们往往很难精确定义。对于这两类情况，个体必须首先构建情境并赋予意义，以确定与认知过程或认知控制相关的方面。受训者除了想知道"如何进行认知控制"外，还需要了解"控制什么"。加拿大心理学家 Stanovich（2011）对认知适应涉及的两个主要方面进行了区分。

（1）算法思维：即允许个体有效处理相关信息的执行过程，最终确定"如何处理"。

（2）反思性思维：即反思过程，允许个体重新构建情境、建立相关框架并赋予意义，综合考虑情境的外部特征及个体目标、价值观和优先事项后确定"处理什么"。

根据斯坦诺维奇的观点，反思性思维的过程取决于个体的思维倾向。思维倾向是一种个性特质，是个体与世界互动的方式，与不同个体的认知倾向密切相关，能够反映个体的心理状态。有关认知倾向的分类在相关文献中有过明确报道，例如教条主义/绝对主义 vs 积极开放/思维开阔，或以认知需要、信仰认同或弹性思维为主导（Stanovich，2011）。思维倾向不仅影响算法思维的执行过程，还有助于个体在复杂情况和各种新情况下快速建立适宜的思维框架并确定目标。例如，复杂推理任务中个体差异的预测研究（Stanovich，West，2008）表明，认知适应依赖于执行功能和思维倾向，前者用于决定"如何进行处理"，后者用于决定"处理什么"，包括任务目标、框架和内容等。因此，思维倾向相关研究似乎能够通过提供对"处理什么"这个问题的回答丰富认知适应相关理论。

运用整合思维进行认知适应能力训练的实例

思维倾向是认知适应所必需的特质，为了培养飞行员良好的思维倾向，我们提出了一种新的认知适应训练方法用于提高飞行员在飞行环境中的适应能力。该训练方法名为心理模式管理训练（Mental Mode Management Training，MMMT），其允许受训者在训练过程中随时提问，并可能因此改变人 – 机 – 环关系（Fradin，Aalberse，Gaspar，Lefrançois，Le Moullec，2008；Fradin，Lefrançois，El Massioui，2006）。在训练前，我们要求所有受训者首先对自己的心理模式（即处理复杂情况和意外情况时的心理状态）进行概括和分析，然后通过训练培养一套有利的心理模式或态度，争取在面临复杂情况和意外情况时能够保持情绪稳定并取得令人满意的成绩。研究人员目前鼓励的思维倾向是开放式思维，积极认同与接受，充分关注思维的细微差别、相对性、理性和个性化。

心理模式管理训练（MMMT）的原则

MMMT 基于一种自评式认知过程量表（Cognitive-Processes Scale，CPS），该量表由 7 个李克特（Likert）量表组成，前 6 个量表用于评估心理模式或心理状态，最后 1 个量表用于评估压力水平。前 6 个量表通过 6 个维度与 6 种心理模式（或态度）相对应，对每种心理模式的描述都涉及 1 个二维轴，二维轴的一端代表"自动思维倾向"，另一端代表"适应性思维倾向"，受训者需要评估自己在思考问题时更趋向于自动思维还是更趋向于适应性思维，如表 14.1 所示。以表中第 1 种心理模式"开放式思维"为例，二维轴的两端分别是"常规"与"好奇"，即受训者需要评估在处理复杂或意外情况时是采取常规的例行公事的态度，还是好奇的态度。自动思维是一种适于管理简单或熟悉情况的思维倾向，适应性思维则是处理复杂或意外情况所必需的思维倾向。受训者每次训练包含以下 5 个步骤。

表 14.1　6 种心理模式对应的自动思维倾向和适应性思维倾向

序号	心理模式	自动思维倾向	适应性思维倾向
1	开放式思维	常规	好奇
2	积极认同与接受	拒绝	接受
3	关注思维的细微差别	关注较大差异	关注细微差别
4	关注思维的相对性	关注确实的事	关注相对性
5	关注理性思维	注重结果	注重逻辑推理
6	关注思维的个性化	注重社会形象	强调个人意见

（1）选定一个复杂或有压力的任务情境，即受训者感觉当前（或曾经）很难适应的情境。

（2）受训者使用 CPS 全面评估训练前的心理模式和压力水平。

（3）接受心理模式管理技能训练以加强心理适应性（详见下文）。

（4）受训者再次使用 CPS 进一步评估训练后的心理模式和压力水平。

（5）最后观察训练前后 CPS 自评结果的差异。

受训者在 MMMT 训练过程中会提出涵盖 6 种心理模式的问题，其需要按顺序向自己提问，但不必立即给出答案。比如，以表 14.1 中的第 6 种心理模式"关注思维的个性化"为例，一个示例性问题为"如果抛开其他人的判断，仅考虑对我而言真正重要的是什么，那我究竟会怎么想？"对受训者而言，"提前对可能发生的事情进行预测，并接受发生相反情况的可能性"，这是提高认知和情绪适应能力的有效方法。因此，MMMT 训练非常注重引导受训者培养一种心态，即一个人如果不敢冒失败的风险，就不可能成功（Fornette 等，2012；Fradin，2003；Fradin 等，2008）。

心理模式管理训练（MMMT）对绩效及压力管理能力的促进

关于 MMMT 对绩效和压力管理影响的评估，最早的研究是以法国空军飞行学员为被试开展（Fornette 等，2012），主要研究方法和数据结果总结如下。被试总计 21 名，分为训练组（TG，参加了 6 次训练课程，每次课程 2 h）和对照组（CG，未参加过任何训练），两组被试在人数、情绪状态和初始绩效方面差异无统计学意义。训练组和对照组两组被试分别根据学员的初始飞行绩效进一步分为高绩效和低绩效两类，产生 4 个小组，即 TG/ 低绩效、TG/ 高绩效、CG/ 低绩效和 CG/ 高绩效。学员在训练过程中的飞行绩效由飞行教员打分（0 ～ 20 分），学员情绪、焦虑状态和压力管理模式则分别使用心境状态剖图（Profile of Mood State，POMS）、斯皮尔伯格状态焦虑量表（Spielberger State Anxiety Inventory，STAI-Y-A）和特定压力问卷测量。

所有学员训练前后的飞行绩效得分如表 14.2 所示，对训练前后的绩效进行比较发现，TG/ 低绩效小组（即初始绩效最低的组）训练后的绩效显著提高（$P < 0.05$），并且能保持到基本飞行计划结束，即训练结束后的 1 个半月，而其他 3 个小组未见显著变化。训练组和对照组学员的 POMS 得分和 STAI-Y-A 得分未见显著差异，但 80% 的训练组学员报告在研究期间确实改变了压力管理模式，该比例显著高于对照组（27%，$P < 0.05$）。此外，70% 的训练组学员表示，认知适应训练使其能够更好地理解可能面对的事情，从而降低了压力水平。

表 14.2　训练前后各组学员的飞行绩效得分

		训练前		训练后	
	例数	均值	标准差	均值	标准差
TG/ 低绩效（训练组低绩效）	6	13.33	0.67	14.18	0.53
TG/ 高绩效（训练组高绩效）	4	14.03	1.01	13.65	0.67
CG/ 低绩效（对照组低绩效）	5	13.55	0.83	13.43	0.41
CG/ 高绩效（对照组高绩效）	6	14.34	0.66	14.33	0.59

这些结果表明，MMMT 可能在以下方面有效。①有助于提高学习困难学员的飞行绩效；②有助于提高训练组所有学员的压力管理能力。由此可以推测，MMMT 为 TG/ 低绩效组学员提供了新的认知适应策略，而 TG/ 高绩效组学员的飞行绩效没有提高，但这些学员表示 MMMT 能够帮助他们更好地掌握压力管理策略并进一步丰富已有的策略。

随着时间的推移，两组学员的情绪均显著改善，这可能得益于学员们在飞行成绩方面取得了进步，继而预测因成功完成训练而带来的积极影响。该结果与 R. A. Williams 等的研究结果一致（2004）。但在本研究中，两组学员的焦虑得分未见显著差异，有可能是采用的 STAI-Y-A 问卷不够具体，无法辨别这一人群焦虑水平的细微差异（其属于低水平焦虑状态）。

本次研究存在以下不足：①研究样本小；②训练模式只有 MMMT 一种，未包含其他训练方式作为对照；③训练场景的逼真度不够，未能让学员在高仿真或真实情况下进行训练；④训练课程是在学员们飞行日结束时进行的，并非最佳训练条件。但通过本研究得到的结果仍然能够表明，MMMT 可能是增强认知适应能力的有效工具。

基于正念的认知适应训练

正念研究与思维倾向研究有关，因为两者都强调"开放式思维"和"积极认同与接受"对适应的积极作用。正念研究通过提出特定心理状态下注意力过程的有关假设，扩展了思维倾向研究的范畴。

正念：一种心理状态和一种特定的注意力品质

正念包含一种特定的注意力练习以及这种练习所针对的心理状态。正念有时被视为一种个性，有时被视为一种通用的认知能力，但在任何情况下都是一种可以通过训练加以培养的心理能力。

正念练习的目标是培养一种开放的、乐于接受的注意力模式，在这个过程中，个体可以很放松地将身体感觉与内心整体体验联系起来，对所有的体验不排斥、不评判，只停留在当下。正念源于东方的冥想传统，在过去几十年被引入西方心理学，特别是用于改善患者情绪和临床治疗。当个体学会在思维开放和乐于接受的状态下将注意力完全集中于当前经历，而不受记忆或其他想法干扰时（Kabat Zinn，2003），其情绪状态会有所改善。研究表明，正念练习在减轻患者及健康人群的压力和改善心理健康方面是有效的（Grossman，Niemann，Schmidt，Walach，2004；Hofmann，Sawyer，Witt，Oh，2010）。

正念机制

在临床研究中观察的治疗效果可以用正念对注意力和执行功能的影响解释。事实上，正念练习是注意力训练的一种方式，能够有效地引导个体集中注意力，并提高持续注意能力和灵活性（Jha，Krompinger，Baime，2007；MacLean 等，2010；Moore，Malinowski，2009）。

此外，Wenk Sormaz（2005）的研究表明，正念训练会减少个体对认知任务的习惯性反应。Herndon（2008）指出，正念训练能提高认知能力，因为其能够引导个体更细致地考虑情境中的重要细节。Weick 和 Sutcliffe（2006）提出，在高可靠性组织中，正念对于意外情况的管理很有用，因为其鼓励个体关注偏离正常情况的元素；不歪曲事实，与现状保持一致；识别系统的自动反应和关联。

高风险职业环境下的正念训练

研究者致力于揭示正念训练与工作绩效、情绪状态及身心健康之间的关系。以"健康员工"为研究对象，我们发现正念训练与身心健康、情绪状态和有效的压力管理呈正相关（Oberdan，Passmore，2010）。此外 Passmore（2009）通过研究证明，正念训练对工作绩效涉及的几个方面（如学习、安全文化、冲突解决、创造力和决策等）具有有益影响。

基于上述结果，最近一些研究将正念训练（MT）引入军人群体。Jha、Stanley、Kiyonaga、Wong 和 Gelfand（2010）提出了一项正念训练计划，用于在高压力军事部署环境中培养军事人员应对压力的能力并提高作战效能。经评估，这次训练效果非常明显。通过正念训练可以提高工作记忆力，减少消极情绪和压力（Stanley，Schaldach，Kiyonaga，Jha，2011），但正念训练的军事人员只有经过较长时间才会产生有益的效果。挪威空军某 F-16 战斗机中队首次开展了正念训练，初步结果表明，对于认知能力普遍较高的飞行员群体，持续 12 个月的正念训练可以进一步提高飞行员的专注力和睡眠 – 觉醒调节能力（Meland、Fonne、Pensgaard，2012）。正念训练还可以保护个体免受与高压力环境相关的认知功能损害，但对于不能主动参加训练的被试似乎会产生负面影响。在此基础上，研究人员提出了一种更有针对性的短期正念训练模式（3个月），目前正在进行进一步研究用于评估其对军事飞行员认知功能和压力水平的影响。

新型训练模式的作用

认知适应训练的新范式

心理模式管理训练（MMMT）和正念训练（MT）所依赖的基本原理相似，前者要求受训者对训练内容有清晰的认识并不加评判地对自身与环境的关系进行观察（包括外部关系和内部关系），后者旨在培养有利于对复杂和意外情况进行适应性管理的良好心态，其中对经验保持开放性心态是最重要的。

MMMT和MT似乎对职业环境（特别是军事活动中）作业人员的认知适应能力和情感都产生了有益影响，而且这两种训练方法能克服传统训练的一些局限性。传统训练关注认知控制策略训练，假设所有个体都可以拥有与可能面临的情况相关的所有启发式或提问方案；可以自主选择正确的提问方案；能够持续保持注意力集中，但其实该假设很难完全成立。相比之下，MMMT和MT等新的训练方法并不是通过提供具体方案直接增强认知控制，而是关注受训者培养良好心态，训练个体掌握可用于分析自己所面临情况的相关框架，从而将注意力集中在有效信息方面并对其进行控制（Stanovich，2011）。该方法可以回答"控制什么"这个问题。

诚然，传统训练和新训练有相同的目标，即帮助受训者在应对特殊情况或意外情况时使用"正确"的有效信息。只是这两种方法以两种截然不同的方式指导受训者，传统训练旨在确保操作员在做出决策前选择正确的信息（例如训练过程中会询问诸如"您在做出决策前考虑了哪些信息？"之类的问题），而MMMT和MT等新的训练方法旨在确保操作员以好奇和开放的态度应对各类情况。

MMMT有助于个体掌握一种可推广的通用性全局策略，以便应对和管理各类复杂情况和意外情况。相应地，MT有助于培养非评判性的开放心态，且有助于个体客观接受面临的各种情况，而不管其先验性质和情感价值如何。这一具体立场可能是MT取得成效最具决定性的因素，使受训者的注意力不被偏见或惯例吸引，而是集中处理真正相关的信息，即使这些相关信息是不同寻常的或令人尴尬的，受训者也能以开放的心态客观地接受。

MT 培养的这种特定心态能够提高个体根据其面临的实时情况构建出最适宜情境的可能性，而不是先入为主。因此，即使在复杂和意外情况下，个体也可以实现认知适应，从而提高工作绩效并保持情绪平衡。这并非得益于认知控制得到了增强，而是因为"放手"，即个体在"此时此地"能够做到以"开放式思维"进行"积极认同与接受"。这种新的训练方法深化了我们对认知适应的理解，即以掌握认知控制策略为中心的传统训练，以及 MMMT 和 MT 等旨在培养个体开放性心态的新训练可以互为补充，共同为认知适应训练提供解决方案。

在军事飞行员群体的应用

据了解，这种新的训练方法尚未在军事活动背景下广泛开展研究，但事实证明其在提高军事飞行员管理复杂情况和意外情况的能力方面很有价值（Fornette 等，2012；Jha 等，2010；Meland 等，2012）。

MMMT 旨在训练认知技能，指导受训者在做出决策前快速准确地筛选有效信息。①在信息输入阶段，对信息保持好奇和乐于接受的态度；②在信息处理阶段，注意信息的细微差别和相对关系；③在信息输出阶段，关注信息的合理化和个性化。MMMT 侧重训练操作人员必须面临的情况，关注其处理问题的方式是一项具有分析性、具体性和主动性特征的训练模式。该模式与军队惯常使用的训练方法类似，因此很容易被军方掌握。与 MMMT 相比，MT 更倾向于培养受训者对所面临的情况不加评判、坦然接受的心态，尤其是对情绪和身体感觉要坦然接受。MT 的技巧本质上是冥想和沉思，倾向于促进一种"放手"的心态，这些技巧侧重于情绪维度，与侧重于认知维度的训练相比更为被动，军队可能不太习惯。

鉴于上述特点，与侧重于情绪、身体感觉和"放手"心态的 MT 相比，MMMT 似乎更容易被军事飞行员接受。MMMT 可被看作是加强认知控制和"放手"之间的一种中间状态，研究者可结合这两种方法的优点设计出更有效的训练方式，比如从使用 MMMT 技术开始，然后结合使用 MT 技术。无论如何，研究者需要努力使这些新的训练方法适应飞行员的切实需求。虽然 MMMT 已包含了部分示例和航空案例，下一步仍需增加直接的专业级飞行应用程序，包括情景练习和场景训练。对于军事人员而言，除接受课程培训之外，直接的适应性训练也许更能强化其对所学技巧的应用能力，这对提升其作战效能更为重要（Jha 等，2010）。

结　论

　　无论在民用还是军用航空领域，考虑到操作平台和系统的多样性与复杂性，我们目前均不可能针对所有任务场景开展认知适应训练。目前普遍的共识是加强飞行员的准备能力，以应对各类复杂和意外情况。因此，对于从事高风险职业人群培训活动的机构和个人，从现在起须着手协调好以下工作：一方面，制订科学的培训计划和方案，使受训者能够通过遵循操作程序和惯例确保持续的操作安全，从而掌控风险；另一方面，须重点培养受训者的认知适应性，提高其对复杂和意外情况的检测、识别和应对能力，同时保持系统安全运行。

　　MMMT 是一种新的增强认知适应能力的训练方式，本章对其训练效果进行了初步论述，还论述了其他类型的认知适应训练（比如 MT），对于培养飞行员有效管理复杂情况和意外情况的能力而言，这些训练似乎也特别有吸引力。研究人员应进一步研究这些新的训练方法，以便更好地了解其作用机制，并提高其增强飞行员认知适应能力的有效性。不管怎样，这些新的训练方法似乎已经成为现有训练的必要补充，因为通过这些新训练，受训者可以更深入地理解各类复杂和意外情况，并可以掌握应对这些情况所需的技能。

原著参考文献

AAE. (2013). *Le traitement de situations imprévues en vol* [Dealing with unforeseen situations in flight] (Dossier No. 37). Toulouse, France: Académie de l'air et de l'espace.

BEAD-Air (2004). *Rapport public d'enquête technique: BEAD-A-2004-001-A.* Brétigny, France: Bureau Enquêtes Accidents Défense Air.

BEAD-Air (2006). *Rapport public d'enquête technique: BEAD-air-A-2006-12-A.* Brétigny, France: Bureau Accidents Défense Air.

Bigley, G.A., & Roberts, K.H. (2001). The incident command system: Highreliability organizing for complex and volatile task environments. *Academy of Management Journal,* 44, 1281–1299, doi:10.2307/3069401.

Bourgy, M. (2012). *L'adaptation cognitive et l'improvisation dans les environnements dynamiques* [Cognitive adaptation and improvisation in dynamic environments]. Thèse de doctorat en psychologie cognitive, Université de Paris 8, Saint-Denis, France.

Burkolter, D., Kluge, A., Sauer, J., & Ritzmann, S. (2010). Comparative study of three training methods for enhancing process control performance: Emphasis shift training, situation awareness training, and drill and practice. *Computers in Human Behavior*, 26, 976–986, doi:10.1016/

j.chb.2010.02.011.

Butler, A.C., Chapman, J.E., Forman, E.M., & Beck, A.T. (2006). The empirical status of cognitive-behavioral therapy: A review of meta-analyses. *Clinical Psychology Review*, 26(1), 17–31, doi:10.1016/j.cpr.2005.07.003.

Casner, S.M., Geven, R.W., & Williams, K.T. (2013). The effectiveness of airline pilot training for abnormal events. *Human Factors*, 55, 477–485, doi:10.1177/0018720812466893.

Chauvin, C., Clostermann, J.P., & Hoc, J.M. (2009). Impact of training programs on decision-making and situation awareness of trainee watch officers. *Safety Science*, 47, 1222–1231, doi:10.1016/j.ssci.2009.03.008.

Clark, D.A., & Beck, A.T. (2010). Cognitive theory and therapy of anxiety and depression: Convergence with neurobiological findings. *Trends in Cognitive Sciences*, 14, 418–424, doi:10.1016/j.tics.2010.06.007.

Cohn, A., & Pakenham, K. (2008). Efficacy of a cognitive-behavioral program to improve psychological adjustment among soldiers in recruit training. *Military Medicine*, 173, 1151–1157.

Del Missier, F., Mäntylä, T., & Bruin, W.B. (2012). Decision-making competence, executive functioning, and general cognitive abilities. *Journal of Behavioral Decision Making*, 25, 331–351, doi:10.1002/bdm.731.

Fornette, M.-P., Bardel, M.-H., Lefrançois, C., Fradin, J., El Massioui, F., & Amalberti, R. (2012). Cognitive-adaptation training for improving performance and stress management of airforce pilots. *The International Journal of Aviation Psychology*, 22, 203–223, doi:10.1080/10508414.2012.689208.

Fradin, J. (2003). Gestion du stress et suivi nutritionnel. [Stress management and nutritional follow-up]. *Médecine et Nutrition*, 39(1), 29–34.

Fradin, J., Aalberse, M., Gaspar, L., Lefrançois, C., & Le Moullec, F. (2008). *L'intelligence du Stress* [Intelligence of Stress]. Paris, France: Eyrolles.

Fradin, J., Lefrançois, C., & El Massioui, F. (2006). Des neurosciences à la gestion du stress devant l'assiette. [Eating and managing stress with the help of neurocognitive therapy]. *Médecine et Nutrition*, 42(2), 75–81.

Gross, J.J. (2002). Emotion regulation: Affective, cognitive, and social consequences. *Psychophysiology*, 39, 281–291, doi:10.1017.S0048577201393198.

Grossman, P., Niemann, L., Schmidt, S., & Walach, H. (2004). Mindfulness-based stress reduction and health benefits: A meta-analysis. *Journal of Psychosomatic Research*, 57(1), 35–43, doi:10.1016/S0022-3999(03)00573-7.

Helsdingen, A.S., van den Bosch, K., van Gog, T., & van Merriënboer, J.J.G. (2010). The effects of critical thinking instruction on training complex decision making. *Human Factors*, 52, 537–545, doi:10.1177/0018720810377069.

Herndon, F. (2008). Testing mindfulness with perceptual and cognitive factors: External vs. internal encoding, and the cognitive failures questionnaire. *Personality and Individual Differences*, 44(1), 32–41, doi:10.1016/j. paid.2007.07.002.

Herwig, U., Baumgartner, T., Kaffenberger, T., Brühl, A., Kottlow, M., Schreiter- Gasser, U., & Rufer, M. (2007). Modulation of anticipatory emotion and perception processing by cognitive control. *NeuroImage*, 37, 652–662, doi:10.1016/j.neuroimage.2007.05.023.

Hoc, J.M., & Amalberti, R. (2007). Cognitive control dynamics for reaching a satisficing performance in complex dynamic situations. *Journal of Cognitive Engineering and Decision Making*, 1(1), 22–55.

Hofmann, S.G., Sawyer, A.T., Witt, A.A., & Oh, D. (2010). The effect of mindfulness-based therapy on anxiety and depression: A meta-analytic review. *Journal of Consulting and Clinical Psychology*, 78(2), 169–183, doi:10.1037/ a0018555.

Hollnagel, E., & Woods, D.D. (2006). Epilogue: Resilience engineering precepts. In E. Hollnagel, D.D. Woods & N. Leveson (Eds), *Resilience Engineering: Concepts and precepts* (pp. 347-358). Aldershot, UK: Ashgate Publishing.

Hollnagel, E., Woods, D.D., & Leveson, N. (2006). *Resilience Engineering: Concepts and precepts*. Aldershot, UK: Ashgate Publishing.

Jaeggi, S.M., Buschkuehl, M., Jonides, J., & Perrig, W.J. (2008). Improving fluid intelligence with training on working memory. *Proceedings of the National Academy of Sciences*, 105, 6829–6833, doi:10.1073/pnas.0801268105.

Jha, A.P., Krompinger, J., & Baime, M.J. (2007). Mindfulness training modifies subsystems of attention. *Cognitive, Affective, & Behavioral Neuroscience*, 7(2), 109–119, doi:10.3758/ CABN.7.2.109.

Jha, A.P., Stanley, E.A., Kiyonaga, A., Wong, L., & Gelfand, L. (2010). Examining the protective effects of mindfulness training on working memory capacity and affective experience. *Emotion*, 10(1), 54–64, doi:10.1037/a0018438.

Kabat-Zinn, J. (2003). Mindfulness-based interventions in context: past, present, and future. *Clinical Psychology: Science and Practice*, 10(2), 144–156, doi:10.1093/clipsy/bpg016.

Li, W.C., & Harris, D. (2008). The evaluation of the effect of a short aeronautical decision-making training program for military pilots. *The International Journal of Aviation Psychology*, 18, 135–152, doi:10.1080/10508410801926715.

MacLean, K.A., Ferrer, E., Aichele, S.R., Bridwell, D.A., Zanesco, A.P., Jacobs, T.L., & Shaver, P.R. (2010). Intensive meditation training improves perceptual discrimination and sustained attention. *Psychological Science*, 21, 829–839, doi:10.1177/0956797610371339.

Meland, A., Fonne, V., & Pensgaard, A.M. (2012). *Mindfulness based mental training in high performance aviation*. Paper presented at the Annual Meeting of Aerospace Medical Association, Atlanta, GA.

Miyake, A., Friedman, N. P., Emerson, M.J., Witzki, A.H., Howerter, A., & Wager, T.D. (2000). The unity and diversity of executive functions and their contributions to complex "frontal lobe" tasks: A latent variable analysis. *Cognitive Psychology*, 41, 49–100, doi:10.1006/cogp.1999.0734.

Moore, A., & Malinowski, P. (2009). Meditation, mindfulness and cognitive flexibility. *Consciousness and Cognition*, 18(1), 176–186, doi:10.1016/j. concog.2008.12.008.

Oberdan, M., & Passmore, J. (2010). Mindfulness at work: Paying attention to enhance well-being and performance. In P.A. Linley, S. Harrington & N. Garcea (Eds), *Oxford Handbook of Positive Psychology and Work.* New York, NY: Oxford University Press.

Ochsner, K.N., & Gross, J. J. (2005). The cognitive control of emotion. *Trends in Cognitive Science,* 9, 242–249, doi:10.1016/j.tics.2005.03.010.

Passmore, J. (2009). *Mindfulness at work and in coaching.* Paper presented at the Danish Psychology Society Conference, Copenhagen, Denmark.

Ployhart, R.E., & Bliese, P.D. (2006). Individual adaptability (I-ADAPT) theory: Conceptualizing the antecedents, consequences, and measurement of individual differences in adaptability. In C.S. Burke, L.G. Pierce & E. Salas (Eds), *Understanding Adaptability: A prerequisite for effective performance within complex environments* (pp. 3–39). Oxford, UK: Elsevier Ltd.

Pulakos, E.D., Arad, S., Donovan, M.A., & Plamondon, K.E. (2000). Adaptability in the workplace: Development of a taxonomy of adaptive performance. *Journal of Applied Psychology*, 85, 612–624, doi:10.1037/0021-9010.85.4.612.

Richardson, K.M., & Rothstein, H.R. (2008). Effects of occupational stress management intervention programs: A meta-analysis. *Journal of Occupational Health Psychology*, 13(1), 69–93, doi:10.1037/1076-8998.13.1.69.

Sauer, J., Burkolter, D., Kluge, A., Ritzmann, S., & Schüler, K. (2008). The effects of heuristic rule training on operator performance in a simulated process control environment. *Ergonomics*, 51, 953–967, doi:10.1080/00140130801915238.

Schunn, C.D., & Reder, L.M. (1998). Strategy adaptivity and individual differences. *Psychology of Learning and Motivation,* 38, 115–154.

Stanley, E.A., Schaldach, J.M., Kiyonaga, A., & Jha, A.P. (2011). Mindfulnessbased mind fitness training: A case study of a high-stress predeployment military cohort. *Cognitive and Behavioral Practice,* 18, 566–576, doi:10.1016/j. cbpra.2010.08.002.

Stanovich, K.E. (2011). *Rationality and the Reflective Mind.* New York, NY: Oxford University Press.

Stanovich, K.E., & West, R.F. (2008). On the relative independence of thinking biases and cognitive ability. *Journal of Personality and Social Psychology,* 94, 672–695, doi:10.1037/0022-3514.94.4.672.

Suchy, Y. (2009). Executive functioning: Overview, assessment, and research issues for non-neuropsychologists. *Annals of Behavioral Medicine,* 37(2), 106–116, doi:10.1007/s12160-009-9097-4.

Weick, K.E., & Sutcliffe, K.M. (2001). *Managing the Unexpected.* San Francisco, CA: Jossey-Bass.

Weick, K.E., & Sutcliffe, K.M. (2006). Mindfulness and the quality of organizational attention. *Organization Science*, 17, 514–524, doi:10.1287/ orsc.1060.0196.

Weick, K.E., Sutcliffe, K.M., & Obstfeld, D. (1999). Organizing for high reliability: processes of collective mindfulness. In R.S. Sutton & B.M. Staw (Eds), *Research in Organizational Behavior* (Vol. 21, pp. 81–123). Greenwich, CT: JAI Press.

Wenk-Sormaz, H. (2005). Meditation can reduce habitual responding. *Alternative Therapies in Health and Medicine,* 11(2), 42–58.

White, S.S., Mueller-Hanson, R.A., Dorsey, D.W., Pulakos, E.D., Wisecarver, M.M., Deagle III, E.A., & Mendini, K.G. (2005). *Developing adaptive proficiency in special forces officers* (Report No. 1831). Arlington, VA: US Army Research Institute for the Behavioral and Social Sciences.

Williams, P.G., Suchy, Y., & Rau, H.K. (2009). Individual differences in executive functioning: Implications for stress regulation. *Annals of Behavioral Medicine,* 37(2), 126–140, doi:10.1007/s12160-009-9100-0.

Williams, R.A., Hagerty, B.M., Andrei, A.C., Yousha, S.M., Hirth, R.A., & Hoyle, K.S. (2007). STARS: Strategies to assist navy recruits' success. *Military Medicine,* 172, 942–949.

Williams, R.A., Hagerty, B.M., Yousha, S.M., Horrocks, J., Hoyle, K.S., & Liu, D. (2004). Psychosocial effects of the boot strap intervention in navy recruits. *Military Medicine,* 169, 814–820.

撰稿人介绍

马尔蒂·波吉（Marthe Bourgy）

Marthe 是法国里昂地区的一名研究员和学术顾问，曾在法国军事生物医学研究所（IRBA，Institut de Recherche Biomédicale des Armées）攻读认知心理学与人的因素博士学位，期间主要研究战斗机飞行员的认知适应能力和应变能力，目前主要从事注意力、认知适应能力与个体差异性研究以及危险职业环境、艺术领域或学校的心理训练研究。她与 IRBA 合作研究了复杂情境和压力环境下的认知训练方案以提高作业绩效，同时她还是一名心理咨询师，为多家私营企业提供决策能力和创造力的咨询服务。

弗朗索瓦·达西斯（Françoise Darses）

Françoise 是法国航空航天学院的认知工效学教授，也是法国军事生物医学研究所（IRBA，Institut de Recherche Biomédicale des Armées）战时行动与认知部（ACSO）负责人。其开展的研究涉及军事人员个体决策、团队决策以及问题解决认知建模方法；他在设计复杂技术系统时坚持将人的因素放在首位，提出设计人员要充分考虑显示界面中亚符号（如视觉或听觉感知）和符号（如决策）的认知适应性，以满足军队面临任务的具体需求。Françoise 还担任国际一流期刊《人力劳动》杂志的执行董事。

玛丽－皮埃尔·福内特（Marie–Pierre Fornette）

Marie-Pierre 是法国军事生物医学研究所（IRBA, Institut de Recherche biomdicale des armes）人的因素和认知心理学工程师，此前在飞行测试中心工作了 13 年，负责航空电子系统和机组人员生理防护装备的飞行试验。她在 IRBA 战时行动与认知部的研究重点是飞行员的认知适应能力和情绪调节能力及其与飞行绩效之间的关系，特别是在复杂情况和不可预见情况下。此外，她在人的因素和机组资源管理（CRM）训练领域拥有丰富的教学经验，目前在法国联合组织了一个关于 CRM 训练项目设计的智库，并担任《高风险职业机组资源管理训练》一书的共同主编。

让－伊夫·乔拉斯（Jean-Yves Jollans）

Jean-Yves 是法国空军高级军官，自 2008 年以来一直在法国军事生物医学研究所（IRBA, Institut de Recherche biomdicale des armes）工作，担任领导负责所有航空部队和潜艇官兵的机组资源管理（CRM）训练。他当了 10 年的战斗机飞行员，参加过海湾战争及世界各地的数次维和行动，近年来负责管理空军飞行部队（特别是飞行学校），并接受了社会心理学和人因领域的系统培训。让－伊夫曾在法国国防航空事故调查委员会任职，还参与组织了高风险职业和卫生机构的 CRM 培训。目前在法国联合组织了一个关于 CRM 训练项目设计的智库，并担任《高风险职业机组资源管理训练》一书的共同主编。

科琳娜·鲁姆斯（Corinne Roumes）

Corinne Roumes，医学哲学博士，法国巴黎军事生物医学研究所（IRBA）人机工效学教授兼军事行动安全认知和行为研究室负责人，于 2013 年 10 月卸任。她的研究方向是探索作战环境中的前沿技术，目前是 IRBA 专家委员会成员，负责科研项目管理及科研成果在军事领域的推广应用。

第十五章

注意力随时间的变化而变化：
一种测量态势感知的新方法

卡特琳·梅尔弗兰肯菲尔德，维尔纳·格雷斯，贝蒂娜·沃巴赫
德国空军航空航天医学中心

　　本章将着重介绍一种测量注意力分配的新方法。作者就职的空军航空航天医学中心是德国空军固定翼飞机飞行人员选拔的最高机构，应征者将在为期 4 天的模拟器选拔中接受测试，由此得出准确的选拔结论，该结论在很大程度上依赖于专家的主观评分。如果能使用客观的测量方法，评分者间的互信度、有效性和测试客观性就可以显著提高。本章将介绍一种用于支持飞行员选拔和飞行训练的新方法，该方法的创新主要体现在以秒为单位采用时间增量测量注意力分配。未来在采用专家评分作为飞行绩效的评价手段时，此方法可增加客观数据作为评分标准。

态势感知和注意力分配

　　态势感知（SA，或称情境意识、情景意识）是航空心理学的重要概念之一。航空事故和意外事件的发生往往与飞行员缺乏态势感知有关（Endsley, Garland, 2000；Jones, Endsley, 1996；Nullmeyer, Stella, Montijo, Harden, 2005）。飞机系统人机交互接口升级是否合理取决于态势感知是否能够得到增强（Vidulich, 2003），但态势感知的基本性质仍存在争议。Endsley（2000）提出了一个被普遍接受的定义，即"态势感知是在一定时间和空间范围内对环境中诸元素的感知、理解以及对环境变化可能产生哪些影响的预测"。对于态势感知的定义，某些要素仍在讨论中，有学者将态势感知视为产品或过程，是决策的一部分，在某种程度上属于元结构（Carretta,

Perry，Ree，1996）；也有学者认为态势感知独立于决策过程（Endsley，Garland，2000），或属于等级结构（Endsley，Garland，2000）与"知觉环"（Adams，Tenney，Pew，1995）。

态势感知的测量方法主要有 3 种：

（1）从任务表现推断态势感知良好或缺乏（例如驾驶杆运动、错误的控制输入、反应时间等）。

（2）暂停模拟任务并询问飞行员能回忆的（重要）细节（例如任务最后的航向、高度等），也称记忆检测。

（3）使用自我评分或专家评分，其中自我评分是基于飞行员对自身表现的回忆，该评分容易产生记忆效应（如果让飞行员在任务结束后进行回忆）和判断错误；专家评分是基于专家对飞行员表现的观察。根据 Endsley 模型（2000），态势感知可分为 3 层级，第 1 级是感知环境中的相关信息，第 2 级是理解信息的含义，只有当第 1 级感知到了正确的信息后，第 2 级才能正常工作。第 2 级负责对信息进行解释，例如对速度增加和高度降低的感知可能被飞行员综合解释为"我正在下降，因此速度越来越快"。第 1 级和第 2 级态势感知相结合，必须能够预测未来会发生什么，即第 3 级态势感知，比如上述飞机的进一步下降可能导致坠地。总之，感知、理解和预测作为态势感知的 3 个层级是飞行员正确决策的基础。注意力分配（DA）被认为可能是第 1 级态势感知（SA）的关键，因为注意力是通往感知的第一扇大门。注意力分配类似于注意力灵活性，通常通过视觉扫描行为测量（Bellenkes，Wickens，Kramer，1997）。Salmon、Stanton、Walker 和 Green（2006）提出"眼动测量的过程即是记录操作员态势感知发展变化的过程"。管状视力（隧道视野）则是注意力极度丧失的体现。

为什么对注意力分配进行测量很重要？首先 Jones 和 Endsley（1996）根据 SA 缺陷层级对航空安全报告系统（1986—1992）中记录的事件进行了分类，结果显示，第 1 级 SA 差错占比 76.3%，第 2 级 SA 差错占比 20.3%，第 3 级 SA 差错占比 3.4%。可见第 1 级差错在事故中占比最大，其次，注意力缺失会导致态势感知失败，如果态势感知在第 1 级失败了，那么第 2 级和第 3 级就无法实现。在某些情况下，即使态势感知降低也不会造成恶劣后果，有时单纯靠运气（或其他因素）做出的决定或采取的行动也可能是正确的。但是，如果我们具备足够强的态势感知能力，做出正确决定的可能性就更大。因此，良好的注意力分配对于获取必要的信息以形成第 2 级和第 3 级态势感知具有非常重要的意义，这将有助于人类操作员增加有意采取适当行动的可能性。

注意力分配的典型测量方法

注意力分配对态势感知的影响至关重要，因此对注意力分配进行测量也至关重要。传统的自我评分法评估注意力分配和态势感知有时会因评分标准不同而产生较大误差，因为评估者可能缺乏 SA，其在第 1 级 SA 过程中没有获得重要信息，并且根本也不知道未获得重要信息。另一种方法是专家评分，从操作员的作业绩效推断 SA 和 DA，但在复杂的非实验环境中，作业绩效经常会受许多因素的影响，如心理运动技能、飞行经验、日常生活、决策、信息处理速度等。此外，专家在对操作员表现进行评定时可能会出现观察者误差。

采用眼动仪记录眼球运动来评估注视时间和眼跳等眼动指标，可以弥补上述不足。这似乎更客观，因为不需要观察员，但也存在一些不足。飞行是一个动态过程，某些特定信息适合某些情况，但对另一些情况则可能完全错误。例如，Bellenkes 等（1997）发现专家级飞行员具备灵活调整注意力的策略，其能根据机动动作灵活分配注意力。

"看到"并不一定意味着"感知到"，这是一个需要关注的重点问题，并不是眼睛看到的每一条信息都能经过大脑进行编码。因此除眼动测量外，注意力分配的另一种测量方法是基于偏差测量的多维跟踪（例如高度、速度、航向）。该方法基于人的绩效，因此也可能受到注意力分配以外的变量影响。这种方法似乎可以避免错误判断，但不同变量的计量单位不一样，会存在不同单位间如何比较的问题，例如如何建立 10° 航向偏差、5 节（即 9.26 km/h）速度偏差和 100 英尺（30.48 m）高度偏差之间的比较标准。

飞行训练和选拔项目经常使用专家评分法（例如 FAA 飞行测试标准，美国联邦航空管理局，2002）。由于可能会出现典型的观察者误差，客观数据将有助于提高客观性、可靠性和有效性。下文将对注意力分配客观测量方法的发展历程进行描述，首先简要介绍德国武装部队的飞行人员选拔过程，并介绍该过程中使用的飞行模拟器。

注意力分配的测量——一种方法另辟蹊径

德国武装部队的飞行人员选拔

德国武装部队飞行人员的选拔程序包括三个阶段，第一和第二阶段包括军官基本能力选拔、飞行能力评估和航空体检，第三阶段分固定翼飞机和直升机两种机型分别组织。选拔程序非常相似，不同点主要在于固定翼与旋翼作战飞行任务及驾驶舱布局不同。本章仅介绍固定翼飞机应征者的选拔情况。基于固定翼飞机模拟器的典型训练场景进行第三阶段的筛选，为期1周，旨在测试应征者担任驾驶舱职位的飞行资格，并进一步为其确定适宜的飞行岗位（喷气式飞机飞行员、武器系统操作员/领航员或运输机飞行员）。为达到以上目标，应征者须在模拟器上完成4次飞行，在工作负荷不断增加的训练科目中展示理论基础和飞行技能。与实际飞行训练一样，应征者在选拔阶段也会经历飞行简令、演练、模拟飞行以及飞行后的任务执行情况报告会，总体目标是在类似于真实飞行训练的复杂场景中对与飞行相关的特殊能力进行评估。

第三阶段的另一个目标是尽量减少基础飞行训练期间的损耗率。长期的评估实践证明，上述选拔程序是充分合理的，飞行训练期间的损耗率很低（例如德军2007—2012年的ENJJPT2报告显示，飞行人员总损耗率为5.4%，由飞行技能缺陷造成的损耗率为3.8%；相比之下，被取代的旧版选拔流程的总损耗率高达35%）。ENJJPT即欧洲-北约联合喷气机飞行员培训计划，是一项针对战斗机飞行员的跨国培训计划，要求非常高。近年来，每年约有200名应征者接受第三阶段测试，其一般情况是即将从大学毕业、平均年龄19～20岁，无飞行经验，很少有现役军人应征。

基于模拟器的选拔需要1周时间，每周有6名应征者接受测试。只有事先通过初级筛选的应征者才能参加模拟器测试，其能够相当快地执行包括战术要素在内的任务。考虑到模拟器的测试安排紧凑，应征者需要提前有充足的准备和知识积累（在选拔开始前3～4周，给应征者发放一本指定教科书），具体测试任务如下。①任务1是熟悉模拟器的静态和动态情况，例如熟悉驾驶舱布局，练习滑行、起飞、加速、爬升和水平转弯等；②任务2包括起落航线程序（从滑出起飞到着陆滑回关车），主要评估应征者的程序性技能；③任务3和任务4是包含战术要素的任务，需要应征者以更大的灵活性展示信息管理和决策能力。其中任务3的要素是动态机动，包括从异常姿态中恢复、航迹形成、对模拟敌机进行拦截和攻击等。在任务4中，为了让应征者的工作负荷达到饱和状态，会随机调用低空导航任务作为附加战术任务。任务3和任务4都是高度动态的，需要应征者及时做出适当的反应。上述每一个任务既有保持不变的共同内容（例如起飞），又有各自特定的要求，对应征者而言，学习掌握并灵活应用每个任务中的模拟飞行程序至关重要。选拔委员会由 1 名航空心理学家、1 名经验丰富的军用喷气式飞机教练员 / 领航员和 1 名军事训练参谋组成。在选拔任务完成后，由选拔委员会对应征者通过与否做出最终决定，并确定其未来适宜的飞行岗位。总之，通过 / 不通过的决定和评分（七分制，1 分 = 优秀，7 分 = 不合格；五分制，A= 优秀，B= 良好，C= 平均，D= 边缘，U= 不合格）以及具体驾驶舱职位的分配建议都是基于应征者在 1 周内的能力、表现和任务进度决定的。根据招聘需求，在顺利通过第三阶段测试的应征者中，只有最优秀的人员才能被人力资源部选中继续参加特定的飞行培训。

飞行员航空心理选拔系统 / 固定翼（FPS/F）是一个飞行模拟器，由 4 个带可锁定顶篷的驾驶舱和 1 个球形五通道高分辨率外部投影系统组成，具有 200° 水平视野和 45° 垂直视野，与人眼的能力相匹配。该模拟器使用一个简单的通用飞行模型，不属于训练设备。驾驶舱配备了基本的飞行控制装置（带可选侧置驾驶杆）、起落架和襟翼按钮、多功能触摸屏显示器（MFD），以及基本的飞行仪表、无线电控制和各种附加部件，用于检查发动机、燃料、电气系统，并显示雷达信息或任务指令（见图 15.1，在可编程文本页）。在任务 3 中，模拟器会显示 1 个用于瞄准的中心光点。在任务 4 中，平显（HUD）、雷达高度和表速被引入。教员控制台可实现任务控制以及对应征者操作动作和绩效的监控。任务执行情况可以立即上传汇报，并可提供回放功能，进一步的数据分析在评估站进行。

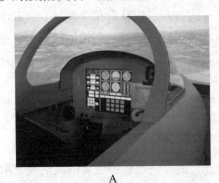
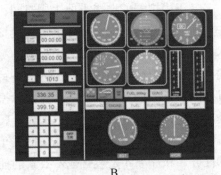

A　　　　　　　　　　　　　　B

图 15.1　第三阶段使用的飞行模拟器：飞行员航空心理选拔系统 / 固定翼（FPS/F）

注：A 配备高质量屏幕的驾驶舱；B 多功能显示器（显示扩展的仪表、触摸屏和无线电面板）

FPS/F 模拟器是一架普通的单座单引擎螺旋桨飞机，带可伸缩起落架，实现了自动配平功能以便用于飞机控制。因此，只要设置一定的飞行姿态，在没有新的控制输入的情况下，飞机就会试图保持这种姿态；该系统与标准的自动驾驶仪不同，其目的是使飞行模拟器易操作，让应征者能够在高于其基本飞行能力的任务中快速驾驶模拟器（见图 15.2）。为降低复杂性，模拟器没有扭矩效应，不需要进行微调，而且天气状况总是良好。值得一提的是，FPS/F 能力具有增长潜力，可以在更复杂的环境中评估特定的飞行能力，以满足预期任务目标。出于选拔目的，模拟器能对应征者的行为做出适应性反应，但任务设置还是应该最大限度地使用标准化任务以确保评分标准化。基于 LUA 编程语言的任务编辑器可用于设计新任务和评估矩阵，以扩展模拟器系统的能力。

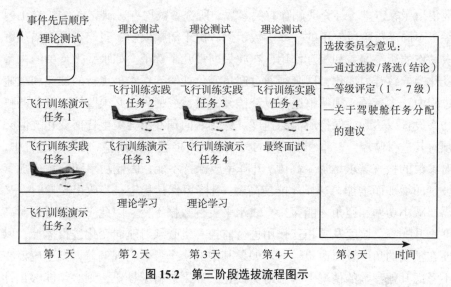

图 15.2　第三阶段选拔流程图示

注：飞行员应征者在复杂飞行训练环境中需将理论学习（包含测试）和飞行训练（演示阶段、实践、评估和汇报）相结合

注意力分配的测量步骤

构建注意力分配测量结构时，必须对操控动作及子动作进行任务分析，具体需要以下三个步骤。第一步，有必要对每个操控动作及子动作进行详细区分，并检测（子）动作之间的过渡阶段。任务全过程对注意力分配的要求会发生变化，所以自始至终采用相同的注意力分配算法是行不通的。第二步，为每个（子）动作定义合理的注意力分配所需的参数集，由于飞行是一个动态过程，注意力分配所需的参数随任务的要求而变化（Previc 等，2009）。鉴于通常情况下不可能保持参数设置为某一精确值（除了诸如档位状态向上/向下之类的数字参数），因此需定义每个参数的可接受范围（这些参数范围

的大小也定义了任务的难易程度）。第三步，应用基于时间的注意力分配算法，测量注意力分配缺失的时间增量。在该算法模型中，如果一个或多个参数超出了定义的范围，且参数未得到校正，则判定注意力分配缺失。

注意力分配评分需考虑的因素：举例说明

行为锚定绩效评价量表（BARS）作为行为绩效测量工具之一，对子动作、必要参数集、可接受范围和相应的评分等级建议做出了定义。专家们使用 BARS 对第三阶段中的各个飞行动作进行评分，BARS 描述的子动作和参数集由专家审查、补充或删除有关参数。所选参数均有文献支持，表 15.1 列举了不同飞行阶段使用的一些参数示例。由于篇幅限制，我们不可能描述每次动作的所有偏差和相互作用，在此只列举几个例子，如水平飞行中的构型变化会导致升力变化，这必须通过迎角变化补偿。在水平飞行的加速和减速过程中，飞行员必须调整迎角以补偿升力增益或损失，必须监控速度并调整功率设置以达到或保持所需的速度。尽管航向预计不会发生任何变化，但必须对其进行监控，一部分非预期的控制输入可能会导致偏差。在转弯过程中，对参数的检查需求增加。高度 / 升降率应保持不变，因此功率和迎角应随着坡度的增加而增加，这样才能使高度 / 升降率保持稳定；当改出转弯时，又需要减小功率和迎角才能保持直线水平飞行数据不变。因此飞行员必须对高度、升降率、坡度及其相互作用进行监控，也必须对航向变化进行监控，以便在预期的角度及时改出转弯。如果其中的一个参数出现偏差，则不应该在不考虑其他参数的情况下单独对其校正；如果进行了校正，则必须能够预计其所达到的参数，例如一旦达到所需航向就应该停止转弯，一旦达到所需高度就应该停止爬升或下降。此外，还应考虑基本的空气动力学原理，例如在意外爬升时，如果不调整功率设置，速度就会减小。

表 15.1　作为注意力分配评分基础的标准示例及其可接受的偏差

飞行动作	变量集	偏差范围
平飞	海拔高度 1 000 英尺 /304.8 m	± 20 英尺 /6.1 m
	表速 240.76 km/h	± 5.56 km/h
	应飞航向（HDG）	± 1°
水平转弯	海拔高度 1 000 英尺 /304.8 m	± 20 英尺 /6.1 m
	表速 240.76 km/h	± 5.56 km/h
	坡度（AOB）30°	± 2°
	改出（R/O）：对正所需航向	± 1°

起飞和最后进近有特殊性，随着飞机速度等参数的变化，这两个过程都具有很强的动态性。此外，起飞和进近这两个阶段都必须使用起落架、襟翼等设备，因此需要格外小心，有时会发生令人意外的错误操作。

水平飞行似乎是一种要求很低的简单操作，但还是有犯错的可能性。下面将较详细地描述该操作，介绍通常在简单的操作中可能出现的偏差，并解释如何为注意力分配打分。在水平飞行中，飞行员应检查高度、升降率、速度和航向，以保持预设值，并及时纠正偏差。通常，飞行员的注意力会转移并集中在地标、飞行中的检查或无线电传输方面，导致飞机状态在未被注意的情况下偏离了预设的飞行路线。

（1）所需参数均在预设范围内，则不被记录为注意力分配缺失。

（2）由于功率设置错误导致速度变化，两者均未被应征者及时检测到，一旦速度变化超出了规定值，则记录为注意力分配缺失，直到开始校正。

（3）由于高度升高（或降低）导致速度减小（或增加），一旦超出了规定的高度/速度范围，则记录为注意力分配缺失，直到开始校正。由于速度偏差是由高度偏差引起，因此不需要通过功率设置校正速度，仅校正高度就可以。

（4）如果是由于高度升高而导致速度降低，应征者拟通过功率设置校正速度而不校正高度，则记录为注意力分配缺失，因为其仅专注于速度而忽略了高度。

（5）如果是由于高度升高而导致速度降低，应征者最初拟通过功率设置校正速度而不校正高度；而后随着时间的推移，高度得到了校正，后续速度又通过功率设置进行第二次校正。那么，注意力分配将被视为在第二次速度校正开始前缺失（偏差超出了限制范围），因为之前至少有一个参数超出限制且未校正。首先校正高度会缩短注意力分配缺失的时间。

（6）由于心理运动技能不足可能引起飞行员诱发轻微的震荡（PIO），即人机耦合震荡。这种由于飞行员操控而引起的飞机震荡是可以容忍的。但一旦高度、速度或航向偏差超出了限制范围，则被记录为注意力分配缺失，直到采取正确的纠正措施。多任务处理也存在类似的问题，因为一个控制轴的校正（或更改）可能会导致另一个轴的更改，如果不迅速实施，应征者的工作负荷可能会显著增加，从而导致超出限制范围。

总之，由注意力分配以外的其他因素引起的偏差通常不会影响该算法。另一方面，该算法无法区分注意力集中的原因：注意力分配是"纯粹的"注意力集中吗？是否也存在某种程度的注意力分散？心理运动技能或多任务处理缺陷与注意力分配之间是否存在交互作用？注意力分配的概念存在一定程度的相互依赖性。

用数学语言描述注意力分配的定义

上文介绍的注意力分配评分算法从根本上讲是计算飞行员完成各（子）动作的时间，其中至少有一个相关参数超出事先定义的可接受范围，突破了上限 / 下限（LL/UL）的限值；参数进一步变化，且与可接受范围的距离（Δ 值）不断增加（即飞行员没有进行校正）。因此，该算法所得（原始）分数的单位是时间单位（s）。这种方法的好处还在于避免了多维跟踪实验中常见的各变量单位不统一的问题。按照数学术语，有关注意力分配测量的定义可简化如下：

$$DA(t) = \sum_{i=1}^{n} \Delta ti \left| \left(\left(Para_{j=1,\ i} < LL_j \right) \vee \left(Para_{j=1,\ i} < UL_j \right) \right) \wedge \right.$$

$$\left(\Delta Para_{j=1,\ i} \geqslant \Delta Para_{j=1,\ (i-1)} \right) \vee \left(\left(Para_{m,\ i} < LL_m \right) \vee \left(Para_{m,\ i} > UL_m \right) \right) \wedge$$

$$\left(\Delta Para_{m,\ i} \geqslant \Delta Para_{m,\ (i-1)} \right) \forall Para_j, LL_j, UL_j \in \{ Para_1, ..., Para_m \},$$

$$\{ LL_1, ..., LL_m \}, \{ UL_1, ..., UL_m \}$$

上述公式中：

· $\{ Para_1, \cdots, Para_m \}$ 是在完成特定动作的过程中合理分配注意力所必需的一组参数，相关参数的数量由 m 定义。$\{ LL_1, \cdots, LL_m \}$ 和 $\{ UL_1, \cdots, UL_m \}$ 是参数相应的下限和上限，定义了参数 $Para_j$ 的可接受范围。

· Δt_i： $=t_i - t_{(i-1)}$ 是从上一个时间点到当前时间点的持续时间，是时间范围。t_0 定义（子）动作的开始，t_n 定义（子）动作的结束。

· $Para_{j,\ i}$ 代表时间 i 时刻的参数值。

· $\Delta Para_{j,\ i}$： $= \min \left(|UL_j - \Delta Para_{j,\ i}|, |LL_j - \Delta Para_{j,\ i}| \right)$ 是在时间 i 时刻，参数 $Para_{j,i}$ 与事先定义的可接受范围间的距离，UL_j 和 LL_j 分别为上限和下限。

· $\Delta Para_{j,\ i-1}$： $= \min(|ULj - \Delta Para_{j,\ i}|, |LL_j - \Delta Para_{j,\ i}|)$ 是在时间（i-1）时刻，参数 $Para_{j,i}$ 与事先定义的可接受范围间的距离，UL_j 和 LL_j 分别为上限和下限。如果 $\Delta Para_{j,\ i}$ 小于 $\Delta Para_{j,\ i-1}$，则 $Para_j$ 的值则更接近可接受范围。

以上算法从本质上可以理解为至少有一个相关参数超出可接受范围，且飞行员因没有校正而出现向可接受范围接近的趋势，则开始记录和计算时间。以上公式可以描述注意力分配缺失的程度，例如与只有一个参数超出可接受范围相比，如果两个或多个参数偏离可接受范围，则表明注意力分配缺失的程度更加严重。需要注意的是，在实际计算航向、倾斜角或俯仰角等参数的变化量与可接受范围的距离关系之前，必须处理参数溢出问题（例如航向为

360°）。最后，通过将记录时间的原始数值除以动作持续的总时间，可以很容易地计算出时间比例。

实证研究结果

研究 1——测试任务 2（起落航线）中的注意力分配评分

假设

第三阶段的选拔包含 4 个测试任务，即任务 1 ~ 任务 4，上文已经详细介绍。以任务 2 为例，客观计算所得的注意力分配评分应与专家评分、任务 2 的客观绩效以及第三阶段 4 个任务的总体完成情况（是否成功通过测试）相关联。由于任务 2 只是 4 项测试任务中的一项，任务 2 评分与选拔最终结果的相关性只能达到中等水平，因此需要结合其他系列测试共同评估应征者是否有资格成为德国空军飞行人员。

专家评分

专家对应征者在任务 2 中完成的每个动作、操作模式、总体表现及注意力分配情况进行七分制评分（1 分 = 优秀，7 分 = 不合格），应征者能否在第三阶段成功通过测试取决于专家对任务 1 ~ 任务 4 完成情况的总体评分和任务进展。总评 6 分和 7 分表示第三阶段任务失败，应征者不能通过飞行员选拔。第三阶段除任务 2 外的其他能力也进行七分制评分，具体评估情况不在此处报告。最后，负责应征者管理的人力资源部门综合考虑应征者的理论成绩以及任务 1 ~ 任务 4 的评分结果，按五个等级对所有应征者的成绩进行分类（A= 优秀，B= 良好，C= 平均，D= 边缘，U= 不合格）。

结果

对 2012 年 1—4 月参加第三阶段选拔的所有应征者情况进行统计，共52 名应征者，其中 1 名女性，其余均为男性；年龄 18 ~ 24 岁（M=20，SD=1, 96）。学历情况：大学文凭占 83%（43 名），中学文凭占 13%（7 名），高等技术大学文凭占 4%（2 名）；总评 "A/ 优秀" 1 名，"B/ 良好" 4 名，"C/ 平均" 11 名，"D/ 边缘" 8 名，"U/ 不合格" 28 名。

任务 2 的注意力分配方面，专家评分范围为 2 ~ 7 分（M=4.8，SD=1.42）；任务 2 的作业绩效方面，专家评分范围为 1 ~ 7 分（M=4.9，SD=1.57）。任务 2 包含 3 种任务模式，专家对模式 1 的注意力分配平均分为 4.8（*SD*=1.31），对模式 2 的注意力分配平均分为 4.7（*SD*=1.32），对模式 3 的注意力分配平均分为 5.1（*SD*=1.6）。基于上文介绍的注意力分配算法，计算任务 2 中注意力缺失的时间比例，0 表示在子（动作）期间注意力分配一直没有缺失，1 表示在子（动作）期间注意力分配一直缺失。任务 2 中注意力分配的分数从理论上讲，可能在 0（所有相关参数均在可接受范围内或向期望值校正）~ 57（所有相关参数始终超过可接受范围且未得到校正）之间。在这个样本中，任务 2 中注意力分配的得分在 9.85 ~ 31.56（*M*=20.6，*SD*=4.59），得分越低说明注意力分配越好。本测试还计算了 3 种任务模式下注意力分配的平均得分，模式 1 为 7.60（*SD*=2.16），模式 2 为 7.30（*SD*=1.77），模式 3 为 7.44（*SD*=2.06）。此外，我们还考察了注意力分配得分和专家评分之间的相关性，如表 15.2 所示。可见，计算所得的分数与专家评分显著相关，相关系数为 0.70（$\alpha < 0.01$），两者的共享方差为 49%（Cohen，1988），得分越低，注意力分配越好，专家评分也就越高。此外，计算出的综合 得分与第三阶段成功率的相关系数为 0.53（$\alpha < 0.01$），两者的共享方差为 28.1%。正如预期，综合得分较低（意味着注意力分配良好）和综合评价良好（表明在第三阶段总体表现良好）明显相关。专家对注意力分配的评分与第三阶段成功率的相关系数为 0.72（$\alpha < 0.01$），两者的共享方差为 51.8%。

专家对注意力的评分与操作综合评分之间的相关性为中高，总体显著（$\alpha < 0.05$；见表 15.2）。在这些相关性中，任务模式 2 的综合得分和模式 3 的航段得分与专家评分的相关性特别高（$r > 0.60$，$\alpha < 0.01$）。

研究 2——任务 2 中进近动作的研究

在这项研究中，我们将仔细观察任务 2（起落航线）中的一个特定动作，即最后的进近。注意力分配对于最后进近至关重要。在进近之前，应征者必须将起落架和襟翼放下，做好着陆准备，这需要多任务处理能力和心理运动技能。在进近过程中，应征者应该已经确定了所需的下降率，"只"需要监控相关参数，沿下滑道以适当的速度朝着拟定着陆的跑道中心线方向稳定飞行，同时也必须完成一些检查和 / 或无线电传输任务。在研究 1 中，最后进近过程的注意力分配是通过升降率、表速和航向定义的，未考虑过程中一些关联参数的相互作用。如果功率设置和预先计算的下降率正确，则可获得正确的最终速度。但是在偏离下滑道时，需要立即调整下降率，这通常也会导致速度变化。因此我们除了考虑下降率和速度外，还必须考虑下降率和下滑道间的相互作用。综上，在本研究中，进近过程中的注意力分配得分的计算

表 15.2　注意力分配计算得分、专家评分和第三阶段成功率之间的相关性

	1	2	3	4	5	6	7	8	9	10	11	12	13	14	15
1 专家评分	1														
2 计算总得分	0.70**	1													
3 任务模式 1 得分	0.50**	0.78**	1												
4 任务模式 2 得分	0.63**	0.85**	0.51**	1											
5 任务模式 3 得分	0.58**	0.81**	0.37**	0.62**	1										
6 转弯 1 得分	0.41**	0.66**	0.80**	0.40**	0.37**	1									
7 转弯 2 得分	0.51**	0.68**	0.46**	0.62**	0.58**	0.44**	1								
8 转弯 3 得分	0.43**	0.66**	0.26	0.54**	0.8**	0.32*	0.54**	1							
9 航段 1 得分	0.43**	0.65**	0.71**	0.36**	0.47**	0.63**	0.40**	0.37**	1						
10 航段 2 得分	0.53**	0.69**	0.42**	0.78**	0.51**	0.36**	0.40**	0.44**	0.28*	1					
11 航段 3 得分	0.61**	0.81**	0.50**	0.59**	0.89**	0.39**	0.57**	0.61**	0.6**	0.52**	1				
12 其他动作 1 得分	0.31*	0.52**	0.76**	0.39**	0.10	0.34*	0.16	0.00	0.18	0.31*	0.22	1			
13 其他动作 2 得分	0.35*	0.53**	0.27	0.76**	0.32*	0.14	0.07	0.25	0.04	0.40**	0.27	0.36*	1		
14 其他动作 3 得分	0.35*	0.74**	0.14	0.36**	0.73**	0.17	0.27	0.29*	0.16	0.27	0.53**	0.02	0.25	1	
15. 第三阶段的成功率	0.72**	0.53**	0.30*	0.49**	0.51**	0.23	0.33*	0.45**	0.21	0.39**	0.40**	0.23	0.35*	0.4**	1

注:$n=52$。表中报告了皮尔逊积矩相关系数。1. 专家评分是指专家对注意力分配的评分;2. 总得分是指基于注意力分配计算算法计算得出的注意力分配的总分(任务 2 全过程)。还报告了转弯、航段和其他动作过程中注意力分配的计算得分以及任务模式得分之间的相关性。* $P < 0.05$,** $P < 0.001$

需综合考虑表速、下滑道、升降率和航向。

假设

本研究计算了任务 2 最后进近过程中根据客观计算所得的注意力分配得分和专家评分与第三阶段成功率之间的相关性。预计会存在中高水平的相关性，因为任务 2 包含三种模式的着陆全过程，而进近是任务 2 的一部分。专家根据四项测试任务对应征者在第三阶段的注意力分配能力进行评分，并对其是否通过第三阶段测试加以评级。

结果

对 2013 年 7 月参加第三阶段选拔的所有应征者情况进行统计，共 27名应征者，其中 1 名女性，其余均为男性；年龄 18 ~ 22 岁（$M=19.8$，$SD=1.18$）；92.6% 的应征者有大学文凭；总评"B/ 良好"2 名（7.4%），"C/平均"5 名（18.5%），"D/ 边缘"4 名（14.8%）和"U/ 不合格"16 名（59.3%）。鉴于上文中研究 1 表明，模式 1 对计算注意力分配得分的贡献较小。因此，本研究只考虑模式 2 和模式 3 的进近过程。结果显示，注意力分配专家评分范围为 3 ~ 7 分（$M=5.3$，$SD=1.23$），作业绩效专家评分范围为 2 ~ 7 分（$M=5.4$，$SD=1.27$）。任务 2 包含 3 种任务模式，专家对 3 种模式下的注意力分配分别进行评分，结果为：模式 1 的平均分为 4.9（$SD=1.17$）、模式 2的平均分为 5.0（$SD=1.31$）、模式 3 的平均分为 5.5（$SD=1.31$）。结果表明，进近过程中注意力分配的计算得分不仅与第三阶段（任务 1 ~ 任务 4）注意力分配平均得分之间的相关性很高（$r=0.67$，$P < 0.01$；$r^2=44.9\%$），而且与是否通过第三阶段测试的最终成功率之间的相关性（$r=0.53$，$P < 0.01$；$r^2=28.1\%$）以及与任务 2 总体注意力分配计算得分之间的相关性（$r=0.55$，$P < 0.01$；$r^2=30.3\%$）都较高。值得注意的是，本研究通过小样本数据验证发现任务 2 中的一小部分（即进近动作）与第三阶段测试的最终成功率高度相关。

结论与讨论

本章首次报告了一种基于时间测量注意力分配的方法，正如预期的那样，基于特定算法计算出的注意力分配得分与专家评分之间的相关性显著且很高。此外，通过计算所得的任务 2 注意力分配得分与应征者是否通过第三阶段（包括四个任务）测试高度相关。尽管我们都知道注意力分配对于完成第三阶段测试非常重要，但令人惊讶的是，研究 2 发现仅基于任务 2 单项任务中的一小部分操作（即进近）计算所得的注意力分配得分竟能够与是否通过第三阶段测试的最终成功率之间有很强的相关性（$r^2=28.1\%$，接近 30%）。因此，使用基于时间的评分方法评估注意力分配似乎更有前景，然而仍然存在一些问题。首先有一些概念方面的考虑，飞行通常是动态的，即使"简单"的动作（如任务 2 中的水平飞行或水平转弯）也需要考虑基本空气动力学规律并使用 T-Scan 交叉检查法，这样有助于根据算法计算出更准确的注意力分配得分。态势感知（SA）分为三个层级，可以说，本章介绍的算法表面上是计算 1 级 SA，即"在一定时间和空间范围内对环境信息的感知"（Endsley，2000），但实际上测量的是 2 级 SA，即"对含义的理解"。关于"对环境中元素/信息的感知"并不意味着一段时间内的每个元素/信息都会被感知。研究者指出"飞行员不需要什么都知道"，例如副驾驶的鞋号，但"飞行员必须了解关键飞行参数、机载系统状态、自身飞机位置及重要参考点和地形位置以及其他飞机的位置。这些信息构成了飞行员需要感知的要素，有助于获得良好的 1 级 SA"（van Dijk 等，2011）。因此，Endsley 的定义可能存在一个固有的假设，即只对一些重要的飞行参数加以感知。研究者还谈到了对"系统当前状态（包括所有相关变量）"的认识，也假设了一些信息相关性的判断（Pew，2001）。Klein（2001）的观点有些不同，他认为 1 级 SA 也需要以 2 级 SA 为基础，2 级 SA 有助于"确定哪些信息是相关的"；他强调任务背景的重要性，指出"偏差是执行任务的函数"，并列举了一个例子，飞机在 32 000 英尺（9 753.6 m）高度飞行，准备往航空母舰上降落时出现了 100 英尺（30.48 m）偏差，高空飞行时 30.48 m 的偏差几乎可以忽略，而往航空母舰上降落时 30.48 m 的偏差很可能致命。因此，克莱因提出 1 级 SA 的测量不应该只包含正确记录的元素之和，因为任务背景也非常重要。总之，根据 Klein（2001）的观点，本章报告的注意力分配得分代表了 1 级 SA 和 2 级 SA 之间的综合作用或相互作用。此外，该得分能够满足 Klein 的要求，即通过为每个(子)动作定义必需的参数和可接受的范围考虑任务背景。

在研究 2 中，最后的进近被认为是测量注意力分配的"理想"策略，还有没有类似的飞机操控动作更适用于测量注意力分配？这可以通过计算动作操控能力的得分与其他能力（如专注力或多任务处理能力）得分的相关性进行测试。计算注意力分配的得分，首先需要将"关键飞行阶段"的注意力分配和其他能力进行区分。得分可能包含一项任务的所有动作（如研究 1 所述），也可能包含具有某种加权形式的所有动作，或仅包含一些动作。为进一步探讨这些问题，未来的研究需要基于更大样本量，并使用比关联报告更复杂的方法。此外，应更加详细地揭示专家评分和计算得分之间的关系，旨在综合主观和客观两种测量方法的优点。对以下问题进行深入研究将是未来的发展方向，包括计算所得注意力分配得分相关性的意义是什么？其是否比专家评分更能解释应征者表现的差异性？是否增加了评分的有效性？应征者通过第三阶段选拔的成功率与专家对注意力分配评分之间的相关性（$r=0.72$）高于与计算所得注意力分配得分之间的相关性（$r=0.53$，见表 15.2）——该结果能否得到证实？这是不是因为专家评分包含了隐含加权，而计算所得的分数没有加权？是由于方法的影响吗？评分标准依赖于观察方法，尤其是第三阶段的成功基于所有任务的结果，因此很容易存在某种混淆。观察是否因典型的观察误差而产生偏差？对于应征者未来的训练情况，预测有效性如何？将该算法推广应用到不同配置的模拟器中，是否有意义？这些问题为未来进一步研究开辟了广阔的领域，有助于建立和验证有关注意力分配的全新测量方法。

总之，通过在模拟器测试中定义飞行路径（包括相关飞行参数和可接受的偏差）的方法测量注意力分配，并使用这些信息生成注意力分配的表征算法，是向航空心理学关键概念之一（即态势感知）综合知识的扩展迈出了一大步。

致　谢

感谢 Jürgen Kerler、Thorsten Laube、Harald Meyer、Michael Rebizer 和 Josef Volmer 的支持！

原著参考文献

Adams, M.J., Tenney, Y.J., & Pew, R.W. (1995). Situation awareness and the cognitive management of complex systems. *Human Factors*, 37, 85–104.

Bellenkes, A.W., Wickens, C.D., & Kramer, A.F. (1997). Visual scanning and pilot experience: The role of attentional flexibility and mental model development. *Aviation, Space, and Environmental Medicine*, 68, 569–579.

Carretta, T.R., Perry, D.C., & Ree, M.J. (1996). Prediction of situational awareness in F-15 pilots. *International Journal of Aviation Psychology*, 6, 21–41.

Cohen, J.W. (1988). *Statistical Power Analysis for the Behavioral Sciences* (2nd edition). Hillsdale, NJ: Lawrence Erlbaum Associates.

Endsley, M.R. (2000). Theoretical underpinnings of situation awareness: a critical review. In M.R. Endsley, & D.J. Garland (Eds), *Situation Awareness Analysis and Measurement* (pp. 3–32). Mahwah, NJ: Lawrence Erlbaum Associates.

Endsley, M.R., & Garland, D.G. (2000). Pilot situation awareness training in general aviation. In *Proceedings of the 14th triennial congress of the International Ergonomics Association and the 44th annual meeting of the Human Factors and Ergonomics Society* (pp. 2/357–2/360). Santa Monica, CA: Human Factors and Ergonomics Society.

Federal Aviation Administration (2002). *Private pilot practical test standards for airplane* (FAA Pub. No. FAA-S-8081-14A). Retrieved from http://www.faa. gov/training_testing/testing/ test_standards/ (Accessed July 25, 2014).

Jones, D.G., & Endsley, M.R. (1996). Sources of situation awareness errors in Aviation. *Aviation, Space and Environmental Medicine, 67,* 507–512.

Klein, G. (2001). Analysis of situation awareness from critical incident reports. In M.R. Endsley, & D.J. Garland (Eds), *Situation Awareness Analysis and Measurement* (pp. 51–71). Mahwah, NJ: Lawrence Erlbaum Associates.

Nullmeyer, R.T., Stella, D., Montijo, G.A., & Harden, S.W. (2005). Human factors in air force flight mishaps: Implications for change. In *Proceedings of the 27th annual Interservice/Industry Training, Simulation, and Education Conference* (Paper No. 2260). Airlington, VA: National Training Systems Association.

Pew, R.W. (2001). The state of situation awareness measurement: heading toward the next century. In M.R. Endsley, & D.J. Garland (Eds), *Situation Awareness Analysis and Measurement* (pp. 33–47). Mahwah, NJ: Lawrence Erlbaum Associates.

Previc, F.H., Lopez, N., Ercoline, W.R., Daluz, C.M., Workman, A.J., Evans, R.H., & Dillon, N.A. (2009). The effects of sleep deprivation on flight performance, instrument scanning, and physiological arousal in pilots. *The International Journal of Aviation Psychology*, 19(4), 326–346.

Salmon, P.M., Stanton, N.A., Walker, H., & Green, D. (2006). Situation awareness measurement: A review of applicability for C4i environments. *Applied Ergonomics*, 37(2), 225–238.

Van Dijk, H., van de Merwe, K., & Zon, R. (2011). A coherent impression of the pilots' situation awareness: Studying relevant human factor tools. *The International Journal of Aviation Psychology*, 21(4), 343–356.

Vidulich, M.A. (2003). Mental workload and situation awareness. In P. S. Tsang, & M. Vidulich (Eds), *Principles and Practice of Aviation Psychology* (pp. 115–146). Mahwah, NJ: Lawrence Erlbaum Associates.

撰稿人介绍

维尔纳·格雷斯（Werner Gress）

Werner 是德国空军航空航天医学中心（前身是德国空军航空医学研究所）的航空心理学家，也是心理选拔部负责人。其研究方向是机组人员选拔（基于模拟器的开发和测试评估，包括心理结构数学建模）、飞行员选拔训练与效果评估以及飞行事故调查，担任飞行员选拔系统 / 固定翼（FPS/F）开发项目负责人。

卡特琳·梅尔弗兰肯菲尔德（Katrin Meierfrankenfeld）

Katrin 是一名航空心理学家，致力于研究人力资源，在培训、人员选拔和重大事件压力管理方面有着丰富的经验。她是德国空军航空医学研究所负责德国空军飞行员选拔的专家组成员，开展的研究主要围绕飞行员绩效测量和自我调节。Katrin 于 2012 年加入驻科索沃部队（KFOR），担任军事领导人顾问。

贝蒂娜·沃巴赫（Bettina Vorbach）

Bettina 是德国空军航空医学研究所航空心理学专家团队的一员，此前就职于慕尼黑马克斯·普朗克心理研究所，主要研究成就动机、权力动机和隶属动机三者对行为的影响。她目前的研究方向是状态 / 行动取向对绩效和动机的影响，例如内部 / 外部动机。